电 子 信 息 工 程 系 列 教 材

计算机通信接入网与工程规划设计集成

陆韬 编著

图书在版编目(CIP)数据

计算机通信接入网与工程规划设计集成/陆韬编著．—武汉：武汉大学出版社，2013.5

电子信息工程系列教材

ISBN 978-7-307-10705-2

Ⅰ.计…　Ⅱ.陆…　Ⅲ.①计算机通信网—接入网—高等学校—教材　②计算机通信—通信工程—高等学校—教材　Ⅳ.TN91

中国版本图书馆 CIP 数据核字(2013)第079514号

责任编辑：林　莉　　责任校对：王　建　　版式设计：马　佳

出版发行：**武汉大学出版社**　(430072　武昌　珞珈山)

(电子邮件：cbs22@whu.edu.cn　网址：www.wdp.com.cn)

印刷：湖北民政印刷厂

开本：787×1092　1/16　印张：14.25　字数：355千字

版次：2013年5月第1版　　2013年5月第1次印刷

ISBN 978-7-307-10705-2　　定价：29.00元

前　言

当今社会，以 Intranet 建设和网络综合布线工程设计与集成为最热门的信息化建设活动。本书就是关于“互联网通信接入网工程设计与集成”的专业教材，是作者集 18 年通信工程行业的 700 多项成功的通信工程建设（策划、设计、管理与实施）经历，和 10 多年大学专业教学经历，特别是在为“网络工程”和“电子信息”等信息类专业大学生多年开设的“现代通信接入网与工程设计集成技术”课程讲义的基础上，汇编而成的全面介绍现代通信工程接入网技术与通信工程规划设计与集成技术的“入门型”大学教材，旨在为已经具备现代通信互联网技术的专业本（专）科大学生全面讲述“现代通信接入网技术”与“现代通信工程规划设计与集成技术”的基本概念、基本理论与基本技能。

本书共分为“计算机通信网技术基础”和“工程基本技能应用”两个部分，编辑为十章内容，分别是：计算机通信接入网与工程规划设计集成概述、现代通信基本业务概述、现代通信传输线路系统、现代通信机房设备系统、现代通信接入网技术、通信工程设计的现场勘测调查与技术设计、通信工程设计的绘图、通信工程设计的概预算、通信网络工程设计的说明与会审，以及面向“实践性教学”的计算机通信工程设计技术和 “综合性设计性实践”项目等内容。

鉴于现代通信技术的复杂性和高速发展性，本书一方面侧重于通信工程的基本概念与原理的讲述，从“知识普及性”的角度为广大读者提供帮助；另一方面从通信工程的系统概念和主流技术入手，为读者揭示现代通信工程技术的内在规律与实施环节。在编写手法上，本书偏重教学中需求的“通俗易懂性、与实践的紧密结合性”，深入浅出地为学生讲解基本概念、基本原理和基本技能，并就系统的组成、相关技术及几个典型系统进行了讲解。全书尽量避免烦琐公式的推导，偏重于物理概念的理解及通信工程系统组成和设计集成的流程环节的具体原理与应用。

本书的第 1 部分（第 1 篇），“计算机通信网技术基础”，是对“计算机通信接入网”的技术和组成系统的讲述，旨在为读者建立计算机通信接入网的基本概念、基本通信工作原理、通信接入网的发展历史与范围组成，以及与通信工程规划设计与集成的关系。本篇共分为 5 章。

第 1 章“计算机通信接入网与工程规划设计”概述，从通信网络系统组成、现代通信行业的企业分类与组成情况以及现代通信工程的基本知识等三个方面，全面完整地阐述了通信网络、通信工程设计与集成以及通信行业的基本系统组成的知识要点。

第 2 章是对“通信基本业务”的系统综述，从电话业务、计算机多媒体通信业务和各类电视业务进行实时的、有效的传播等三个方面对通信业务进行的系统概述，系统地阐述了电话、宽带互联网、计算机多媒体和各类电视业务等现代通信业务的开展和信号转换情况。

第 3 章是对最重要的通信信号传输媒介——“通信光电缆”的系统论述，从现代通信电缆和单模光缆、通信线路的管线路由建筑和建筑物内综合布线系统等四个方面，全面阐述了现代通信“物理媒介层”的系统组成与常规的工作原理，整章内容构成了通信网络的“物理线缆媒介层”知识要点。

第4章是对现代通信机房设备系统的基本论述，从标准机柜、常用互联网设备的组成与使用原理、各类机房的组成与作用，以及各类配线架的组成原理与作用等三个方面，论述了现代通信机房的作用和规范性的组成原理，整章内容构成了通信机房系统的基本组成知识要点，为下一步通信工程的系统设计，打下系统性、规范性的理论基础。这也是本教材的特色内容之一。

第5章是对“现代通信接入网技术”基本原理的论述，它是使用最广泛、发展技术较快的重要通信技术,代表着通信网络的主要组成部分。本章叙述了宽带互联接入网的主流组网技术和发展的新标准，共分为四个部分：第1节概述了通信宽带互联网组网概念与国际规范；第2节简述了通信宽带铜线接入技术；第3节简述了通信网宽带光纤接入技术；第4节简述了用户综合通信网组网技术。其中第2～4节均为最新通信接入网技术的技术发展成果,整章内容构成了通信接入网络的基础理论要点,具有很强的实用性,也为下一步通信工程的技术选型和系统设计，打下坚实的理论基础。

本书的第2篇，现代通信工程设计技术，是本教材的另一个特色内容。包括了第6~10章的所有篇章，是对“计算机通信接入网”的工程设计过程和工程集成原理的系统讲述，旨在为读者建立计算机通信接入网的工程设计与集成应用技术的基本概念、基本工作内容的系统知识。

第6章“计算机网络工程设计的现场勘查”，这是“网络工程设计四部曲”的第一个步骤，本章全面地介绍了网络工程设计的现场勘查的工作内容、作用和实际的工作流程、注意事项等情况，以及基于勘察结果的Intranet企业网技术三层设计内容的工作要领，最后给出了与建设单位共同签订“工程勘察纪要协议”的工作方法和纪要内容，供设计单位圆满地完成现场勘测任务。

第7章“计算机通信网的设计绘图”，简要介绍了计算机通信网的设计绘图的内容与规范化的基本要点、具体的通信宽带局域网的四条设计要领、六种主要图纸的绘制以及两种主要工作量统计内容。围绕着“工程图纸的绘制”，展开全面的讲述。

第8章“通信工程的概预算编制”，全面系统介绍了通信工程设计中的“概预算”内容与作用、概预算使用的定额、工程量的统计与形成工作量概预算表的原理，以及全套的概预算表（五种表格）的制作与使用方法。为读者全面认识和掌握工程概预算的计算与使用奠定了基础。

第9章“通信网络工程设计的说明与会审”，结合实际案例，详细地介绍了计算机通信接入网工程设计说明与概预算说明的内容与编制方法、工程设计会审与形成正式设计文件的过程、工程设计图的点交与工程现场指导等工程设计的整个内容。本章还介绍了工程集成中十分常用的“通信工程施工组织工序图”的实际制作内容与方法，为工程设计与集成画上了完满的句号。

第10章“通信网络工程设计的实践”，结合实际案例，从“课程设计”的教学角度，详细地介绍了计算机通信接入网工程设计的四个实践过程：一是工程设计任务的分配与学生设计小组的确定，以及工程环境的现场勘测，形成勘测报告；二是工程设计绘图，包括计算机接入网项目和配套的通信管道项目的绘图；三是通信工程设计概预算的编制，以及设计说明与概预算说明的内容与编制方法；四是工程设计演讲会审与工程设计图的点交等工程设计的整个内容。本章还要求完成工程集成中十分常用的“单位动态网站建设”的内容框架与方法，为工程设计与集成画上了完满的句号。

本书可作为自动化、电气工程、电子信息、计算机科学与技术、测控技术与仪器、机械电子工程、电子商务、信息管理等非通信类专业的本科、专科及高等职业技术学院学生的教材或参考书，也可作为信息产业技术人员，企事业单位、党政部门有关从事信息网络的技术人员、维护及管理人员进行通信技术培训、继续教育的教材或参考书，同时还可作为通信及网络技术业余爱好者的自学教材或参考书。

作　者

2013 年 3 月于浙江丽水学院

目　录

第一篇　计算机通信网技术基础

第二篇 现代通信工程设计技术与实践

第一篇　计算机通信网技术基础

第 1 章　计算机通信接入网与工程规划设计集成

本章旨在全面介绍计算机通信接入网的基本概念、组成范围、技术情况和“通信工程规划设计集成”的基本作用、主要内容与特点，以及二者之间的关系。本章共分为 5 节，其中第 1~2 节讲述了计算机通信接入网的基本情况；第 3~4 节讲述了通信工程规划设计与集成的基本原理、作用和基本工作环节，以及二者之间的技术与应用的关系。本章构成了对本教材的两大基本概念的完整全面的解释与定义，为后续知识的学习开辟了方向。

本章学习的重点内容：

1. 现代通信网络与接入网；
2. 现代通信行业的企业组成；
3. 现代通信网络工程与规划设计；
4. 现代通信网络工程的招投标原理。

1.1　现代通信网络与接入网

1.1.1　现代通信网络概述

1. 概述

进入到 2013 年的“现代通信网络”，已经完全形成了以计算机通信技术为内核，以“智能编程化”、“实时优化网络路由”为特征的“新一代综合业务通信传播网络”——包括了电话业务、宽带互联网业务，甚至是网络电视业务的“三网合一”式的综合业务通信网络。

现代通信业务的网络服务供应商，主要是三家“经历了多次机构整合”的现代通信（基础）运营商，即“中国电信公司”、“中国移动通信公司”和“中国联合网络通信公司（原“联通公司”和“网通公司”合并而成）”，为社会大众提供有线和移动“电话业务”、“宽带互联网上网业务”和“网络电视业务”三类通信业务。另外，各地的有线电视台所属的“有线电视网络服务公司”，也为客户提供基于传统的有线电视业务的信息服务。当然，还有如“深圳腾讯公司”提供的“QQ 在线”服务、“杭州阿里巴巴网络有限公司”提供的“淘宝网络购物”服务等一系列的“网络增值服务”。

鉴于现代通信网络的巨大规模性，和提供给每个用户的优质的通信服务性（清晰的通话、高速的网络带宽等）的需求，当前的通信网络的组成结构，按照城市地域的组成方式来分，仍然划分成“用户接入网”、“城市骨干网（又称为城域网）”和“国际国内长途网”三个层次的网络结构。如图 1.1 所示。

各个城市的有线电话通信业务，以“地区级城市”为单位，形成各地的通信业务本地网的“城市骨干网与用户接入网”二级网络结构。而宽带互联网业务，则是以“县级城市”为

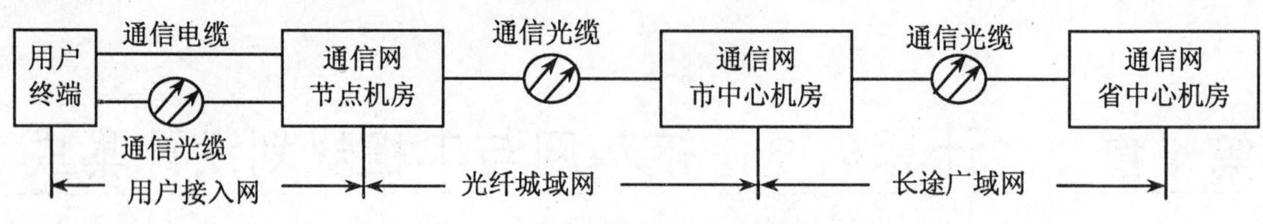

图 1.1 通信网的系统组成示意图

单位，形成各地的“城市骨干网、用户接入网”的二级网络结构。各级网络系统的组成与工作原理如下所述。

（1）用户接入网

是用户接入通信节点机房的设备总和；是由各区域的通信汇聚节点（无人值守机房）；相关通信光缆、电缆；光电缆分线设备；以及用户终端设备等通信设施组成。是组成城市和乡村通信网络的基础部分。一个城市的通信网，就是由若干个“用户接入网”的集合所组成；在市区，一般按照自然道路等形成的区域，组成一个接入网区域，该区域内的所有通信用户，均通过通信线缆，汇接到通信节点（机房）中；常见的城市接入网区域半径为 0.5~3.0km；在乡村，一般是以自然村镇的形式划分用户接入网区块，范围与市区接入网区域类似，该区域内的所有通信用户，也是通过通信线缆，汇接到通信节点（机房）中。

组网结构，通常是图 1.2（a）中的“星形连接组网”的网络方式，将该区域中所有用户，都连接、汇聚到“中心节点机房”的。

关于网络业务，主要是宽带互联网接入业务、电话业务和有线电视业务三大类。

特别要说明两点的是，第一，基于企业、单位网络的 Internet 企业网络系统，是通信接入网的一个“大客户”的形式存在着，根据其范围的大小，可以直接组成一个“用户接入网”，也可以成为一个“用户接入网”的组成部分，根据电信运营商的网络规划情况而定。第二，基于互联网的 IT 产业，其业务和用户组成，已经“融合”成现代通信业务的主要组成部分；基于计算机互联网的“组网通信技术”，已经成为新一代通信产业的“升级版的新技术核心”——原来的 IT 产业和通信产业，已经走向了“相互融合”的技术业务发展格局，并随着时间和国家体制改革的不断深化，也将融合国内的有线电视的业务，形成真正的“三网合一”的通信产业发展的新平台。

未来的通信产业，将是以互联网“多协议标记分组交换技术 MPLS”为内核，以单模光纤波分复用 WDM 为传输手段，以各类通信业务应用的大融合与大开发为发展方向的，更加朝气蓬勃的通信产业。

（2）光纤城域网

指通信“中心机房”与各个“接入网节点机房”之间，以光纤传输系统连接组成的城市通信线路和传输设备系统的总和；是整个城市通信网的业务传输枢纽部分。其作用一是汇聚各个接入网的通信业务至中心通信局；二是由中心通信机房的各类交换系统，形成通信业务的交换功能；三是形成至长途通信、其他业务通信的出口转接功能，如本地电话用户呼叫长途用户、本地固定电话用户呼叫移动用户等通信业务的转接。

组网结构，通常是图 1.2（b）中的“环形光纤组网”的网络方式，将该城市中所有节点机房所汇聚的通信信息流，经转换为“数字光信号”之后，都连接、汇聚到“中心节点机房”

的中心交换机（路由器）系统中，进行长途网或其他公司的通信路由的转换。

（3）长途广域网

形成国内和国际通信网络；或者形成不同的通信业务之间的通信网络，如上所述。

2. 通信系统的组网结构

实际形成的通信网络组网结构，按照实际用途，最常见的是“星形结构”、“环形结构”和点点相连的“网状结构”三种，如图 1.2 所示的三种结构。

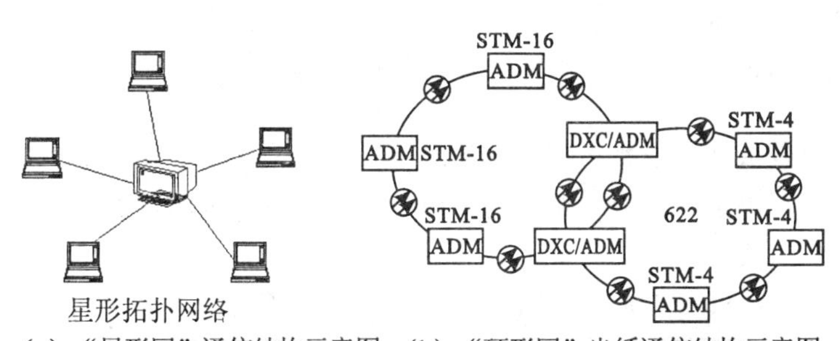

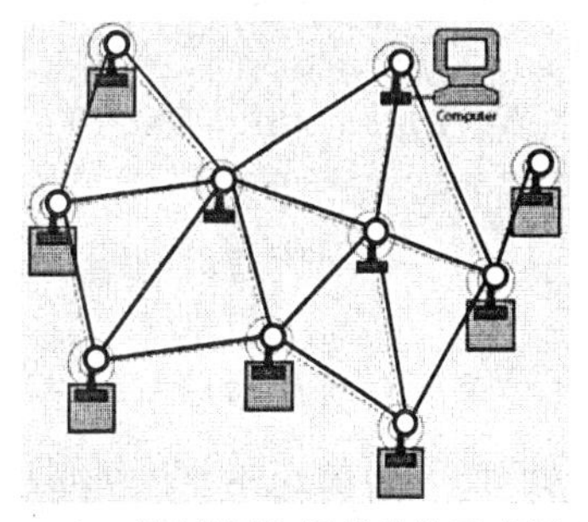

（a）“星形网”通信结构示意图　（b）“环形网”光纤通信结构示意图　（c）“网状网”通信结构示意图

图 1.2　通信系统的三种常用网络结构示意图

（1）星形网络结构

形成计算机局域网或称为“通信接入网”的通信组网结构；以及形成城域网的通信业务网络结构。该网络的特征是：每个用户都是单独地享有一条“物理通信信道”，单独地形成宽带信息通信，如图 1.2（1）所示。

（2）环形网络结构

主要是用于传统的 SDH 光纤同步通信网络中，形成“基于光环路保护的城域网光传输通信组网”的结构中，将该城市中所有节点机房所汇聚的通信信息流，经转换为“数字光信号”之后，都连接、汇聚到“中心节点机房”中。该网络结构，对“单边中断型”的光通信路由，具有一定的自动恢复保护的作用。在“城市光纤骨干网”和“长途光通信网络”中，都是较常用的通信网络格局。如图 1.2（b）所示。

组网结构，通常是图 1.2（b）中的“环形光纤组网”的网络方式，将该城市中所有节点机房所汇聚的通信信息流，经转换为“数字光信号”之后，都连接、汇聚到“中心节点机房”的。

（3）网状网通信结构

形成点点相连的网络结构：每个节点都与网内其他节点有单独联通的通信通道，形成“直达”的通信路由格局。这种结构通常用于“城市光纤骨干网”和“长途光纤广域网”的组网结构中形成国内和国际通信网络；或者形成不同的通信业务之间的通信网络，如上所述。

3. 现代通信网络

如上所述，现代通信网络，是一个覆盖了城市和乡村的所有用户的“用户量庞大”的“巨型”通信网络；提供电话、宽带上网业务等各类“综合业务”的通信网络——为各类用户提供电话业务、宽带上网业务，以及有线电视与网络电视业务的综合业务传输网络。是一个利用智能化（网络编程技术）、实时优化（网络性能）和始终处在监控维护之中的“现代化技术”组成的通信网络。是一个按照地域“分级”、按照技术“分层”的多种类通信网络。是一个由电信基础运营商（四家）和各类“通信增值运营商（如腾讯公司的 QQ、阿里巴巴公司的淘宝网等）”提供各类通信服务的“基础行业性”通信网络。总之，通信网络系统，作为通信与信息行业发展的“龙头标志”，引领着通信行业不断采用时代的新技术，不断向前发展，而通信与信息行业，作为一门古老而时时更新的国民经济基础行业，在国民经济建设和发展中，起着越来越重要的作用。下面来具体谈谈通信网络的五个特征，以增加对它的认识。

第一，现代通信网络是一个覆盖了城市和乡村的 “用户量庞大”的“巨型”通信网络系统。无论是城市还是乡村，通信网络以“全覆盖”的方式，将所有的用户，都通过各类通信光缆和电缆等途径，接入到通信网络系统中。所以，通信用户的数量是巨大的，包含了几乎所有的人们和所有的家庭。现代社会中，信息化作为一个时代的象征，无所不在。是国民经济的基础产业之一。

第二，现代通信网络是一个提供电话、宽带上网业务等各类“综合业务”的通信网络系统。在一张通信网络上，同时为用户提供电话、宽带上网和电视图像播放等多种综合通信业务，一直是通信业界追求的最佳通信模式和建设目标。在互联网技术高速发展的今天，利用互联网的通信技术，已经形成了新一代的各类通信业务的传播平台——为用户同时提供各种通信业务服务，是通信技术高速发展到今天的主要标志——可以说，通信行业的多年的梦想，已基本实现了。

第三，现代通信网络是一个利用智能化（各种网络编程技术）、实时优化（网络性能）和始终处在监控维护之中的“现代化技术”组成的通信网络。如上所述，现代通信技术，已经发展到了以互联网技术为内核的升级换代的形式——基于网络编程方式的新一代通信网络技术，正越来越多地“占领”了我们的通信技术的各个方面。编程执行的结果，就是使我们的通信网络，进入到“实时优化使用网络资源”的状态中，以及“实时监控维护通信网络”的状态中。

第四，现代通信网络是一个按照地域“分级”、按照技术“分层”的多种类通信网络。按照通信网络的地域展开，分为城市用户接入网、城市汇聚骨干网和长途国际通信网三种网络的组成结构。其中，用户接入网，就是我们接触的和使用最多的通信网络，它直接将各类用户与通信系统连接起来，是组成通信网络的最基础的通信层次。其次，从新一代互联网通信网络的组成技术来说，通信网络分为设备器件层（硬件层）、通信传输层、网络交换层、网络功能服务器配置层和各类实际应用层等五个层面——是一个多层面的具有复杂功能的网络组成复合体。

第五，现代通信网络，是一个由电信基础运营商（四家）和各类“通信增值运营商（如腾讯公司的 QQ、阿里巴巴公司的淘宝网等）”提供各类通信服务的“基础行业性”通信网络。这表明了通信网络的行业性质：通信行业是由多种通信企业组成的社会基本的“经济支柱行业”，就像电力、自来水行业一样，也是社会经济的基础产业组成。当前的通信网络建设和通信业务的提供，是由电信公司、移动公司、联通公司和有线电视台网络公司四家基础通信公司提供的。而各类“网上应用”的增值服务，就由各类如腾讯公司的 QQ 服务、阿里巴巴公司的淘宝网等增值服务供应商提供的。真正体现了“社会大众共同建设参与”现代通信网络的局面。

通信行业，对社会生产力和社会经济的发展，起着巨大的推动作用——这从两个方面加以实现。首先，通信与信息技术，作为信息化、智能化技术的化身，将应用到社会各行各业，直接提高各行各业的技术改造和智能化升级换代，直接促进社会生产力的发展；其次，作为一个通信信息行业，随着信息产业的传播和发展，将为社会经济的发展，注入新的推动力，直接带动社会生产力的持续发展。总之，现代通信网络，是一个形成了互联网技术为核心升级换代的、智能化的、多业务传播的巨大的社会化的信息传送网络。为社会生产力和国民经济的快速发展，起着巨大的推动作用。

1.1.2　现代通信接入网概述

现代通信接入网，是人们接触最多的通信网络，通常是指方圆 5 公里范围内，由自然的道路、河流、单位等形成的固定的用户群区域，通信用户数量通常不超过 10000 户的自然区域。在城市中，一个个的用户通信接入网的组合，就“拼凑”成了一个完整的“通信用户网络”的格局。在通信用户接入网中，设有一个“无人值守的通信节点机房”，敷设通信管道和通信光电缆，采用“星形连接组网”的方式，负责将本区域内的所有通信用户，接入到通信网络系统中，形成“对各类用户全覆盖”方式的通信组网方式。

通信接入网，是适应“通信用户数量的布局与不断发展”而形成的组网方式。在 1990 年以前，通信技术、业务种类和通信用户数量，都很少，所以，电信局与用户之间，只通过简单的“通信电缆交接配线”的方式连接起来，即可将所有用户，都纳入通信网络中。此时的通信线缆布局方式是：在通常的中小城市中，通常是设置“单局制”的一个电信局，即将所有用户，都纳入到通信网络中；只有在省会级的大城市，设立“多局制”的电信局，每个电信局，将周围 5~8 公里范围内的通信用户，纳入到自己的通信系统中。当时的通信业务，主要是电话业务。

进入到 1990 年之后，随着经济的发展，城市化建设的逐渐开展，人们通信的需求日益旺盛，用户家庭安装电话的需求日益高涨，出现了两个飞快的发展：第一，是电话用户的数量“飞快”的发展；第二，是电话用户分布的区域“飞快”的扩大——城市的规模迅速扩大。原有的“电信分局单级制”的组网结构，此时已经远远不能满足通信业务增长的需要了。基于原来的配线区域式的“通信线路接入网 + 城市光纤干线网”的两级组网方式，逐渐为人们所重视和采用。如图 1.3 所示。

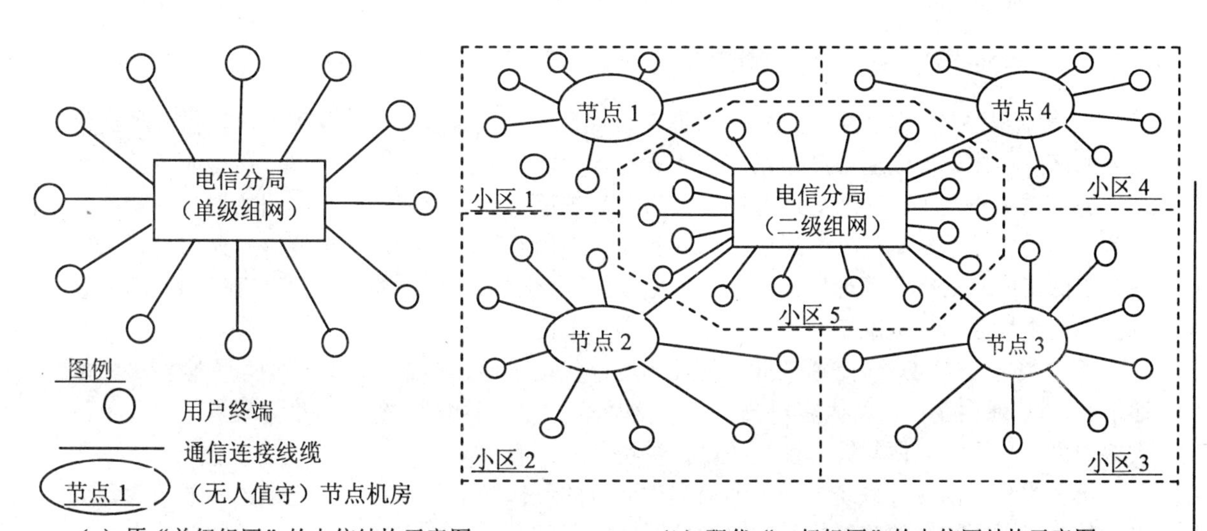

（a）原“单级组网”的电信结构示意图　　（b）现代“二级组网”的电信网结构示意图

图 1.3　电信组网的两种结构演变示意图

这种“接入网式”的两级组网的方式，就是在原来的有人值守的“电信分局”和通信用户之间，插入一级“平时无人值守”的“电信节点机房”，这个节点机房，取代了原来的电信分局的作用，如图 1.3（b）所示，成为其方圆 2.5~5 公里范围内的通信汇聚中心，代替了原有的分散的用户，直接接入电信分局的格局。形成了以“通信接入网”为基础的通信组网区域——通常以自然的道路、河流等明显的标志物围城的区域为自己的通信服务区域。

如图 1.3（b）所示，在这种“二级网络”的结构中，可以很好地满足城市通信网络的组网格局。一块块的通信接入网区域，组合形成了城市通信大网的整体格局；而各电信分局与其范围内的节点机房，形成了更高一级的通信骨干网——大容量的光纤通信城域网，用来汇聚、转接用户通信业务，形成畅通的通信“高速公路”——这就是沿用至今的现代城市通信网的两级组网格局。

随着经济的发展，社会城市化的高速发展，使得通信技术、业务种类和用户数量也得到快速的发展。特别是用户数量与业务种类的“爆炸式”的高速发展，原有的通信组网模式，远远不能满足要求。在这种情况下，国际电信联盟提出了“城市通信网络重新组网”的新思路：在原有的组网格局中，加入一层“通信接入网”的布局，并出台了“通信接入网”的一系列组网协议，规范了电话业务和互联网通信业务的组网格局与功能。

通信接入网，是由自然的道路、河流等围城的半径 1~5 公里范围内的地域或是单位组成。在其区域内，通常设置一个无人值守的“通信节点机房”，机房内设置相应的光电缆成端系统、通信各类业务接入设备和交换系统、通信配套电源和监控系统等；在机房外，在保持原有的电缆交接区的基础上，设置相应的通信管道路由系统、配套的各类线路系统，将本区域内的所有用户、原有的通信电缆交接箱主干电缆等，均纳入自己“接入网通信系统”中。

通信接入网与通信中心机房之间，形成“城市主干网”的通信格局，各类电话通信业务、互联网通信业务等，均以光传输系统的方式，通过通信管道，接入到城市中心局内。每个县级和地区级城市中，为保证通信安全，通常设置两个以上独立的通信中心（枢纽）局，局内设置中心交换系统，汇聚和疏导本地的各类通信业务。并监控维护各个通信接入网节点机房的日常运行情况。

这样通信接入网和通信城市骨干网的两层组网格局，就组成了城市通信网的整体格局。

1.1.3 现代通信行业的企业组成

现代通信系统，是由各类通信运营商建设和运营使用维护着，为各类用户提供各种通信服务的产业实体。构成通信产业系统的元素有六大类，分别是：通信用户、通信业务服务系统、通信系统的业主——通信运营商（分为“基础运营商”和基于网络应用的增值运营商）、通信系统的建设维护单位——通信工程服务商、通信系统的系统供货单位——通信设备供应商、国际国内通信行业管理机构——国际通信标准化机构和国内的信息化管理机构“国家经济信息化委员会”、“国家工业与信息化部”等，下面分别介绍。

第一类是通信用户，是通信业务的使用者，包括普通通信客户和单位型、网吧型“大型通信客户”。通信企业还将大客户分为“一般大客户”、“集团型大客户”、“党政机关事业单位大客户”等分类，以便其针对性地予以提供特色通信服务。

第二类是通信业务系统，是为通信提供业务的现代通信网络系统，包括由各通信运营商提供的具有不同特征的智能化、实时通信系统。主要是：互联网通信技术组成的包括电话业务和宽带互联网接入的综合通信平台；基于移动通信综合业务的通信平台；以及基于有线电

视业务的电视平台三大类，分别隶属于四个基础通信运营商。

第三类是通信运营商，即各类通信业务公司，分为基础通信运营商和增值通信运营商两大类。

经历了多次的整合之后，当前的基础通信运营商共有四家，分别是：中国电信公司、中国移动通信公司、中国联合网络通信公司，以及有线电视网络公司。这四家通信公司，建立了各自的通信网络系统，分别为通信用户提供电话业务、宽带互联网通信业务和有线电视通信业务。

增值通信运营商，是指在通信互联网上，开办如淘宝网上购物、QQ 通信与各类特色服务的"基于通信网络的各类经营业务"的经营方式，并收取相应费用的经营活动。这类基于通信网络的商店，就称为"增值通信运营商。"体现了"全民参与通信服务活动"的广泛的"群众参与性"。

第四类是通信系统的建设维护单位——通信工程服务商。是为通信运营商提供通信系统建设和通信系统维护的各类企业单位。包括通信网络工程咨询与设计监理公司、系统总承包商、系统集成公司、通信工程公司、各类网络（工程）公司等。

第五类是通信设备与器材生产商，指各类生产通信设备、光电通信线缆器材，以及相关配套器材的"通信设备生产企业"。国内最著名的是深圳华为通信设备公司、深圳中兴通讯设备公司、武汉邮电科学院下属的烽火网络通信设备有限公司等。

第六类是国际和国内的通信行业管理机构——国际通信标准化机构和国内的信息化管理机构"国家经济信息化委员会"、"中国工业与信息化部"等，专门为通信与信息化行业进行技术与法规监管的机构。根据世界各地和中国国内的通信技术与业务发展的情况，适时引导和出台信息化建设的各类技术与建设规范，引导该行业朝着健康的方向发展。

以上六类企事业单位，基本上组成了通信与信息化行业的各类成员，大家"各司其职"——共同组成了通信信息化行业的基本元素，推动者该行业的不断发展。

现代通信企业对员工的招聘，通常都是通过专门的"省级企业网站"进行的。对员工的具体招聘流程，大多是"在规定时间投递、审核简历"、"通过审核简历的人员进行笔试"、"通过笔试的人员进行两轮面试"等环节，最后的综合优秀分子，才能成为企业的正式员工。所以，对大学毕业生的综合素质要求，总体要把握"四有新人"的目标：有理想、有专业、有社会实践（经历）和有成功（实例）。

有理想，就是思想上要以党员标准严格要求自己——一个党员毕业生、或是预备党员毕业生，是被企业充分看好的标准。

有专业，就是具备扎实的通信与信息化理论专业知识和专业技能，包括第 1 层至第 5 层（软件）应用层的系统专业知识，还有至少英语四级证书（当然英语六级或其他更高级外语证书更好），甚至考取中高级计算机职业职称证书，也是一种专业技能的标志。

有社会实践，是指具有电信公司等相关的专业化的实习实践过程的经历，并经过专业企业鉴定的社会实践过程。

有成功，就是总结大学生在学习阶段取得的学业上的、或是参加各类专业有关的比赛的成功证书等标志。以上四种内容，应简要地汇聚成一张表格式的"个人简历"——电子版和纸质版，只要一张 A4 的纸就够了，以供自己投考心仪的通信企业之用。

1.1.4 现代通信网络的用户组成

现代通信网络中，越来越重视对用户的服务功能——重视不同的用户的个性化的套餐式通信业务的提供。根据基础运营商“中国电信公司”2012 年的规划，要逐步为城市用户，提供 20Mb/s 的互联网通信网速（带宽）；为农村用户提供 4Mb/s 的互联网通信网速（带宽）。在实际的网络服务中，各类通信运营商和工程设计部门、通信总承包商等，都十分重视对用户的分析，设计开发出适应用户通信需求的通信业务组合。

在城市中，通信网络是以“全覆盖所有通信用户”的方式，开展通信组网的，根据用户的不同种类，设置相应的“用户终端”：上网电脑、多媒体播放系统（多媒体教室）、用户上网（模块化）插座、室外电子广告牌、室内各类终端系统，以及其他类型的“物联网用户终端”，以推动宽带互联网业务的逐步开展，适应用户的各种“物联网”的具体应用。

在农村，也将逐步开展基于互联网的各类网上浏览、网络购物、网络教育、IPTV 等基本型和综合型的网络应用业务。逐渐缩小，甚至消灭互联网的“城乡应用差别”。

1.1.5 现代通信网络的发展特征

截止到 2012 年度的“现代通信网络”的发展历程，具有“通信业务规模越来越大、种类越来越多”、“通信质量越来越高、效果越来越多媒体化”、“通信技术越来越智能化、代表着时代的最先进技术特征”三种特点。下面，分别予以叙述。

1. 通信的业务规模越来越庞大、通信业务品种趋于多样化

在 2000 年之前，通信的主干业务，是基于电话通信网的通信网络，采用的是“程控交换机+光纤城域网+用户电话电缆接入网”的电话传输制式；进入到新世纪的 2000 年后，互联网业务逐渐占据了通信网络的主要业务地位，特别是基于电话电缆的 ADSL/ADSL2+宽带接入网传输技术的应用，将互联网业务和电话业务“捆绑式”的传送到千家万户，催生了祖国大地上宽带互联网业务的爆炸式扩容发展，基于光纤到大楼和无线手机的“宽带+电话”综合通信模式的不断发展，使得通信系统，真正形成了一个“行业式”的发展之路——成为类似于能源、电力、自来水等国民经济的支柱产业。

在通信行业内部，各种企业之间的分工越来越细，形成了如上所述的“通信运营商”、“通信设备供应商”、“通信工程服务商（工程集成、咨询、设计、施工等）”、“通信行业管理层”、“通信专业人才培养的高等院校”等相关层次的不同企业群。他们各自的分工越来越细，职责各不相同，共同形成了现代通信行业的产业化和规模化。相关的专业，有“通信工程”、“网络工程”等直接的通信类专业，也有“计算机软件工程”、“电子信息工程”等相关的间接类专业。

2. 通信质量越来越高、通信效果越来越“多媒体”化

所谓“多媒体通信”，就是使用多个信道，同时传输一个信息所形成的良好效果：如我们看电视：既能听到电视伴音发出的声音，同时也能看到电视的图像。形成了良好的“视听”效果。

在 2000 年前的“打电话”时代，人们通常只能靠“电话机”传递声音信息，没有其他的多余信道传递信息。而现在，人们通过大屏幕手机、上网电脑等音视频信道，享受越来越丰富精彩的多媒体音频、视频信息服务。

3. 通信技术越来越智能化、代表着时代的最先进技术特征

随着新世纪的到来，互联网技术逐渐地全面取代“程控交换”技术，成为新一代通信网络的主要技术，标志着现代通信网络系统，朝着“智能编程化”、“分层管理化”、“动态优化网络资源”和“实时监控网络运营”等新一代智能化网络技术水平迈进；也标志着现代通信网络技术是“当代最先进的生产力技术水平的标志”。

通信信息技术与行业，是一项古老而“时尚”的社会行业，在古代，就有了“烽火传信、邮驿传书”的成建制的“通信行业”，人们依靠当时最快速的通信方式——骑马送信的方式，将一封封家书，传递到远方亲人的手中。这就是现代“邮政局”最初的样子。

19 世纪末，“电信号的信息传输”功能的发现，诞生了“电信公司”：用电信号远距离地开展“电报”和“电话”业务。很长一段时间里，“电话业务”成为了通信行业的主导通信业务：自动化的电话交换机、程控数字电话交换机相继登上历史的舞台，“各领风骚数十年”；直到 2000 年，新世纪的曙光初现时。

通信行业很早就有这样的设想：希望以一种最经济、最优化的传输方式，同时传输各种业务的通信信息。光传输系统的出现，解开了人们的部分困惑：新一代的单模光纤光缆，以其“超大的传输速率 10Gb/s、非金属的优质传播信道”，为通信行业提供了巨大的、廉价的通信传输信道。

通信行业很早就有“分组的数据传输”的通信模式——基于电报传输的低速数据通信方式。到了 1990 年以后，投入一定的力量，研究高速数据通信的新模式：终于，ISDN 综合业务通信模式和 ATM 分组交换通信模式诞生了。但因其速度低、或是技术太过复杂，在中国并未大规模推广。

基于微软公司的 IP 宽带互联网技术的出现，以其“大众化、简单易用”而深得通信行业的重视。“国际电信联盟 ITU”终于从 2000 年开始，全面支持推广基于 IP 技术的宽带互联网通信模式。在中国，为了使用原有的、数以百亿计的“电话全塑通信电缆”作为互联网的接入层传输通道，电信部门大力开发推广了 ADSL /ADSL2+两种通信模式的“电话+宽带互联网”综合接入通信方式——中国的老百姓终于使用上了价廉物美的宽带互联网通信业务。从 2007 年开始，由于宽带业务的迅猛发展，中国电信部门逐渐开展“光进铜退”策略：采用光纤到大楼 FTTB、甚至光纤到户 FTTH 的通信模式，开展电话和宽带互联网的综合通信业务的推广。到了 2011 年，在东南沿海和内陆发达的大中城市，通信部门全面开展了光纤到户 FTTH 通信接入工程——2011 年又被通信行业称为“光纤到户的启动元年”。

IP 互联网通信模式，以其传播的大众化、组网技术的简单易用、对网络技术的智能编程化和对信道资源的实时动态优化配置等优良的性能，得到了世界范围内的广大通信用户和业界的推崇。从中我们可以体会到：现代通信行业是一个技术上不断自我更新、高速发展的社会服务的基础产业（即第三产业），通信系统与技术代表了时代的最先进的生产力和科学技术的发展水平，而不是固定的依赖于某一项或几项基本技术。

从根本上说：现代通信行业属第三产业，是各类通信企业运用由时代的先进科技水平组成的专业通信网络系统，为个人、企业和社会提供各种通信业务需求的服务行业。目前的通信系统是由电话通信网、各种数据（宽带）通信网和电视传送网（主要是有线电视网）等通信业务组成。通信的企业，主要由通信运营商、通信管理与研发机构、通信设备制造商和通信工程服务提供商四大类组成。

1.2 网络通信工程与规划设计概述

“工程”是社会上一个十分常用的概念，就是指人们“计划性、规范性”的完成某件具体工作的过程；是指人们遵循和利用自然规律，主动改造自然，以达到为人类服务的某种系列工作项目的过程。如著名的“三峡水利枢纽工程”、各类常见的建筑工程等，同样，通信专业也包含各类“工程项目”。工程，是由“工程前期规划设计”、“工程的具体施工建设”和“工程验收与试运行”三个部分组成的。广义来说，工程建设，通常是包含在某个“投资项目”之中的，作为该投资项目的“前期建设阶段”而实施的，如前面举例说明的“三峡工程”，其作为一个投资项目，目的，主要是为了水力发电，造福人类，而前期建设项目（工程），只是其中的一个阶段而已。

1.2.1 通信网络工程概述

1. 通信工程

是通信运营商（业主）应客户的要求（外在要求），或为了扩大再生产（内在要求）而对专业通信系统的范围、规模和容量进行新建，改建和扩建的项目过程。是将科学技术转化为实际生产力的重要转换方式，是国家工程建设的重要专业分支；根据 2005 年版“全国一级建造师执业资格考试规范”，“通信与广电工程”归类为同一个专业（考试）科目，全国共有 14 个专业科目；如表 1.1 所示。

表 1.1　工程项目分类表

1．房屋建筑工程	2．公路工程	3．铁路工程	4．民航机场工程	5．港口与航道工程
6．水利水电工程	7．电力工程	8．矿山工程	9．冶炼工程	10．石油化工工程
11．市政公用工程	12．通信与广电工程	13．机电安装工程		14．装饰装修工程

2. 网络通信工程阶段划分

分为“大中型工程项目”和“小型工程项目”两种情况：一般四类以下的小型项目或是应用户要求的小型接入网项目，分为“了解用户需求”、“设计工程方案并确认”、“组织项目实施并验收投产”三个步骤。而大中型工程项目建设流程通常比较规范而复杂，广义来说，一个投资项目的“生命周期”按时间进程分为“立项研究期”、“建设准备期”、“建设施工期”和“投产运行期”四个阶段，下面分别予以简述。

（1）立项研究期

解决“为什么要建、能否建、如何建”的问题；包括编制“项目建议书”、提出“项目可行性研究报告”、业主组织“项目决策会审”和“编制设计任务书”四个内容。

（2）项目的建设准备期

包括“组织工程项目设计”和“工程建设准备”两个内容。

（3）项目的建设施工期

主要是以工程项目的施工和安装工作为中心，通过项目的施工，在规定的造价、工期和质量要求范围内，按照设计文件要求实现项目目标，将项目从蓝图变成工程实体。此过程由“设备器材、监理机构与施工队伍进场”、“工程项目实施”、“工程验收”三个过程组成。

（4）项目的投产运行期

包括“项目的投产运行与业务推广”、“项目的综合改进与进一步推广”和“项目的结束”三个过程，是业主充分使用该项目创造的新生产能力，不断创造生产价值，为社会和企业造福的过程。

3. 工程建设项目的管理体制

改革开放以来，我国在基本建设领域进行了一系列的改革，将计划经济体制下设计、施工采用行政分配的管理方式，改变为“以项目法人为主体的工程招标发包体系（甲方）”；“以设计、施工和设备材料采购为主体的投标承包体系（乙方）”；“以专业监理单位为主体的技术咨询服务体系（丙方）”的三元主体。三者之间以经济为纽带，以合同为依据，相互监督、相互制约，构成建设项目管理体制的新模式。

工程的主体建设单位（甲方）与实施单位（乙方）、监理单位（丙方）简述如下：

（1）工程项目的建设单位

一般是通信运营商，是工程投资方和项目所有者。对于大型建设项目，应实行项目法人责任制，由项目法人对项目的策划、资金筹措、建设实施、生产经营、债务偿还和资产的保值增值，实行全过程负责的制度。

（2）工程的监理单位

即各类“工程监理公司”；应业主的邀请，按通信行业相关工程规范，为业主代行工程全过程或部分过程的监督管理职责，并收取相应监理费用。

（3）工程的投资咨询

投资咨询公司；应业主的邀请，按通信行业相关工程投资咨询规范，进行工程项目的投资咨询（项目建议书）和可行性研究（报告），以文件的形式提供给业主，并收取相应投资咨询费用。

（4）工程的规划设计

通信专业规划设计院（公司）；应业主的邀请或以招投标等方式，以工程勘测设计合同的形式，按通信行业相关工程规划设计规范，在工程项目的前期投资咨询和可行性研究基础上，进行工程的勘测与规划设计，以规划设计文件的形式提供给业主，参与业主召开的设计会审会，并根据会审会的纪要文件和专家修改意见，进行设计修正。修正后的设计文件，才具备“指导施工进展”作用。

（5）工程前的准备与器材的采购

通信设备制造商、工程器材供应商；应业主的邀请或以招投标的形式，在工程项目的设计文件指导下，以销售合同的形式为工程项目提供设备和器材。

（6）工程的施工

通信专业工程公司；应业主的邀请或以招投标等方式，以工程施工合同的形式，按通信行业相关工程施工规范，在工程的设计文件指导下，进行工程的设备安装和外线敷设，系统的测试与试运行；接受业主组织的工程初验和终验。

1.2.2　计算机组网结构体系

计算机网络的组网结构和设计内容，是一个集工程化规范设计、网络配置设计（硬件设计）和二层组网设计、三层（路由协议、服务器配置等软件）组网设计，以及网站应用设计为一体的综合性设计内容，是建立在新的计算机网络组织标准和协议基础上的，面向实际区域的应用型工程设计内容。其技术层面较多，涉及的知识、技术内容很广，针对性、实用性又要求很强。所以，本次课程，试图以计算机网络本身的“分层原理”的思路，来分类理解和构建整个“计算机组网设计”的知识结构，为大家整理出一个容易理解的“分层型”、应用型知识结构和逐层设计的方法。

1. 计算机组网系统的分层设计原理

所谓计算机网络的分层原理，就是按照计算机网络本身的组织结构，在分为“用户电脑单元”和“计算机网络单元”的两个网络系统单元的基础上，将“计算机网络”单元，分为四层结构，以便分类进行设计的思想方法，如表 1.2 所示。

表 1.2　**计算机组网的分层设计原理示意表**

系统分层		计算机网络通信系统		计算机网络的设计内容	
		用户电脑单元	计算机网络单元	网络设计项目	网络工程设计图纸与内容
第 5 层	各类应用层	IE 浏览器等	应用网站	应用网站设计	应用网站设计
第 4 层	交换路由层	电脑操作系统 TCP/IP 协议等	服务器、通信协议 IP/TCP	服务器配置设计	服务器配置设计、TCP/IP 协议
第 3 层			三层交换通信协议 IP、子网划分	路由器、IP 配置、	IP 地址分配、 各类路由软件配置设计
第 2 层	网络层	MAC 固有地址	交换机局域网通信协议	交换机配置设计	VLAN 局域网划分、VPN 设计等
第 1 层	通信硬件层	电脑、上网卡等硬件	通信线缆、交换机、路由器、各类服务器等网络设备系统	网络系统设计	1.计算机组网系统中继方式图 2.计算机网络各类配线系统图 3.通信机房平面系统设计图等
	线缆通道层	——	通信管道、大楼内通信槽道等	网络结构与通信线缆路由设计	1.通信用户分布与路由设计图 2.各类通信管道设计图

如表 1.2 所示，计算机网络工程设计，要按照分层原理，“从下至上”地完成一系列设计内容，下面，以“分层”的方式，一层层地分别加以说明。

2. 计算机网络的通道层设计

首先进行“网络通道层的设计”：在充分调查计算机网络用户分布情况的前提下，按照用户需求，有针对性地进行网络结构规划组网的设计——按照计算机局域网（新一代高速以太网）的组网原则，和建筑物网络“综合布线”原则，将每一位用户，以通信光缆或是“电缆双绞线+工作区”的接入方式，纳入计算机网络系统中。此时在建筑物中，共有三种组网方式：一是“FTTB（光纤到大楼）+标准的综合布线方式”，在每层楼均设置用户交换机，接入该楼层的用户；二是“FTTB+大楼汇聚点综合布线”的方式：在建筑楼的中心点，设置一处用户线缆汇聚点，采用“堆叠式用户交换机”将所有用户接入到网络中；三是住宅小区的FTTH（光纤到户）的方式。以上三种方式，均为用户线的“星形连接”组网方式，各有利弊，分别适合于用户密度不同的建筑物的情况。

具体的工程设计绘图方法是：选定了用户组网方式后，按照网络结构和连接每位用户的通信线缆的路由走向，设计绘制出“用户分布与通信路由系统设计图”——大楼内的通信槽道路由系统设计、配套的（马路上的）通信管道及其他路由的设计，和用户节点机房的设计选址等项目。用各种设计图纸的方式，设计好网络系统的各种配置。

3. 计算机网络的“局域网硬件层”设计

根据前述现场路由和确定的网络结构，用户分布情况，进行“交换型局域网的硬件层设备配置”设计，基本的计算机网络框架系统，如图 1.4 所示。网络的设计图纸，归纳起来有以下四类：

（1）计算机组网中继方式设计图

确定网络组织设备结构。

（2）计算机网络配线系统设计图

确定建筑物用户至节点机房之间各类光电缆线路的全程配置。

（3）计算机网络设备配置系统图

确定计算机网络的各类交换机和路由器配置与连接组网系统配置。

（4）计算机网络节点机房平面设计图

确定各类配线系统、通信设备、电源设备等在机房中的具体位置安排设计等。

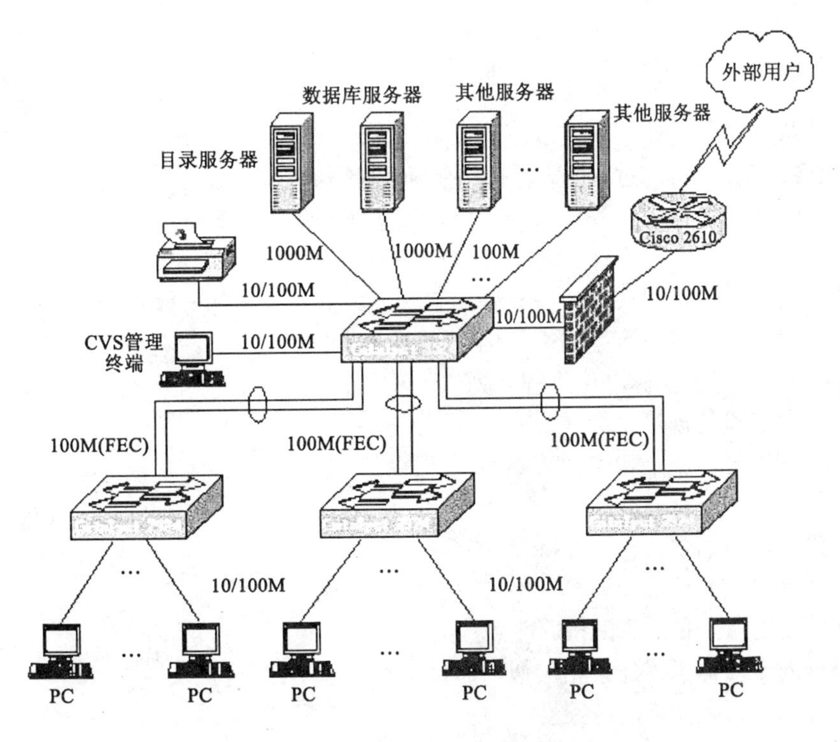

图 1.4 计算机网络的典型组网系统示意图

4. 计算机网络的“网络层与路由层”设计

根据以上网络结构设计，网络链路层和路由层设计的内容，主要有以下两点：

（1）网络层开展VLAN局域网划分、VPN设计等

对每种用户，在交换机上进行用户端口的配置、VLAN划分、各分系统的VPN组网设计等，以及各类交换机上联口的端口汇聚设计等内容。该内容的设计，可以采用“设计图纸”和“设计表格”等方式，综合开展。

（2）路由层开展用户（局域网）的IP地址分配设计、各类路由软件的设置等

该内容的设计，也可采用“设计表格”、叙述说明等方式进行。

5. 计算机网络的“各类服务器”设计

这主要是指“用户局域网”内部的各类应用功能的设计与实现，如DNS服务器、单位里的邮件服务器、各类数据库服务器等，宜采用1~2台高性能的“机架式服务器”，将各类服务器软件，均安装在该服务器上。如图1.4所示。

6. 计算机网络的“用户网站”设计

这里主要是指“用户局域网”内部的“单位网站”功能的设计与实现。这是一个对外宣传，在线服务、在线接纳业务的主要方式。也是网络时代特有的对外联系的重要窗口。通常，按照用户单位的需求，依据专业的网站制作工具，制成动态的网站，安装在专门的Web服务器上。

其实，网站设计也可以看做是特殊的“服务器设计”的一个种类，只是由于其作用越来越重要，其制作方式与普通的服务器软件制作也有所不同，所以，在此专门作为一个内容讲解，以示其重要性。

1.2.3 通信网络工程规划设计的特点

网络工程的规划设计，存在以下两大类特点。

1. 网络工程的内容与过程的规范化和全面质量管理

从下述几个方面保证工程项目专业化，规范化和科学先进性。

（1）工程服务企业（设计、施工、监理）的专业资质化、规范化

工程人员的专业资质认证（投资咨询工程师、监理工程师、建造工程师、项目经理等）。

（2）建设工序、工艺流程的规范化

有ISO-9000等工程标准化流程系列。

（3）专业建设的规范化

工程规划设计、施工和监理等项目，严格按照专业工程技术规范，概预算标准、定额等规范文件执行。

（4）设备器材的规范化、标准化

设备、器材按照通信产业“入网许可证”制度执行。

2. 网络通信工程的过程的特殊性

与其他的专业的工程建设相类似，通信工程有以下四个特点：

（1）实施过程上严格的政策性

国家规定：

①工程项目的立项必需充分的论证和审批。

②工程的管理单位、投资咨询单位、设计单位、施工单位和监理单位必须具备相应的工

程资质。

③工程人员必须具有相应的工程建设国家资格证："投资咨询工程师（规划设计）"、"工程建造师（工程施工）"、"监理工程师（工程监理）"、"通信专业工程概预算资格证"。

④工程的实施过程必须按照相关文件规定的流程严格执行，工程的规划设计和施工必须遵照相应的"通信工程设计规范"、"通信工程施工与验收规范"进行。

（2）工程实施的不可逆转性与临时性

工程一旦实施，具有不可更改的特性，否则，会造成时间上、功能要求上、经济效益上等各方面的巨大损失。同时，工程中各方的关系是由相关的"工程合同"联系起来的阶段性的临时关系，一旦合同完成，工作关系自然解除。

（3）较强的专业性和实施计划性

通信工程有自己专业上的独特要求和建设规律，必须遵守；同时，工程项目在实施前必须作出周密的计划方案，在实施过程中管理方、设计方、施工方和工程监理方必须遵照计划方案，协同进行。

（4）严格规范的投资管理性

从两个方面得到体现：一是计划性方面：工程的概预算（造价）必须由"通信工程概预算"持证人员，按照相关的工程概预算文件和工程定额，进行准确、细致的编制，并且在工程的招投标过程中或工程合同的谈判中得到调整和确认；同时，工程的投资回报率（效益）也是建设方十分关注的指标，直接关系到工程项目是否值得立项；二是实施性方面：工程的决算不得突破概预算的 5% ，并由工程管理或监理单位监督执行。

1.3　计算机通信工程规划设计概论

1.3.1　计算机通信工程设计原理

1. 计算机网络通信工程设计

如上所述，计算机网络通信工程设计，是由具有相应资质的设计咨询单位作出的、通信工程建设不可缺少的依据文件；用来具体指导（某个）通信工程建设的方式和内容。具有很强的技术规范性和具体（项目的）针对性。

工程设计分为三个过程：一是工程设计（咨询）单位根据"设计任务书"所规定的目标任务、设计范围、技术系统要求和其他要求，通过"现场勘测和基础资料调查"，在充分勘查了解用户情况、工程建设环境和现场资料的基础上，依据相关的工程专业设计规范要求，为工程项目设计最合适的专业通信方案；二是在此基础上进行针对性的具体设计，并以"设计文件"的形式反映出设计成果；三是由工程设计的建设单位，召开该"工程设计项目"的各方会审会，对设计单位提交的设计文件进行充分的鉴定和会审，形成相关的设计会审纪要文件（或会审意见），并由设计单位进行必要的设计文件的修正。经过了会审修订之后的设计文件，就成为了指导工程具体施工的依据文件。

2. 计算机网络通信工程的设计成果

即实际设计产生的设计文件。具体的工程设计文件由"工程设计图"、"工程概预算表"和"设计说明"三部分文件所组成，它是依据某工程的具体要求而产生的，所以只对该具体工程具有指导作用。完成好的"设计文件"，必须由建设单位组织相关方面，进行"设计会审"，对该设计方案设计的各个内容进行评价，并提出合理的修改意见，形成“设计会审决议”文件。设计单位在根据该决议文件进行了“设计文件修改”后，才能形成真正有效的、指导工程实施的设计文件。

所以，设计文件的产生，实际上是分为两个阶段进行的：首先由设计单位编制好在实地勘测基础上的设计文档；第二步，该设计文档经“设计会审”，进行修改之后，才能形成有效的设计文件。

1.3.2 计算机网络通信工程的设计内容

1. 计算机网络通信工程设计原则

通信工程规划设计人员，应该对通信技术基础有比较深入的理解和掌握，对现行的通信工程建设与设计方式，具有比较全面的认识和掌握，并应站在国家“设计规范”的公正立场上，才能设计出合适的通信工程建设方案，故而，这是一项专业理论性与实践创造性的要求都很高的综合性工作。在设计过程中，需要遵守下列几条原则：

（1）国家政策性

必须贯彻执行国家基本建设方针和通信技术经济政策，合理利用资源，重视环境保护；认真执行国家的工程专业建设规范和行业标准；

（2）技术经济性

工程设计必须广泛采用适合我国国情的国内外成熟的先进技术，应进行多方案比较，兼顾近期与远期通信发展的需求，合理利用已有的通信网络资源，做到技术先进，安全适用，能够满足施工、生产和使用要求；同时，必须兼顾经济合理性，尽量降低工程造价和维护费用，以最大程度的发挥建设项目的经济效益和社会效益；

（3）规划设计的专业规范化

通信规划设计是专业性、规范性很强的综合技术工作，遵守国家和行业现行的设计规范、施工规范、概预算定额规范等技术文件，按照规划设计的专业内容与流程，制定出符合要求的通信工程设计文件；

（4）产品标准化

设计中采用的产品必须符合国家标准和行业标准（通信入网许可证），未经鉴定合格和试验的产品不得在工程中使用；

（5）原有设施的兼容性

扩建、改建工程项目，必须充分考虑原有设施的情况，合理利用原有设备，提高工程建设的整体效益。

2. 计算机网络通信工程设计项目的专业划分

目前的通信工程，分为室外管线敷设项目和（室内）设备安装项目两大类，具体如表 1.3 所示的十种专业项目。

3. 计算机网络通信工程设计的依据文件

按照不同的通信专业，通信工程必须在各自的国家法规和行业工程规范的要求下进行；这些依据文件主要有三类：一是相关的国家或专业部委颁布的工程设计规范、施工验收规范；二是相关的通信概预算文件和工程量计算定额；三是相关的工程制图标准与绘图规范，通信工程的绘图一般采用 AutoCAD 软件进行。要注意的是，随着技术和国家对信息产业政策的不断变

表 1.3　　通信工程专业项目分类表

室外管线敷设项目	（室内）设备安装项目
1．通信管道工程建设项目 2．通信光（电）缆敷设安装工程项目 3．建筑物自动化与综合布线系统工程项目	1．通信节点机房设备安装综合工程项目； 2．光通信系统工程项目； 3.（程控）交换系统工程项目；4．计算机宽带网络系统工程项目； 5．移动通信系统工程项目；　6．通信电源系统工程项目； 7．电视通信系统工程项目

化，设计依据文件也在经常更新，特别是第一类的工程设计与施工规范标准，往往 3~5 年就有所更新；所以，在具体的工程中，要注意使用最新版的依据文件，避免使用已经过期失效的规范或文件。常用的通信接入网工程依据文件如表 1.4 所示。

表 1.4　　通信接入网工程的部分依据文件表

序号	文 件 名 称
1	中国通信行业标准：有线接入网设备安装工程设计规范（YD/T 5139——2005）
2	中国通信行业标准：本地通信线路工程设计规范、验收规范（YD/T 5137、5138——2005）
3	中国通信行业标准：通信工程概预算规范文件与相关定额

4. 计算机网络通信工程设计的工作流程

①认真分析“设计任务书”所规定的目标任务、设计范围、技术要求和其他要求，制定初步的现场勘测、调查方案和设计方案。

②现场勘测目标（用户分布）情况、业务配置要求和建设单位提供的其他（概预算等）基础资料和要求，作出初步的设计方案和设计草图，与建设单位进行现场交流后，以“工程勘察纪要”的方式确定现场初步设计方案，并作为后续工程设计的依据。

③根据前期勘察资料、现场初步方案和相关设计规范文件的要求，作出相应设计文件：绘制工程设计图纸、进行工作量统计并作出工程概（预）算、写出设计文件说明等。

④参加工程建设单位组织的设计会审，简介设计方案、设计主导思想、项目概预算与单位投资指标、以及其他工程事项，回答和解释会审会的与会代表提出的各种工程相关问题；参与设计会审结论意见（纪要）的编写工作；并负责及时修正设计文件——再次提交经过会审后的“正式设计文件”；向施工单位进行技术交底和现场交底。

⑤在施工过程中，审核施工过程的规范性和变更设计等事项，应建设单位的邀请参与工程的验收工作。

1.4　通信网络工程的招投标与文件制作

1.4.1　网络工程的招投标概述

工程建设的招标、投标过程，是一个紧密相连的三部曲过程：首先，在设计文件的指导下，由业主（工程建设单位）公布该工程的建设计划方案书，该文件称为“业主工程招标书”；其次，相关的工程施工单位、通信设备制造单位等，根据招标书的内容和要求，以及自身的工程资质条件等实际情况，提出对该工程进行建设的计划承诺书，该文件称为“投标单位的投标书”，包括了投标单位资质简介、工程（或设备）建设内容、建设计划、建设技术与人员组织情况等，特别要提出包括整个工程的总造价值。第三，展开招标的业主单位，根据收到的“有效的投标书”的各项指标情况，择优选取工程建设单位和工程设备、器材供应单位。这样就保证了工程建设过程的规范性和合理优化性。

1.4.2 网络通信工程的招标与招标文件

如上所述，通信工程的招标，就是指业主单位，根据某工程项目的需要，而向相关的通信设备供应商和工程建设单位发出的“工程建设邀请函”，邀请具备相应资质和实力的通信工程建设单位，参与该项目的工程建设的过程。这是“通信工程招投标三部曲”的第一步的过程。

通信工程的招标，可以是“工程总包”，将工程的设计、设备器材供应、工程实施等，统一发包给一家工程建设公司，这种发包的方式，称为“交钥匙工程”——将工程的所有分项目全部完成。此时的工程建设公司，又称为“系统承包商”——具有工程设计、工程实施和工程设备采购的所有相应资质，可以胜任相关的所有工程分项的工作。也可以将整个工程，分为若干个“分项目”，分别发包给不同的专业工程服务商。种类如表 1.5 所示。

表 1.5 通信工程招标分类表

序号	1	2	3	4	5	6
类别	工程总承包	工程设计	工程施工	工程设备供应	工程监理	工程运营维护

其中，工程的总承包，属于“统一发包”项目的类型，由具备资质的工程“系统承包商”统一承包；而其余 2~6 项，属于“分别发包”项目的类型，分别由相应专业资质的通信工程服务公司承包执行。

通常，每项工程的“有效投标承包书”，应在 3 份以上，也就是说，至少应有 3 家以上的投标单位，在规定的时间，投出 3 份以上的“有效标书”，该招投标过程才算有效，否则，该招投标过程属于无效过程，必须重新进行。

由业主单位负责拟定的“工程项目招标书”，应包括以下 5 项内容：

①工程的名称、地点、种类（参考“通信工程专业分类表”）、性质、业主单位。

②工程的资质要求、工程的具体内容和主要工程量、工程的质量要求、工期要求。

③工程的设计文件，或工程的概预算文件，工程的投资上限。

④工程的招标书销售方式与时间地点，工程投标书的递交时间要求。工程的开标方式与时间安排。

⑤其他的特殊问题的说明。

要说明的是，工程招标，有“公开招标”和“邀请招标”等几种方式。通常，通信工程专业性很强，采用“邀请招标”的方式较多，也就是，专门邀请相关的通信工程专业资质单位，前来投标。

1.4.3 网络工程的投标与投标文件

通信工程服务单位，接到招标信息之后，通常首先要与招标的业主单位联系，以便确认自己是否有资格参加该工程项目的投标；其次，就是开展“工程投标”的工作。该项工作分为“现场调查”和“投标书的制作”两个步骤。现场调查，就是派出工程技术人员，到工程现场，调查了解工程的要求和全部情况，包括购买招标文件等“现场调查”的全部工作。然后，开始针对性地制作“工程投标书”，并在规定的时间内，送达业主单位指定的地点。通信工程的投标书，通常包括以下内容：

①工程的名称、地点、种类、性质、业主单位、工程服务单位（投标单位自己）。

②投标单位的资质、工程背景、单位技术实力、工程设备实力介绍，以往的类似工程完工情况介绍。

③本项工程的组织介绍：具体人员、队伍安排介绍，工程技术情况介绍。

④工程的具体工期计划安排、时间安排的介绍；本单位工程实施的优势、特点介绍。

⑤工程的预算表，本单位该项工程的投标总价值。

1.4.4　网络工程的评标与工程前的准备

1. 评标的过程

业主单位收到相关单位的投标书，并确定此次招投标项目为“有效招投标过程”之后，应该组织由各方专家组成的“评标小组”，对收到的投标书进行评判。

评标的过程是这样的，通常是采用对各项重要的“内容”或“指标”进行人为“打分”的方式，为每一份投标书进行“打分（通常是百分制）”，然后，根据得分的多少，确定“中标单位”和“备选单位”各一家，首先与中标单位签订工程合同，与“备选单位”签订“备选工程合同”。通常的评标标准如表 1.6 所示。

表 1.6　**通信工程评标计分表**

序号	项目内容	各项比例	投标的评分标准					得分汇总
			非常好（100%～80%）	较好（79%～60%）	一般（59%～40%）	较差（39%～0%）	无内容 0	
1	工程资质情况	10%						（比例*得分）
2	技术实力、以往相关工程经验	10%						
3	本项目的人员、设备组织情况	20%						
4	本项目的工序安排、时间安排、特点	30%						
5	项目概预算及总投资	30%						
6	评分合计							

注：①投标单位的工程资质情况、以往工程的实施情况、工程技术实力等综合情况（占 20%）。

②本项工程的具体人员组织情况、技术实力、工程设备的组织情况（占 20%）。

③本其工程的具体工序安排、时间安排等情况，工程实施的优势条件、特点介绍（占 30%）。

④本其工程的预算情况、投标的总价值等（占 30%）。

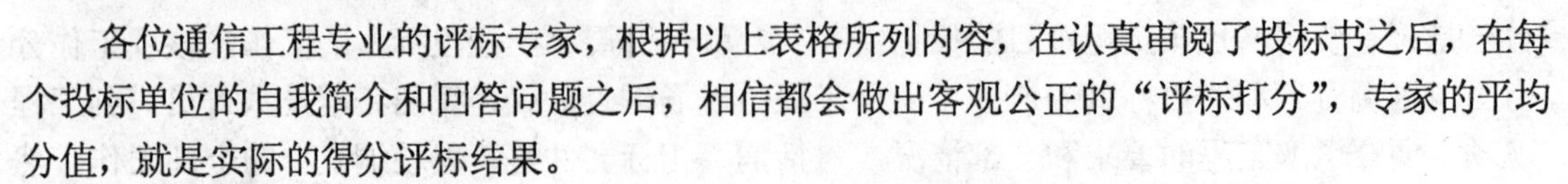

各位通信工程专业的评标专家，根据以上表格所列内容，在认真审阅了投标书之后，在每个投标单位的自我简介和回答问题之后，相信都会做出客观公正的“评标打分”，专家的平均分值，就是实际的得分评标结果。

2. 工程展开的准备

评标结果公布之后，业主单位将分别与中标单位签订“工程施工委托合同”、“工程设备供货合同”、“工程施工的监理委托合同”及其他的相关合同。同时，还会与“第一备选单位”签订相关备选合同或类似的内容协议，以保证工程按期、保质保量地完成好。

同时，业主单位还要为工程的顺利开展，出面办理必要的市政手续等，并协助签约单位，做好工程队伍进场、设备到货的仓储保管、交接开箱等相关事宜。应责成监理单位或自身，及时建立常规的工程管理机构，监管工程的及时展开。

1.5 本章小结

本章是本书的开篇之作，计划从“计算机通信网络”、“计算机通信网络工程建设”、“通信网络工程规划设计”直至“通信网络的集成与招投标”的网络工程建设途径，为读者建立“现代网络系统的建设与设计集成”的知识技能结构体系，一开始就为读者揭示“网络、建设、设计、集成和招投标”等常用工程建设概念之间的内在联系，从而为读者继续深入的学习相关知识与技能，打下理论基础。

同时，考虑到大多数读者对“工程建设”的系统知识，处于初学启蒙阶段，本书试图从“基本概念、基本原理、基本技能”等层层推进的学习原则，帮助读者逐步建立通信网络建设的系统知识体系，特别是以 Intranet 为特征的宽带接入网工程设计与集成的知识技能体系——详细讲解主要的基本概念、基本原理和基本技能等诸要素。

◎ 作业与思考题

1. 简述通信工程的概念、项目类别与阶段划分情况，并简述我国的工程行业分类情况。
2. 简述我国工程建设项目管理体制和工程项目的主体单位，并简述工程的规范化和全面质量管理的措施。
3. 论述计算机网络的分层结构的内容和设计原理。
4. 思考“用户通道层设计”中，有哪两种用户网络布线设计方式？它们分别适用于什么场合，才能最大限度地发挥其组网特性？
5. 简述通信工程规划设计的概念、原则与工作流程；设计文件包含哪几个主要部分？
6. 简述我国通信工程规划设计的专业划分与依据文件。
7. 论述招标投标的工作原理、过程。
8. 论述招标文件的组成。
9. 论述投标文件的组成与编制。
10. 论述评标的标准。
11. 从“内容、作用、种类（或组成结构）、特点”四个方面，解释下列专有名词：

（1）计算机通信网络（2）计算机局域网（3）通信工程（4）计算机局域网工程建设（5）

用户接入网（6）光纤城域网（7）现代通信网络（8）基础通信运营商（9）增值通信运营商（10）工程建设项目的管理体制（11）通信工程设计（12）通信工程的设计成果（13）通信工程设计的工作流程（14）网络工程的招投标（15）工程投标文件

第2章 通信基本业务概论

从“通信用户端”的角度而言，现代通信行业的基本任务，就是努力地满足和引导社会大众对各类“实时信息（电话、宽带互联网业务等）”和“展示信息（网站的建设、信息的及时发布与更新）”的及时、准确、高效的传播与网络系统的建设。

现代通信行业的“基本通信业务”大致可分为两类，第一类就是电话等传统的“实时信息”的传播；第二类就是基于互联网的各类网站信息的发布与及时更新。本章就是从“用户终端”的角度，对这两大类“通信基本业务”进行概述，共分为三个部分：第1、2节是对传统的“实时通信业务”以及“多媒体通信”的信号产生和转换方式的概述；第3节从宽带互联网的原理开始，简要介绍了现代通信的“展示信息”的业务产生和转换原理，使读者对现代通信业务的种类与分析方法有一个基本了解；整章内容构成了现代通信基本业务的系统理论要点。

本章学习的重点内容：

1. 通信网的基本业务分类与组成；
2. 两种电话通信业务和流行的互联网通信业务；
3. 现代数字化高清晰多媒体通信业务。

2.1 通信网基本业务概论

“电信时代”的通信业务的种类也是不断发展的，很长一段时间里，只是电报和电话这样的单独信道（媒体）的通信方式。19世纪70年代，电视业务的出现，给惊喜的人们打开了“看到”外部世界的小小“窗口”。20世纪80年代逐渐兴起的“多声道立体声高保真音频”技术，使人类亲身体验到“高清晰度电视”和“多声道高保真立体声”节目带来的多信道（媒体）视觉和听觉的震撼感受。

随着21世纪的到来，世界范围内逐渐兴起的计算机互联网技术，则将整个世界带到了人们的电脑显示屏中——通过互联网，人类不仅能感受到网络电话、QQ互动交流的畅快，第一时间浏览世界各地发生的各类图文信息，还亲身体验到“高清晰度网络电视”和“博客”、“微博”等自我发挥、个性展示的畅快。企事业单位则利用互联网（技术）构筑自己的办公网、生产监控网和对外的宣传、在线销售等多重事物。

通信与信息行业的发展，正逐渐将人类社会带入到“多媒体视听享受”、“网络信息无处不在”和“个性化、自主化地通信”时代——无不昭示着“信息社会”的逐渐到来。可见，通信与信息业务的种类和传播方式，也是随着社会生产力和技术的进步而不断发展，越来越

成为现代社会的主要特征。下面，让我们从用户端出发，仔细认识和感受一下“现代通信与信息业务”的种类和传播的方法吧。

2.1.1　通信网基本业务分类

现代通信网基本业务，在中国主要分为三大类：第一类是以“传统”的有线电话和移动电话网为特征的电话业务为主的通信业务；而第二类业务则是基于计算机互联网传输的“宽带数据信息业务”，这是一个集电话、图像（照片等）、电视与视频节目等多种“信息表现方式”为一体的通信业务传送系统，也是当前和未来继续发展的“主流”通信业务。第三类是由“广电部”管辖之下的“有线电视传送系统”，供大多数家庭，以“观看电视”的方式享受信息的一种传播方式。下面分别加以简述。

1. 电话业务

指住宅电话和移动电话业务两种，住宅电话即传统的电话线接入通信方式；移动电话即人们常用的移动手机通信方式，由于“移动电话”的方式满足了社会大众“随时随地通信”、“功能丰富多样”，以及“携带小巧方便”等诸多要求，目前得到迅速的发展——是当前主流的“电话通信”方式。

2. 宽带互联网多媒体信息业务

即通过计算机接入宽带互联网的信息传输方式，其本质是计算机各类指令与程序的执行情况的展示和各类文件的传递；随着QQ、MAN等通信模式的开发，各类“博客、微博”等个性化通信方式，以及多媒体音视频节目（文件）等逐步出现在互联网上，在计算机网络上可“在线通话”和“视频聊天”、看电影、写博客与微博、网上购物、网上报名填志愿等——网络的内容和功能不断地得到丰富。所以，基于计算机和高速互联网（IP网）的信息传递模式，是目前和未来通信行业高速发展的主流通信方式。

3. 电视图像信息业务

分为传统的有线电视台传播的“有线电视”方式和基于高速互联网IP模式的“网络电视”方式两种，前者是有线电视台接入的“单向信息传送模式”（又称为“单工通信”）的通信业务，后者是基于电信部门的宽带互联网络接入的可随意点播的交互式电视通信业务，可在计算机上播放，也可通过“机顶盒”的信号转换与控制，在现有的家庭电视机上播放。

2.1.2　通信信号的编码与分组传送

1. 信号的编码

如上所述，各类通信信号，必须转换为适合于通信信道传输的数字信号，在信息传输的过程中，还要保证信号不丢失、不变形（造成误判别），在全世界的通信系统范围内都可以“畅通无阻”。所以，信号的编码，必须遵循统一的数字编码原则进行，这就是课程后面讲到的信号传输的“PDH、SDH、及OTN模式”的数字编码传输原则。从另一个方面来说，数字通信系统包括“信源编码”和“信道编码”两个部分。

（1）信源编码

作用在“用户终端网络”中，如图2.1（a）所示，在移动通信手机上，将信息源产生的语音模拟（各类正弦波组合）信号，转换为适合于通信信道传输的模拟或数字信号，从而提高通信信道的传输效率。它一般包括信号的数字化和压缩编码两个过程。

信源编码一般可分为“波形编码”和“参数编码”两大类，波形编码即直接对模拟信号（电话话音信号）的数字化编码方式，它是直接对信号的“波形幅度”进行编码处理；而参数编码是先从信号中提取出其“特征参数值”，再对该参数值进行编码和传输，所以它比“波形编码”的形式具有更高的信道传输效率。

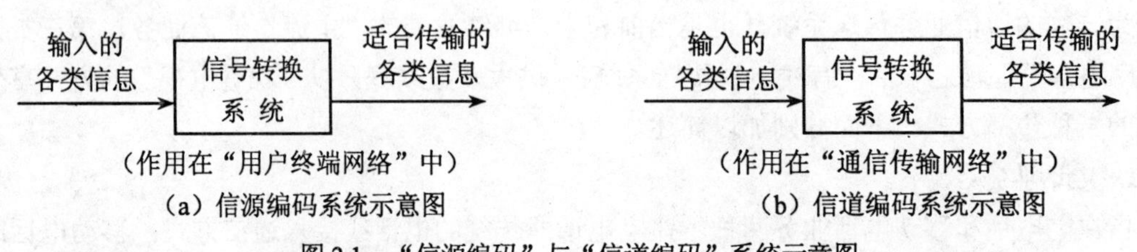

（a）信源编码系统示意图　　（b）信道编码系统示意图

图 2.1　“信源编码”与“信道编码”系统示意图

（2）信道编码

作用在“通信传输网络”中，如图 2.1（b）所示，是将各类信息的信号，变换为与通信系统的数字调制方式和传输信道相匹配的形式，如数字多路通信传输的 PDH、SDH 及 OTN 的传输编码方式，以降低误码率，提高通信的传输可靠性，适合“现代数字传输系统”的高效、可靠地传输。

2. 信号的 IP 分组通信技术

随着 IP 技术的应用，利用 IP 数据网络承载和传输各类（包括话音信号）信号的通信模式越来越受到重视，将各类信号转换为 IP 信号也属于“信源编码（参数编码）”。信号的转换过程如下：

（1）信源组装

首先将完整的数字信息流分成一个个“分组”；然后装入一个个相应的“信封”：加上分组头（IP 目的地地址、信号种类等信息）和分组尾（通信质量要求信息）的信息，形成“IP 信息分组包”的形式。

（2）信道传送

将一封封“分组信（IP 信息分组包）”在规定的通信质量保证下，通过计算机 IP 互联网络（即 Internet 互联网）的各个节点，传送到对端。

（3）信宿接收

将一封封“分组信（IP 信息分组包）”，还原“组装”成完整的数字信息流，供相应的接收者使用信息。

信息的分组转换、IP 传送和在收信端的还原过程，如图 2.2 所示。分为“信息的分组”、“信息的一组组传递”和“收信端的信息接收与还原”三个步骤。

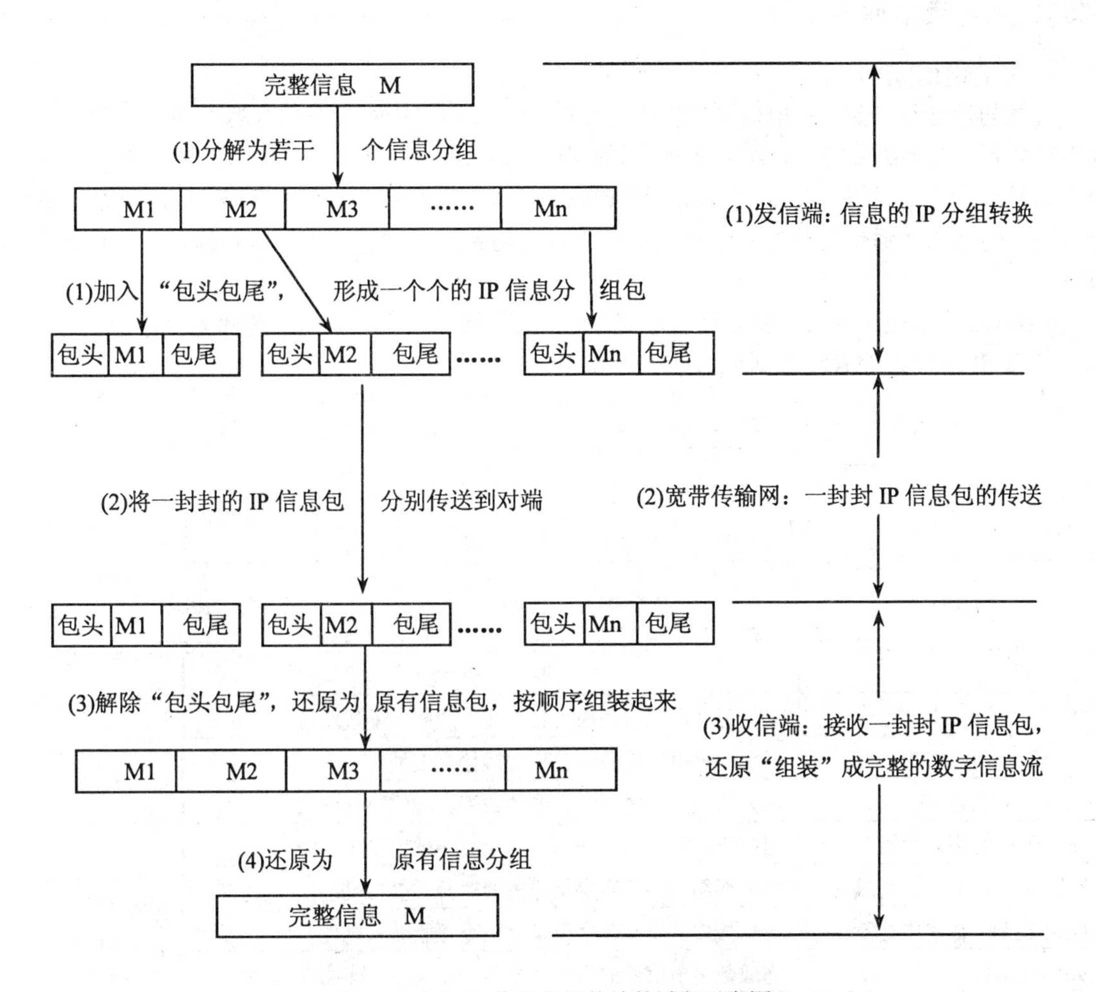

（a）IP信号分组传输的过程示意图

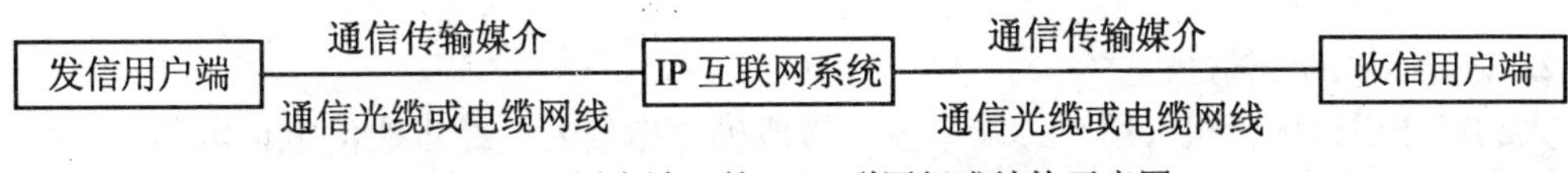

（b）基于"用户端"的IP互联网组成结构示意图

图2.2 信号的IP分组通信的三个过程和通信系统组成示意图

2.2 电话通信业务

通信行业提供的业务分为"基本业务"和"组合业务"两大类，所谓"组合业务"，就是针对各类通信用户，"量身定做"的各类基本业务的"组合套餐"。目前最新的基本业务，主要是指"话音业务（含VoIP）"、"数据传输业务（含宽带上网）"和"交互式网络电视业务（即IPTV）"；本节主要介绍三种电话业务信号的产生与转换过程，即传统的固定电话信号、新一代IP电话信号和移动数字电话信号。下面分别予以介绍。

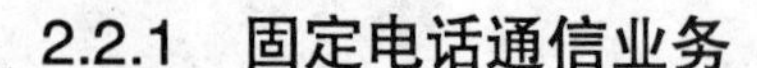

2.2.1 固定电话通信业务

1. 话音电信号的产生

传统的话音信号是“模拟信号”的转换过程，即将话音声波（属于机械波）信号通过“话筒”等装置，转换为0~4kHz频率段内（实际在300-3400Hz之间）的相同波形的电信号，此时的信号称为“模拟信号”，即“模仿”原有的声波信号而变成相似波形的电信号。然后，通过“信号转换”、“通信传输”和“通信交换”等通信系统，进行“向对端传送信息”的通信过程。

0~4kHz频率段又称为“基带信号频段”，以该段频带进行通信的系统称为“基带信号传输系统”。传统的程控有线电话通信系统，如图2.3所示。

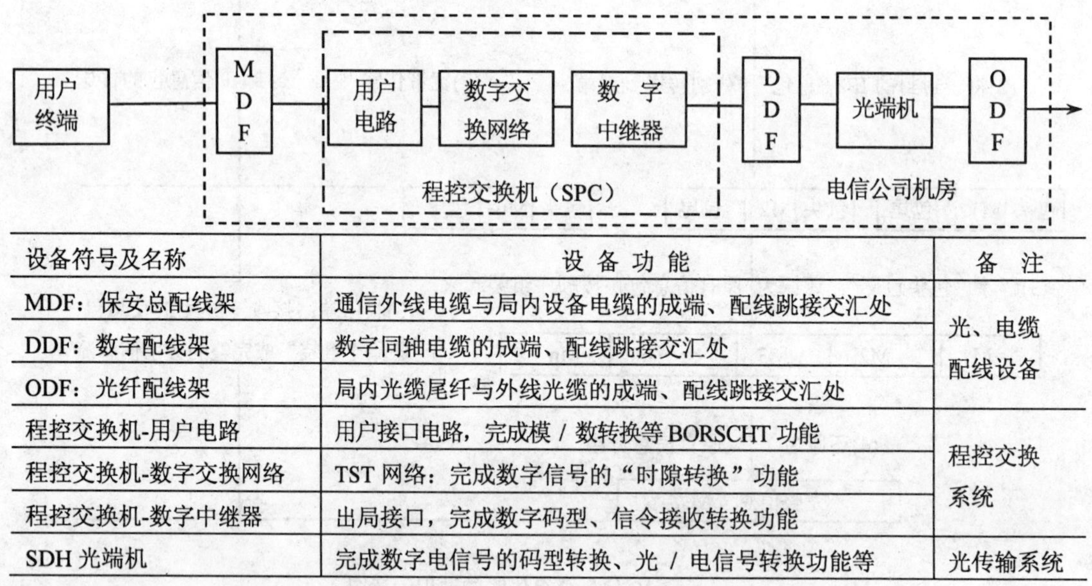

设备符号及名称	设 备 功 能	备 注
MDF：保安总配线架	通信外线电缆与局内设备电缆的成端、配线跳接交汇处	光、电缆配线设备
DDF：数字配线架	数字同轴电缆的成端、配线跳接交汇处	
ODF：光纤配线架	局内光缆尾纤与外线光缆的成端、配线跳接交汇处	
程控交换机-用户电路	用户接口电路，完成模/数转换等BORSCHT功能	程控交换系统
程控交换机-数字交换网络	TST网络：完成数字信号的“时隙转换”功能	
程控交换机-数字中继器	出局接口，完成数字码型、信令接收转换功能	
SDH光端机	完成数字电信号的码型转换、光/电信号转换功能等	光传输系统

图2.3　程控有线电话通信系统组成示意图

2. 话音信号的传输过程

人的声音通过电话机（用户终端）被转换成模拟电信号，经过通信电话电缆（双绞线）的配线系统进入到“电信机房总配线架（MDF）”上成端；然后，经过电信局内的用户话音电缆，传送到程控交换机的“用户电路”中；在此，模拟电话信号被转换成PCM数字信号；然后沿着程控交换机确定的传播路径，经过光传输系统，到达被叫用户的交换机和“用户电路”，然后又还原成模拟电信号，经过通信电缆，到达被叫用户电话机，形成电话声音信息，传送给被叫者，形成了完整的单向通话过程；这个过程，如图2.3所示。

被叫端“电话用户”的说话声音，也被转换成相应的“电信号（电话信号）”，沿着相同的路径与传递方式，输送到电话系统的“主叫端”，形成了双向通信的过程，双向通信的方式，即“交互式”通信方式，又叫做“双工通信”。

3. 话音信号的模拟/数字化（PCM）转换

在通信传输的过程中，为适应“电信号信道”和“光纤信号信道”的通信传输需求，需要将“模拟的电话信号”，转换为相应的“电（光）数字信号”的形式。

话音信号的基本模拟/数字化的转换过程，遵循国际电信联盟的ITU-T G.711 协议：即通过“脉冲编码调制”（PCM）技术，将每一路 4kHz 的模拟话音信号转换为 64 kHz 的数字电话信号（流）。

脉冲编码调制，就是在信号发送端，将 300~3400Hz 范围的模拟话音信号经过“抽样、量化和编码”三个基本过程，变换为二进制数字信号。通过数字通信系统进行传输后，在接收端进行相反的变换，由译码器和低通滤波器完成“数/模转换”，把数字信号恢复为原来的模拟信号。这个转换过程，如图 2.4 所示。

（1）抽样的过程

“奈奎斯特”抽样定理告诉我们：当标准抽样脉冲信号的频率大于被调制模拟信号的频率的两倍时，则原模拟信号成分可被无失真的保留在调制信号中；所以这里采用“信号抽样”的方法，就是用标准的周期抽样脉冲信号，与话音（模拟）信号相“与”，形成周期性的断续的“脉冲调幅信号（PAM）”的过程。

故 1 路电话信号的抽样脉冲的频率为：$F_H = 2 \times 4kHz = 8000$ bit/s。

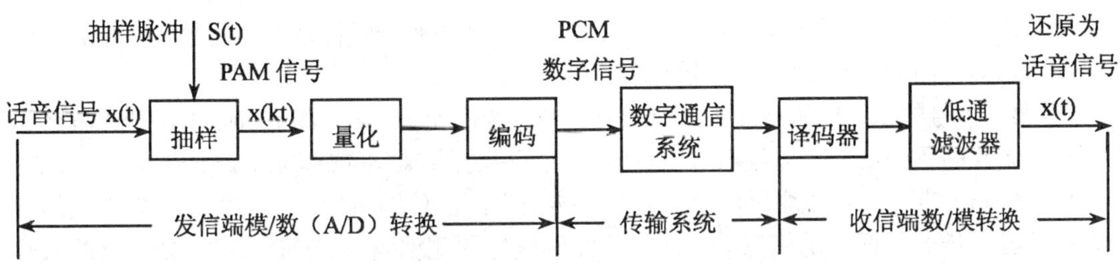

图 2.4　电话信号数字化（抽样-量化-编码）转换系统示意图

（2）量化的过程

是把以上“经抽样得到的脉冲调幅信号”值，进行幅度离散，取定某个量化级单位（如 1mW=1Δ为 1 级），将脉冲信号编为某个数量级的过程；以“量化范围”和“量化级Δ”两个值衡量。中国采用的“PCM 量化范围为±2048 Δ”。

（3）编码的过程

PCM 制式采用“逐次反馈比较”型编码器，将 PCM 信号编为 8 位码；由于抽样频率是 8KHz，故每话路的速率为：8KHz×8 位=64kbit/s。

CCITT（国际电报电话委员会，即国际电信联盟 ITU 的前身）关于电话数字信号的标准建议“G.711”，规定了两种“数字非均匀量化编码”的方法为国际标准，一种是“A 律 13 折线压扩编码”标准；另一种是“μ律 15 折线压扩编码”标准。我国的数字电话传输系统采用 A 律 13 折线压缩律标准的“PCM 30/32 路基群”的编码方式进行数字化的通信传输；该标准还用于英、法、德等欧洲各国的数字电话通信传输系统中。

2.2.2　话音信号的 IP 模式转换

随着 IP 技术的应用，利用 IP 数据网络承载和传输话音信号的模式越来越受到重视，在 2011 年的今天，已经实现了“将电话业务纳入 IP 技术的统一网络中传输”的电信设想。目前的转换方式主要有两种。

1. PCM 间接转换

这是一种“信道编码”的转换方式，此时将模拟电话信号在电信局首先转换为 PCM（64kb/s）的数字信号，然后再转换为相应的 IP 数据流信号，信号的转换过程如下：

①声波信号—②模拟电信号—③PCM 数字信号（模/数转换）—④VoIP 数据流信号—⑤IP

数据网络传送———⑥VoIP 解码— ⑦恢复模拟信号（数/模转换）—⑧还原为声波信号

G.726 协议就是相应的转换协议：G.726 是 CCITT(ITU 前身)于 1990 年在 G.721 和 G.723 标准的基础上提出的关于把 64kb/s 非线性 PCM 信号转换为 40kb/s、32kb/s、24kb/s、16kb/s 的 ADPCM 信号的标准协议，它算法简单，语音质量高，多次转换后语音质量有保证，能够在低比特率上达到网络等级的话音质量，从而在语音存储和语音传输领域得到广泛应用。

2. IP 信号的直接转换

这是一种“信源编码”的转换方式，在用户端将模拟电话信号直接转换为相应的 IP 数据流信号，其转换的过程如下：

①声波信号—②模拟电信号—③VoIP 数据流信号—④IP 数据网络传送——⑤VoIP 解码——⑥恢复模拟信号—⑦还原为声波信号

G.723.1 编码标准就是此种方式的协议标准：G.723.1 标准是 ITU 组织于 1996 年推出的一种低码率编码算法。主要用于对语音及其他多媒体声音信号的压缩，如可视电话系统、数字传输系统和高质语音压缩系统等。G.723.1 标准可在 6.3kb/s 和 5.3kb/s 两种数码率下工作。对激励信号进行量化时，6.3kb/s 的高速率算法采用“多脉冲激励线性预测编码器（MPC）”，而低速率算法则采用“矢量激励线性预测（ACELP）”。

IP 语音信号的压缩编码处理主要有三种方法：波形编码、参数编码和混合编码。波形编码可获得较高的语音质量，但数据压缩量较小；常用的是 PCM（64kb/s）/ADPCM（32kb/s）的“信道编码”方式；参数编码可获得较低的传码率，但传输质量很低；近几年来出现的混合编码方法，结合了两者的优点，形成了“激励线性预测编码（CELPC）、”“规则脉冲激励编码（LPC）”等，广泛应用于公共通信网、移动电话网及多媒体通信网，取得了较好的通话效果，表 2.1 是三种语音压缩处理的常用编码方式列表汇总。

表 2.1　　电话业务信源编码分类表

编码类型	编码方案	标准	使用情况	编码速率 kb/s	MOS 评分	备注
波形编码	PCM	G. 711	常规数字通信标准	64	4.3	常规话音通信方案
	ADPCM	G. 726	差值脉冲编码标准	32/24/16	4.0	长途通信编码方案
	SB-ADPCM	G. 722	子带自适应增量调制	64/48		多媒体语音编码方案
参数编码	LPC		线性预测编码	2.4		
混合编码	RPE-LTP	GSM	GSM 移动通信标准	13	3.47	GSM 移动通信编码方案
	VSELP	IS-54	北美 CDMA 移动通信标准	8	3.45	CDMA 移动通信编码标准
	MPC/ACELP	G. 723.1	（in H.323 and H. 324）	6.3/5.3	3.98	
	LD-CELP	G. 728	IP 长途电话优秀推荐协议	16	4.0	新一代 IP 电话推荐方案
	CS-ACELP	G. 729	多媒体通信,VoIP	8	4.1	

注：MOS 评分是一种常用的电话语音主观评价方法，共分为 1~5 个等级分，最高分为 5 分。

对于在保证一定的通话质量下，提高带宽利用率是通信技术的不断追求，以上的话音信号的 VoIP 数据流信号的编码方案中，除了 PCM 和 ADPCM 属于“信道编码”之外，其余均为“信源编码”。

2.2.3 移动电话通信业务

1. 移动电话通信概述

移动通信，是指通信的一方或双方可以在移动中进行的通信过程，移动通信系统主要是由移动手机（MS）、移动基站（BS）、移动交换机（MSC）和用户信息库（HLR/VLR 等）组成的，其显著的特征就是移动手机与基站之间是通过无线方式连接的——这是属于“电话通信接入网”的范畴。

移动通信满足了人们无论在何时何地都能进行通信的愿望，20 世纪 80 年代以来，特别是 90 年代以后，移动通信得到了飞速的发展。到 2006 年年底，我国移动电话用户数量不仅超过 4 亿户，成为全球最大的移动通信网络，并且其用户数量和发展速度也超过了固定电话网络，取代固定电话的趋势越来越明显。目前的主要业务是电话和数据短信两种。

我国的移动电话，目前主要是采用第 2 代数字时分多址技术（GSM）和码分多址技术（CDMA），使用的无线频段主要是 900MHz 和 1800MHz，中国移动公司是我国最大的移动通信运营商，采用 GSM 技术；另外两家分别是中国联通公司和中国电信公司，分别采用 GSM 和 CDMA 两种制式，各组成一个移动通信网络，在这三家移动通信网络中，中国移动公司的“移动电话通信”网络规模和用户数量是最大的。在组网技术上，我国主要采用大区制移动通信（交通干线和农村）和小区制移动通信（城市里）技术，小区制移动通信网络，因其组成形状为正六边形的组合，类似蜂窝状，故又称蜂窝移动通信网络。如图 2.5 所示。

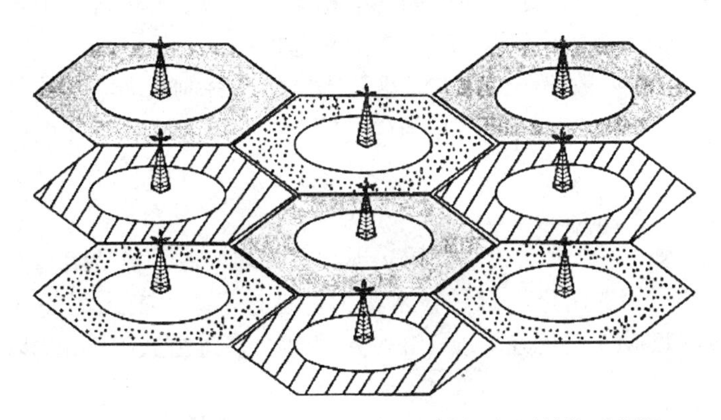

图 2.5 移动通信典型的“蜂窝小区制”组网结构示意图

2. 移动通信的信道环境

相比固定通信而言，移动通信不仅要给用户提供与固定通信一样的通信业务，而且由于用户的移动性，其管理技术要比固定通信复杂得多。同时，由于移动通信网中依靠的是无线电波的传播，其传播环境要比固定网中有线媒质的传播特性复杂，因此，移动通信有着与固定通信不同的信道环境特点。

（1）用户的移动性

要保持用户在移动状态中的通信，必须是无线通信，或无线通信与有线通信的结合。因此，系统中要有完善的管理技术来对用户的位置进行登记、跟踪，使用户在移动时也能进行通信，不因为位置的改变而中断。

（2）电波传播条件复杂

移动台可能在各种环境中运动，如建筑群或障碍物等，因此电磁波在传播时不仅有直射信号，而且还会产生反射、折射、绕射、多普勒效应等现象，从而产生多径干扰、信号传播延迟和展宽等。因此，必须充分研究电波的传播特性，使系统具有足够的抗衰落能力，才能保证通信系统正常运行。

（3）噪声和干扰严重

移动台在移动时不仅受到城市环境中的各种工业噪声和天然电噪声的干扰，同时，由于系统内有多个用户，因此，移动用户之间还会有互调干扰、邻道干扰、同频干扰等。这就要求在移动通信系统中对信道进行合理的划分和频率的再用。

（4）系统和网络结构复杂

移动通信系统是一个多用户通信系统和网络，必须使用户之间互不干扰，能协调一致地工作。此外，移动通信系统还应与固定网、数据网等互连，整个网络结构是很复杂的。

（5）有限的频率资源

在有线通信网中，可以依靠多铺设电缆或光缆来提高系统的带宽资源。而在无线网中，频率资源是有限的，ITU 对无线频率的划分有严格的规定。如何提高系统的频率利用率是移动通信系统需要重点解决的一个问题。码分多址（CDMA）技术是普遍认为比较优越的一项提高无线频率利用率的技术，在面向下一代（3G）移动通信系统中，得到广泛的采用。

3. 移动通信的特征技术

针对移动通信的环境特点，通常的移动通信系统具有以下七项特征技术。

（1）电话信号的“信源编码”与“蜂窝式全覆盖”组网

通过“数字化”与“参数编码”，GSM 和 CDMA 两种制式的电话信号，分别以 13kb/s 和 8kb/s 的速率与“移动基站”之间进行信息的传输。在城市区域，采用“定向天线+蜂窝小区制”结构组网。如图 2.6 所示。

（2）多址技术

当把多个用户接入一个公共的传输媒质实现相互间通信时，需要给每个用户的信号赋予不同的特征，以区分不同的用户，这种技术称为多址技术。目前采用的技术有：频分多址(FDMA)、时分多址 (TDMA)、空分多址 (SDMA)和码分多址方式(CDMA)以及它们的组合技术。

（3）位置登记

移动通信中，用户的位置是随时可以变动的——不像固定电话网，用户的位置是固定不变的。移动通信中的“位置登记”技术措施，就是指移动通信网，对系统中的移动用户位置信息的“确定”和“更新”的过程，它包括旧位置区的删除和新位置区的注册两个过程。移动台的信息存储在用户信息库（HLR、VLR 两个存储器）中。当移动台从一个“蜂窝”位置区“移动”到另一个“蜂窝”位置区时，就要向网络报告其位置的移动，使网络能随时登记移动用户的当前位置，利用用户的位置信息，移动通信网可以实现对漫游用户的自动接续，将用户的通话、分组数据、短消息和其他业务数据送达“移动中”的通信用户——以保证通信的过程不被中断。所以，移动通信中，“位置登记技术”是常用的措施之一。

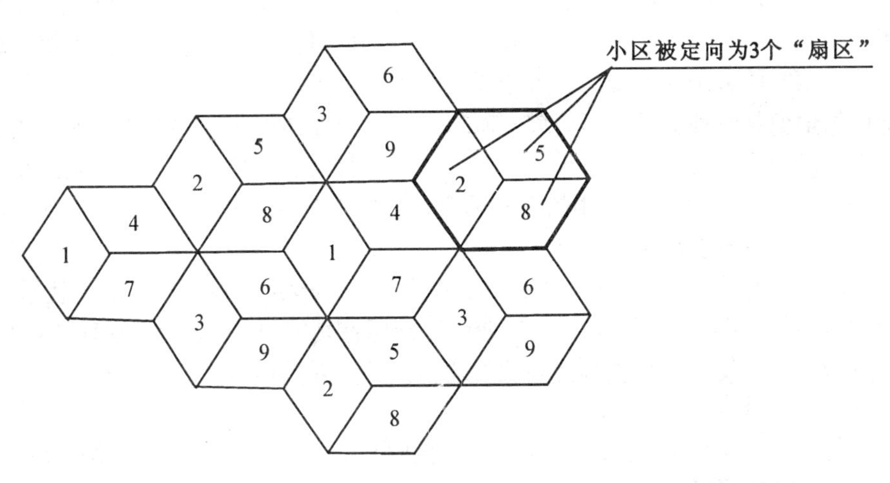

图 2.6 移动通信“蜂窝小区–定向分区”组网结构示意图

（4）越区切换

越区切换是指当通话中的移动台从一个小区进入另一个小区时，网络能够把移动台从原小区所用的信道切换到新小区的某一信道，而保证用户的通话不中断。移动网的特点就是用户的移动性，因此，保证用户的成功切换是移动通信网的基本功能之一，也是移动电话通信网与固定电话通信网的重要不同点之一。如图 2.7（a）所示。

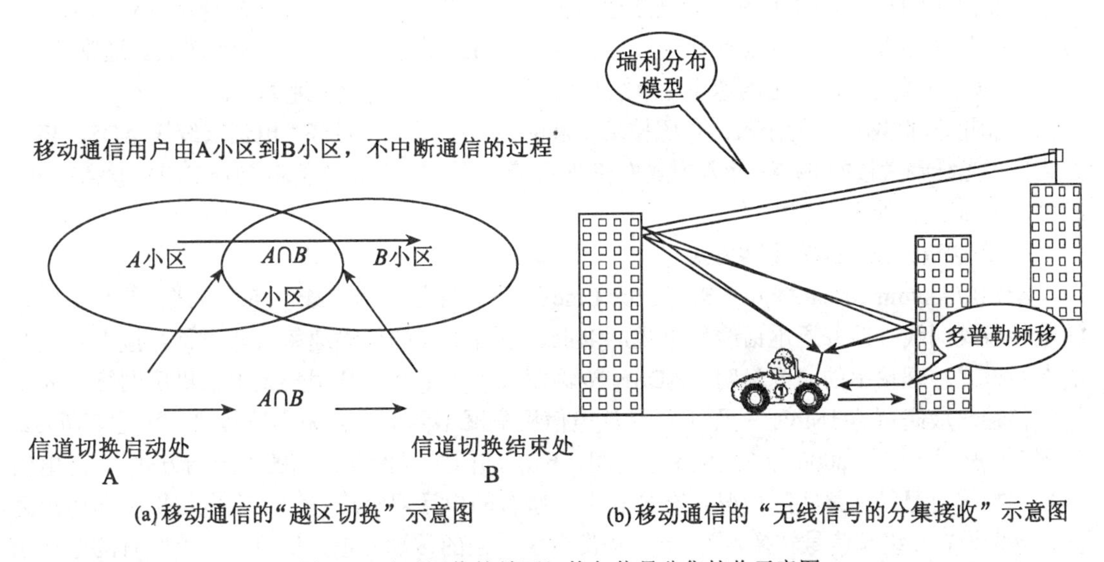

图 2.7 移动通信的越区切换与信号分集接收示意图

用户的“越区切换”分为三个步骤：首先，当用户到达两个移动通信小区的交界处时，感受到两个小区的基站天线都发出的“无线导频信号”，便开始比较两个导频信号的“功率强弱”，但仍采用第一个基站的信号为主；第二步，当新小区的导频信号强度，大于原有基站信号导频的功率时，用户手机便主动更换为新基站小区的导频信道信号，同时，仍保持与原有基站的信道的通信——此时该用户手机，其实同时占有两个不同的基站的通信信道；第三步，当与新小区基站的通信稳定可靠之后，再放开与原有小区的基站的新到的使用。这样，就保持了“越区切换”时，通信信号的不中断——短暂的同时占用两个不同小区的信道通信。

（5）无线信号的分级（Rake）接收技术

移动通信信道是一种多径衰落信道，Rake 接收技术就是分别接收每一路的信号进行解调，然后叠加输出达到增强接收效果的目的，这里多径信号不仅不是一个不利因素，反而在 CDMA 系统中变成了一个可供利用的有利因素。如图 2.7（b）所示。

（6）话音信号的收发功率控制技术

信号的功率控制技术是 CDMA 系统的核心技术。CDMA 系统是一个自干扰系统，所有移动用户都占用相同带宽和频率，“远近效用”问题特别突出。CDMA 功率控制的目的就是克服“远近效用”，使系统既能维持高质量通信，又不对其他用户产生干扰。

（7）异地漫游技术

指移动通信用户携带手机，通过 SIM 卡，被同一个技术的移动通信网络所识别，在其他地区和国家也能正常通话的技术。

2.3 互联网通信业务

2.3.1 宽带互联网概述

我国的“宽带互联网”业务的开展和普及，是从 2000 年后兴起的。这里的宽带上网业务，是指通过“中国电信公司”、“中国联通公司” 等传统通信运营商的“用户接入网”，接入中国宽带互联网（CHINANET）的宽带网络通信方式。通常以接入的数据传输速率（传码率）作为“带宽” 的衡量标志，主要有 0.5Mbit/s、1~10 Mbit/s 等几种“传输带宽”模式。通常认为，1Mbit/s 以上网速的接入网上网速率，就被称为“宽带上网”的起步速率了。

我国的互联网用户的接入，按照技术发展的前后过程，主要有“电话双绞线 ADSL 接入方式”、“光纤到大楼的 FTTB 接入方式”和 2011 年才推广开展的“光纤到户 FTTH 接入方式”三种。下面，分别予以简述。

1. 电话双绞线 ADSL 上网方式

ADSL(Asymmetrical Digital Subscribe Line： 非对称数字用户线）接入方式，是利用原有的电话双绞铜线（即普通电话线）电缆，以上、下行不同的传输速率（非对称）接入互联网的上网方式。理论上的研究表明，ADSL 传输模式中，上行（从用户到电信机房网络）为低速的传输，最高可达 1Mb/s ；而下行（从电信机房网络到用户）为高速传输，可达 8Mb/s。如图 2.6 所示。这是 2000 年至 2005 年之间，电信部门主要推荐使用的“上网方式”。是电信公司，根据自己的网络实际情况，充分利用了原有的电话双绞线资源，在电信机房和用户之间，分别设置“终端信号转换器”，形成宽带数字信号的传输通道，从而为广大原有的电话用户，直接升级成为电话和宽带上网的“综合电信业务”用户。在图 2.8 中，局端设备（DSLAM）一方面连接上级宽带交换机，另一方面连接机房内的各类“宽带服务器”，直接将数字信号传送给相关的用户。在用户端，通过“用户端设备”，形成电话信号和宽带信号、甚至是电信局视频信号的分离，分别产生电话业务、宽带互联网业务和电信视频业务等各类通信业务。

第二代 ADSL 上网技术——“ADSL2+/ VDSL2 技术”自 2005 年以来，逐步得到了业内的发展和应用，不仅保持了第一代技术的优势，并且可在短距离内（500 米/1000 米）实现电

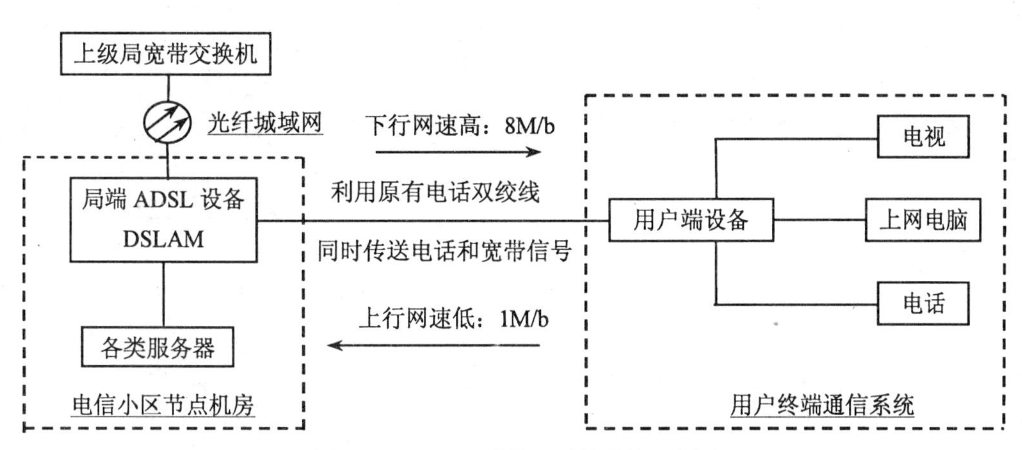

图 2.8　ADSL 方式接入系统结构示意图

话双绞线的双向 20~100 Mb/s 的传输速度。

该接入方式，通常是采用以太网技术（普通用户）或 IP 地址接入技术（专线高速用户），ADSL 技术只是其接入网“信道编码”的传输方式。由于充分利用了原有的市内电话通信电缆系统，并且不影响原有的电话通信业务开展，形成了“电话+宽带”的综合通信的接入效果。其业务特征如下所述：

（1）安装方便快捷

普通电话用户申请办理 ADSL 业务后，只需在普通电话用户端安装相应的 ADSL 终端设备（modem）就可享受宽带业务，原有电话线路无须改造，安装便捷，使用简便，避免用户因线路改造而引起的布线困难和破坏室内装修等诸多问题的困扰；

（2）高速上网

ADSL 是速率非对称的接入技术，传输速率上行可达 1Mb/s、下行理论上可达 8Mb/s，符合用户使用互联网的使用特点，浏览或下载多、上传少。

（3）带宽独享

ADSL 是点到点的星形网络结构，用户的 ADSL 线路直接与中国电信的 IP 城域网骨干相连，保证了用户独享线路和带宽。

（4）上网、打电话互不干扰

安装 ADSL 业务后，用户便可直接利用现有电话线同时进行上网和打电话（电话保持原有号码不变），两者互不干扰；

（5）ADSL 专线接入具有固定的 IP 地址

ADSL 接入方式目前可提供虚拟拨号接入和专线接入两种接入方式。

2. 光纤到大楼（FTTB）接入方式

光纤到大楼的 FTTB 宽带接入方式，又被称为（Local Area Network）“局域网接入方式”，这是自 2007 年至 2011 年，电信部门开始推荐采用的主流宽带接入方式和技术。主要是直接采用“以太网”技术，以“信息化小区”的形式为用户服务。在中心节点使用高速交换机，将“用户宽带交换机”配置到用户的办公大楼、住宅小区等地，从而为用户提供“FTTB（光纤到大楼）+LAN（网线到用户）”模式的宽带接入。如图 2.9 所示。

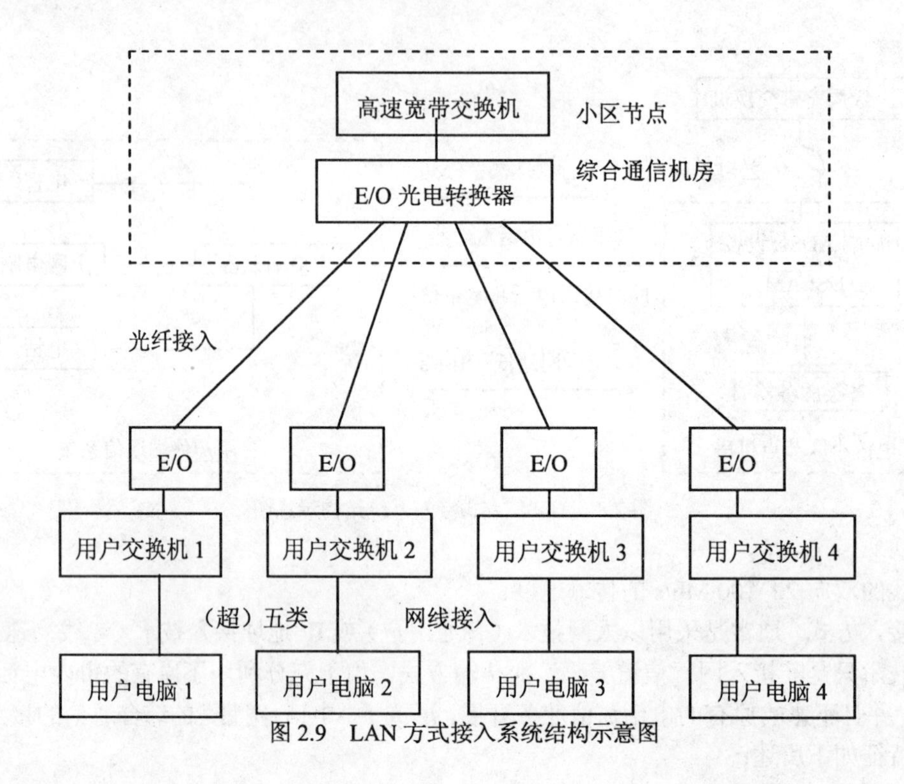

图 2.9　LAN 方式接入系统结构示意图

宽带用户只需一台电脑和一块自适应网卡，就可“通过网线”高速接入互联网。其特点是：

（1）高速，基本做到千兆到小区、百兆到居民大楼、十兆到用户；

（2）便捷，接入设备成本低、可靠性好，用户只需一块 10~100Mb/s 的网卡即可轻松上网。

3. 光纤到用户（FTTH）接入方式

自 2011 年以来，随着通信技术和业务的不断发展，对“信号带宽”的需求越来越强烈。在这种情况下，光纤到户（FTTH）的接入方式应运而生。光纤到户（FTTH）的方式，就是利用光纤媒介的“远距离、大容量信号传输能力”，为每一位宽带用户提供 100Mb/s 以上的宽带互联网接入方式。如图 2.10 所示。

光纤到户的传送模式中，用户端的电话信号和宽带信号，都被“用户端设备”中的通信系统，组合转换成统一的“数字光信号”，直接传送到电信公司的机房“局端 FTTH 接口设备”中，以新一代 NGN 通信交换系统的数字通信方式，统一传送到信号对端。用户在家中，可以同时上网和打电话，不同的业务之间互不干扰，保证了通信信号的稳定、高速、可靠地传送。这是目前各家通信公司都在大力推广的“新的通信接入方式”。具有光纤传输系统的“信号容量大、传输距离远、信号传输稳定可靠、不受雷电和环境电磁波干扰”等诸多优点。是当前和未来时期的通信发展新方向，为将来的“全光通信系统”的建立和发展，奠定了物质基础。

2.3.2　互联网络的通信与信息业务

互联网作为现代信息的最大载体，它的出现，带给人们实时的海量的信息，也促成了人

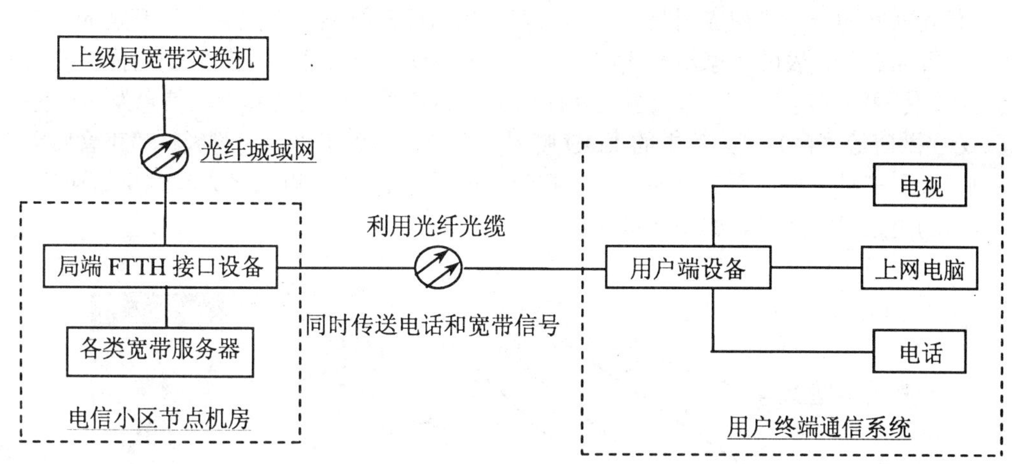

图 2.10　光纤到户（FTTH）方式接入系统结构示意图

们利用互联网及时传递信息的欲望。随着各类应用的实现和开发，互联网越来越成为信息社会的实际载体，下面分 3 点介绍互联网的实际作用。

1. 互联网的基本业务应用

互联网的基本业务应用，主要有“网站（页）的浏览”（Http）、“在线下载与在线视屏传播”、“传送邮件”和“远端登录（Telnet）”四种类型。其中，人们使用最普遍的是第一种——通过“软件浏览器（IE）”，或其他类型的浏览器软件，登录各类专业的网站，进行 QQ 综合通信（在线）；浏览各类新闻及八卦消息；在线观看各类影视剧；写博客、微博等。

“互联网”业务对社会大众而言，其实就是一个汇集了各类网站的信息平台，每个网站都具有独立的“网址”和相关的“网页（展示的页面）”，随着网络功能的不断开发，人们发现，在社会上的绝大多数功能，通过互联网络，都能够实现。人们在网络上开展的各类活动，举例如表 2.2 所示。

表 2.2　　基于网站登录的网上信息业务种类表

序号	功能	网站举例
1	浏览新闻、各类消息	各类新闻网站、论坛网站等
2	通信交流功能	QQ 在线：免费视频、音频和“打字式”通信、群聊等
3	网上看电影、电视	各类影视网站：可下载或“在线观看”电影电视节目，非常方便
4	网上购物	淘宝网、当当网等各类购物网站
5	在线上课	专业教学网站内进行，通常是“预约在线上课”的方式
6	银行服务	网上银行转账、付款、接收工资性收入——自己操作
7	网络游戏	相关专业网站设置，可在线娱乐
8	网络听音乐	
9	网络自我诊疗	通过终端设备，将自身生病信息、参数及时告诉在线的专家——物联网的应用
10	网络信息搜索	专业搜索网：百度网、谷歌网等；网站内搜索;各设立了搜索引擎（软件）的网站
11	网络收发电子邮件	通过网上的专业邮箱网站（如 163、126 等网址）进行

现代互联网的一个典型应用是，以“深圳市腾讯计算机系统有限公司”开发的“QQ 信息平台”等为典型代表的多家新一代网络公司，是利用建立在中国电信等公司提供的互联网内的“大众化网络应用平台”，为社会大众提供免费的各类通信服务和网站信息发布服务（QQ 空间、QQ 微博等平台）等，其中的“QQ 聊天”平台，提供了“打字聊天”、“声音聊天”和“视频聊天”三种“电话通信”的效果，和两人电话通信、“群聊（多人在线电话通信）”等多种免费的电话通信方式。如图 2.11 所示。

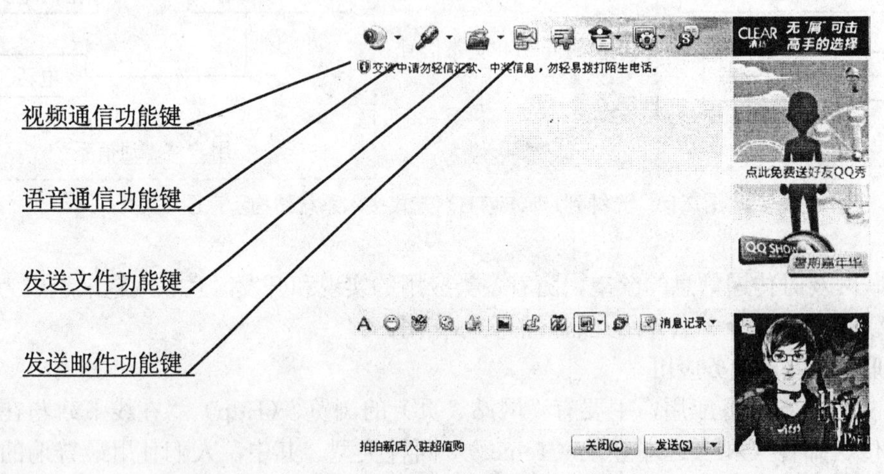

图 2.11　QQ（通信）聊天的平台示意图

这种新型的通信方式，不仅强烈地冲击了传统的通信公司提供的各类通信业务，并且还带来了通信信息传递的新模式——统一采用“互联网通信方式”，传播各类通信与信息业务，这也是通信行业一直追求的通信模式，今天，由“非专业通信运营商”的腾讯公司，在广大用户中实现了。这不仅昭示着未来通信行业的技术发展方向——多样化、个性化的通信方式；高效率、统一化的信息传输技术与传播系统（平台）；越来越低廉的通信费用；同时也预示着“大众直接推动信息产业的发展”的局面的逐渐到来——由社会大众共同开发和推动互联网各类应用的开展！

2. 社会企业使用网络的主要业务

企业的主要业务功能是：通过网站，开展业务，如淘宝网的网购、腾讯网的 QQ 聊天（通信）、百度网的搜索信息、各类企业网、学校网的宣传，以及内部网的办公功能（文件传递）、监控功能、生产线的精密控制功能、物联网的各类终端在线交流等。

3. 通信运营商、网络公司的作用

通信运营商、网络公司的作用：提供硬件平台，组网——各类用户接入。为企业、用户建立、维护网络和各类应用网站。

2.3.3　中国新一代互联网示范工程 CNGI 项目

1. 概述

中国下一代互联网示范工程(CNGI)项目，是国家级的战略项目，该项目由工业与信息化部、科技部、国家发展和改革委员会、教育部、国务院信息化工作办公室、中国科学院、中国工程院和国家自然科学基金委员会，共八个部委联合发起，并经国务院批准于 2003 年启动。

该项目的主要目的是搭建下一代互联网的试验平台，以 IPv6 为核心。以此项目的启动为标志，我国的 IPv6 进入了实质性发展阶段。

CNGI：中国下一代互联网（China' s Next Generation Internet），Next Generation Internet 即为 NGI。CNGI 项目的目标是打造我国下一代互联网的基础平台，这个平台不仅是物理平台，相应的下一代研究和开发也都可在这一平台上进行试验，目标是使之成为产、学、研、用相结合的平台及中外合作开发的开放平台。根据当时的网络发展规划，我国将会在 2005 年底建成一个覆盖全国的 IPv6 网络，该网络将成为世界上最大的 IPv6 网络之一。

目前，CNGI 项目实际包括六个主干网络，分别由赛尔网络（负责 CERNET 的运营）、中国科学院、中国移动等各大电信运营商负责规划建设。

2. 内容及进展

中国下一代互联网示范网络核心网 CNGI-CERNET 2/6IX 项目已通过验收，宣布取得四大首要突破：①世界第一个纯 IPv6 网，开创性提出 IPv6 源地址认证互联新体系结构；②首次提出 IPv4 over IPv6 的过渡技术；③首次在主干网大规模应用国产 IPv6 路由器；④在北京建成国内/国际互联中心 CNGI－6IX，实现了 6 个 CNGI 主干网的高速互联，实现了 CNGI 示范网络与北美、欧洲、亚太等地区国际下一代互联网的高速互联。

鉴定委员会成员、中国工程院副院长邬贺铨曾透露，“到 2008 年北京奥运会期间，中国将开始提供 IPv6 的商用服务”。上海电信一位高层也表示，到 2010 年，上海电信在世博会期间，将提供更具规模和实际意义的 IPv6 相关商用服务。事实上，2008 年北京奥运会已首次在奥运史上采用 IPv6 建立了主页。

3. 下一代互联网的示范效应

所谓“下一代互联网”，是相对于目前人们使用的互联网而言的，虽然目前学术界对于下一代互联网还没有统一定义，但对其以下的三个主要特征，已达成共识。

第一是空间更大，下一代互联网具有非常巨大的地址空间。

第二是速度更快，是现在网速的 1000 倍。

第三是更安全，身份识别与唯一 IP 地址捆绑，防黑客和病毒攻击更有章可循。

众所周知，在电话通信中，电话用户是靠电话号码来识别的。同样，在网络中为了区别不同的计算机，也需要给计算机指定一个号码，这个号码就是“IP 地址”。因此，IP 地址在互联网的发展过程中起着举足轻重的作用。

目前互联网使用的是 IPv4(Internet Protocol version 4)地址协议，即 IP 地址协议的第四版，它是第一个被广泛使用，构成现今互联网技术的基石的协议。其地址为 32 位编码，可提供的 IP 地址大约为 40 多亿个，但由于美国先占用了大量地址，目前已经分配完了 70%，预计 2010 年左右将全部分配完毕。与此形成对比，截至 2008 年年底，中国的网民人数已达到 2.9 亿，居世界第一位，且增速没有减缓的趋势，IP 地址不足将严重制约中国及其他国家互联网的应用和发展，因此中国急需发展下一代互联网。中国国家发展和改革委员会张晓强副主任介绍说：“首先我国面临 IP 地址资源短缺的严重问题，必须发展下一代互联网，IP 地址从某种意义上来说是像国土资源一样重要的战略资源。”

与目前普遍使用的互联网 IPv4 协议相比，IPv6 协议是下一代互联网使用的协议，采用 128 位地址长度，几乎可以不受限制地提供地址。按保守方法估算 IPv6 实际可分配的地址，整个地球的每平方米面积上可分配 1000 多个地址。在下一代互联网的研究进程中，IPv6 解决了当前最紧迫的可扩展性问题。

因此，IPv6 在全球越来越受到重视，美国、加拿大、欧盟、日本等发达国家都相继启动了基于 IPv6 的下一代互联网研究计划。为主动迎接全球互联网技术变革的挑战，中国国家发展和改革委员会、中国科学院等部门早在 2003 年就联合酝酿并启动了中国下一代互联网示范工程(CNGI)建设。国家发改委张晓强副主任介绍说："总体目标是：建成下一代互联网示范网络，推动下一代互联网的科技进步，攻克下一代互联网关键技术，开发重大应用，初步实现产业化。"

在互联网应用中，路由器把网络相互连接起来。路由器英文名为 Router，其作用一个是连通不同的网络，另一个是选择信息传送的线路。

4. 初步的成果

经过 5 年建设，目前中国以 IPv6 路由器为代表的关键技术及设备产业化初成规模，已形成从设备、软件到应用系统等较为完整的研发及产业化体系。而且中国下一代互联网示范工程项目，也使中国在下一代互联网研究及关键技术方面走到了世界前列。中国目前已经向互联网标准组织 IETF 申请互联网标准草案 9 项，已获批准 2 项，这是中国第一次进入互联网核心标准领域。

清华大学教授、中国教育部计算机网络技术工程研究中心主任吴建平说："在国内外 CNGI 有很大的影响，像美国互联网之父，去年年初参观了我们的研究之后有很大的感慨，认为我们的研究在世界上走在前列，另外对我们提供的两项技术给予肯定，认为将对全球互联网发展有重大贡献。"

此外，中国下一代互联网示范工程项目启动之初，就把产业发展摆到了第一位，并取得了丰硕成果，从关键设备 IPv6 路由器到相关软件及应用，初步形成了仅次于美国的下一代互联网产业群，彻底改变了第一代互联网时期受制于人的被动局面。中国的华为等公司的 IPv6 路由器等产品均在中国下一代互联网示范工程中担当了主力，并形成了系列的产业化格局。目前，中国下一代互联网示范工程中的相关国产设备及产品占 50%以上，部分甚至达到 80%。

目前，依托中国下一代互联网示范工程，中国开展了大规模的应用研究，如视频监控、环境监测等，并成功服务于北京奥运，开通了基于 IPv6 的奥运官方网站。中国地震局还建成了"基于 IPv6 的地震传感器示范网络"。

中国下一代互联网示范工程很好地将科学研究、技术开发、网络建设和产业发展结合，将高技术产业化项目与科学工程结合，为科学研究提供了一个通用平台，也为制造商提供了试验平台，成为可商用的网络，为下一步大规模应用打下了坚实基础。国家发改委张晓强副主任说："应用是发展的源泉，对用户来讲最重要也是最直接的就是新型业务的效果，只有提供突出体现下一代互联网特征与优势的业务，才能真正有效地推动下一代互联网的发展。"

2.3.4 互联网的通信特征

以互联网为代表的现代通信网络，最早是由"民间组织"发起和不断发展壮大的，它以简单、易用赢得了广大民众和社会的强烈追捧，逐渐成为了引领通信与信息行业发展的技术方向和新的业务增长点。专业的通信行业和各类"通信运营商"在这种信息的大潮中，也接受和发展了这一新的技术与市场。互联网在中国壮大发展的短短十几年间，是各种"民间的（非通信专业的）"网络公司，不断发展出许多的网络应用，极大地推动了互联网的规模和技术的不断发展，真正是"取之于民、发展于民、用之于民"。下面，是对互联网技术与发展特征的几点总结。

1. 技术发展来自于民间（非通信专业）

现有的互联网，只是提供了一个“连接千家万户”的巨大的网络平台，“互联网应用”的许多新内容、新功能和新技术，都是由各类网络公司（非通信运营商）引导和开发的，这样，就造就了“全民参与网络发展”的信息行业新格局，对每一家具有实力的网络公司而言，都有机会，发挥自身的技术优势和独特之处，寻找新的技术和业务增长点，不断推动互联网信息行业的壮大和发展，呈现出“百花齐放、百家争鸣”的繁荣发展的新格局。也造就了更多的网络公司，进入到“通信增值运营商”的行列中来。

2. 互联网应用的发展依靠社会大众的广泛参与

互联网应用和技术的发展，离不开广泛的人民群众参与性。所以，网上推出的各类销售购物、网络游戏、QQ（博客）空间和微博等各类应用的成功实施，主要是坚持了“操作简单易用”和“功能实用性强”等特点，充分满足了社会大众的各类需求，从而获得了社会的广泛认可和追捧。

3. 互联网应用的未来发展是向社会需求的深度和广度不断前进

互联网的发展是非常迅速和广泛的，但是，社会和企事业单位的各种需求还有待于网络公司继续去开拓和发展，社会信息化的各个领域，还有待于有识之士的不断开拓和努力。所以，互联网应用的未来发展是将社会信息化的需求的深度和广度不断前进，努力将“各类信息化技术”武装我们社会的各个方面，从而大力推进我们社会信息化的程度不断深化。

4. 互联网技术的发展重点是智能编程化

现代互联网技术的发展重点是不断改进的网络编程技术。主要是体现在“基于互联网（web）的编程技术”和“网络通信的网站建设（编程）”，所以，未来网络技术的重点发展方向，自然是基于互联网的智能化编程技术。并且，编程技术的升级也会越来越快——反映出技术方向的智能化编程发展。

2.4 多媒体通信系统概述

多媒体技术，是自改革开放以来，国人接触最多的、包括“音乐立体声”、“高保真音视频播放效果”的一项令人激动、给人音视频“震撼效果”的现代化信息播放技术！与通信行业的其他单项技术类似，多媒体通信技术，也正处在“经久不衰，长期发展”的过程中。

20世纪70年代末期，是“电子技术”大行其道的时代。当时，适逢我国改革开放之初，“时髦青年”们戴着“蛤蟆镜”，拎着日本“三洋牌”双卡双声道收录机，播放着邓丽君的歌曲，或是“太阳岛上”之类的时尚歌曲，招摇过市——那种“时髦”的“典型场景”，至今，仍给人留下深刻的印象。还有些“音乐发烧友”们，为了追求高质量的音乐视听效果，自制“多声道功放器”电子电路，形成了多声道（喇叭）的“环绕立体声”功率放大器系统，形成逼真的、震撼的音乐效果，至今，也还是人们津津乐道的话题。

本节首先介绍通用的“多媒体”的概念、种类和表现方式；然后，按照“音频效果”、“静态图像（图片）效果”和“连续视频播放效果”的顺序，由浅入深地介绍“当前多媒体信号的组成与通信”的技术和国际标准，特别是我国自行开发的AVS视频标准。另外，国际上最新推出的“蓝光多媒体播放国际标准”的系统组成和工作原理，也是本节要介绍的特色内容之一。“追寻历史起源，分析实际应用”是本教材坚持的两大特点，在本节也得到充分的体现。

2.4.1 多媒体技术概述

1. 多媒体的概念

能同时提供多种媒体（信道）效果的信息传送系统，称为“多媒体系统”。如多路音响视听系统、可视电话系统、网络电视系统等。而多媒体信息技术则是对信息进行“表达”、“存储”和“传输”处理技术的总称，主要分为两个部分的内容：一是通过计算机技术对信息本身进行制作与处理的过程，即多媒体信息制作技术；二是通过现代通信技术进行传输和表达（播放）的过程，即多媒体通信系统。

多媒体通信技术的特点有三点：其一是依靠和充分应用计算机技术和现代网络通信技术，对信息进行统一格式的数字化、标准化编程，便于存储和反复使用多媒体信息产品——如磁带、CD/VCD/DVD 光盘、电脑硬盘中的存储节目和数码相片等；其二是信息量大与表现形式的多种信道的感受，带给人们充分的视听震撼效果；第三是制作与使用过程的实时互动性，可以通过计算机硬盘、网络或多媒体产品，随时随地点播欣赏或使用之，因而，它将逐渐成为现代信息处理与传播表达的主要方式之一，也是组成现代信息社会的基础技术之一。

这里的“媒体”是指信息传递和存取的最基本的技术和手段，而不是指媒体本身。例如，我们日常使用的语音、音乐、报纸、电视、书籍、文件、电话、邮件等都是媒体。

2. 多媒体的种类和特点

根据国际电联（ITU-T）的定义，信息传播的媒体（信道）共分为以下五类。

（1）感觉媒体(Perception Medium)

由人类的感觉器官直接感知的一类媒体。这类媒体有声音、图形、动画、运动图像和文本等。

（2）表示媒体(Representation Medium)

为了能更有效地处理和传输各类信息，而将信息转换形成的一种媒体，也就是用于数字信息通信的各类编码处理技术，如图像编码、文本编码和声音编码以及压缩技术等。

（3）显示媒体(Presentation Medium)

进行信息输入和输出的媒体，如显示屏、打印机、扬声器等输出媒体和键盘、鼠标器、扫描仪、触摸屏等输入媒体。

（4）存储媒体(Storage Medium)

进行信息存储的媒体，有硬盘、光盘、软盘、磁带、ROM、RAM 等。

（5）传输媒体(Transmission Medium)

用于承载信息，将信息进行通信传输的媒体，也就是由通信线缆、无线链路、通信设备等组成的各类通信系统等。

多媒体技术所涉及的“媒体”的含义，在这里特指“表现的方式”，而且主要是指“数字化的信号表现方式”。因此，也可以说，多媒体就是多样化的数字信号的表现方式。

和多媒体概念相对应的是“单媒体”表现方式，以往的信息技术，基本上是以“单媒体”的方式进行的，如有线电话、单声道广播等媒体技术，大多都是如此。人们在获取、处理和交流信息时，最自然的形态就是以多媒体方式进行——往往表现为视觉、听觉甚至嗅觉等感觉器官的并用，共同感知信息的表现效果。单媒体方式只是一种“最简单的”、“初级的”信息交流和处理的方法，而多媒体方式才具备“丰富多彩”的信息表现方式，是人们交流的理想、真实的表达方式。

多媒体信息的通信网络，主要是传统的电话通信网、广播电视网以及日益发展的IP宽带互联网。其传输，主要表现为语音、图形、和视频信息等的传播，表2.3是几种信号传播方式的特征参数。

表2.3 多媒体信号传输的特征参数一览表

媒体类型	最大延迟（S）	最高速率（Mb/s）	最高误码率BER
图形、图像	1	2~10	10^{-4}
语音	0.25	0.064	10^{-1}
视频	0.25	100	10^{-2}
视频压缩	0.25	2~20	10^{-6}

多媒体技术不仅使计算机应用更有效，更接近人类习惯的信息交流方式，而且将开拓前所未有的应用领域，使信息空间走向多元化，使人们思想的表达不再局限于顺序的、单调的、狭窄的一个个很小的范围，而有了一个充分自由的空间，并为这种自由提供了多维化空间的交互能力。总之，多媒体技术将引领信息社会逐渐进入到新一代的信息传播和表达的美好境界。

2.4.2 多媒体通信的关键技术

主要有"信息压缩处理技术"、"有线网络通信技术"、"移动多媒体通信技术"和"多媒体数据库技术"等。

1. 多媒体信息源处理（信源编码）技术

目前，在多媒体信息压缩技术中最为关键的就是音/视频压缩编码技术。一般来说，多媒体信息的信息量大，特别是视频信息，在不压缩的条件下，其传送速率可在140Mb/s左右，至于高清晰度电视（HDTV）可高达1000 Mb/s。为了节约带宽，让更多的多媒体信息在网络上传送，必须对视频信息进行高效的压缩。

经过了20多年的努力，视频压缩技术逐渐成熟，出现了H.261~ H.264、MPEG-1~4、MPEG-7等一系列音/视频压缩的国际标准。即使是高清晰电视影像节目（HDTV），经过压缩后的传输速率只需20 Mb/s。至于普通的"可视电话"信息，在现有的电话网络（PSTN）上传送时，也可压缩为20 kb/s左右的数码流。语音信号的压缩技术也得到了重大的发展，一路语音信息如不压缩，需要64 kb/s的速率；经过压缩后，可以降到32 kb/s、16 kb/s、8 kb/s甚至移动电话传输的5～6 kb/s。为了提高"通信信道利用率"这个重要的指标，"视频与音频压缩编码"是通信行业十分重视、也是想方设法必须解决的多媒体信源编码技术课题。

2. 多媒体通信的宽带网络传送技术

在多媒体通信系统中，网络上传输的是多种媒体综合而成的一种复杂的数字信息流，它不但要求网络对信息具有高速传输能力，还要求网络具有对各种信息的高效综合处理能力。按照目前的通信网络技术看来，以"单模光纤传输技术"和"电信级的IP网络通信技术"为特征的下一代通信网络（NGN）是实现多媒体通信的主要技术手段。

通信技术发展至今，中国的通信行业，以接入网"光纤到户（FTTH）启动元年"为技术特征的现代通信技术，正逐步迈向信息传播的"大容量、高速度"时代，光纤以它"传播速度快、传输距离长、优异的通信特性、稳定的技术特征”的种种技术优势，正成为现代通信传输的主要手段，引领通信系统，稳健地进入到未来的“全光通信网络”的系统中。

在交换技术方面，2006 年已逐步展开的以“电信级的 IP 网络通信技术”为特征的下一代通信交换网络（NGN），已逐步在全国各地开花结果，自上而下的拓展方式，已经形成了“开放式的、灵活调度式的、面向未来的”通信网络新格局。未来的发展方向，应是努力实现“光信号的处理与交换”的新技术。

综上可知，现代通信网络的发展，“从网络硬件”上，已经形成了“大容量传输和交换处理”的整体格局，未来网络的发展，将转向到“发掘各类网络功能应用——物联网的发展”上面来。这是一项“全民参与”的社会化应用工程，相信在不久的将来，会出现越来越多的 QQ、淘宝、百度、网上在线健康咨询等各类适合社会大众的应用功能。

3. 多媒体通信的终端技术

“多媒体通信终端”是指能集成多种媒体信息，并具有网络交互功能的用户通信终端。它必须完成信息的采集、处理、同步、显现等多种功能，必须具备小型化、可靠、低价的产品，因此“大规模集成电路（VLSI）”和“电子设计自动化（EDA）”技术也是必不可少的。无疑，这些问题的解决，将会推动多媒体通信终端技术的迅速发展。

随着网络应用的逐渐开拓和发展，以各类家庭“在线应用”的网络终端设备，将会越来越受到社会和人们的青睐。表 2.4 中列出了部分未来热门的“网络终端”产品的种类，供大家参考。

表 2.4　　**未来热门的“网络终端”产品的种类示例表**

序号	热门在线功能名称	产品功能说明
1	专业购物	专门的购物在线网络，具有“视频”、“团购打折”功能，可靠性高
2	交通旅游服务	出行交通旅游顾问、在线订票、具有“视频”、“团购打折”功能
3	在线健康检查咨询	具备家庭检查身体功能，同时具备在线视频医疗咨询，家庭医院功能
4	在线上学	网络学校，专为各类学生开设的各类教学项目，具备 1 对 1、1 对多人教学功能
5	在线电脑、信息服务	专为“电脑故障”、网络故障、终端故障开设的在线服务功能
6	在线各类技术服务	为企事业单位，提供各类技术设计方案和服务的功能
7	在线订餐	为单位、家庭、个人提供餐饮服务，或送餐，或预订餐饮

4. 移动多媒体通信技术

由于移动多媒体通信需要信息的无线传输技术的支持，其关键技术除了上面介绍的三个方面外，还包括以下三个方面的移动多媒体信息传输技术：

（1）射频技术

从射频技术的角度来看，它的发展不很明显，但新频段的开发和应用却是日新月异的，第三代移动通信系统规定使用 2 GHz 频段，因此移动接入系统使用的频段要做相应的调整。有些提议移动多媒体通信系统使用 2.5 GHz 频段和 5 GHz 频段，但这些频段传播特性不是很好。现在很多机构都在研发 17 GHz、19 GHz、30 GHz、40 GHz、60 GHz 频段的应用。

（2）多址方式

CDMA是第三代移动通信的代表性多址方式，数据传输速率达到2 Mb/s，能够实现多媒体通信。应当说多址方式可以作为移动多媒体通信的接入方式。

（3）调制方式

要实现移动多媒体通信，就现有的各种调制技术而言，正交频分多路（OFDM）技术是最优的选择。这种技术方式不需要特别高的宽带线性功率，也不必担心高功率信号对常规信号功率的影响。OFDM的数字信号处理比工作在相应速率的均衡技术简单， 由于载波频率正交，OFDM有较好的多路干扰抑制能力。

5. 多媒体数据库技术

数据库是指与某实体相关的一个可控制的数据集合，而数据库管理系统(DBMS)则是由相关数据和一组访问数据库的软件组合而成的，它负责数据库的定义、生成、存储、存取、管理、查询和数据库中信息的表现（Presentation）等。传统的DBMS处理的数据类型主要是字符和数字。传统的数据库管理系统在处理结构化数据、文字和数值信息等方面是很成功的。

多媒体数据库的基本技术主要包括：多媒体数据的建模、数据的压缩 / 还原技术、存取管理和存取方法、用户界面技术和分布式技术等。为了适应技术的发展和应用的变化，多媒体数据库应该具有开放的体系结构和一定的伸缩性，同时它还需要满足如下要求：具备传统数据库管理系统的能力；具备超大容量存储管理能力；有利于多媒体信息的查询和检索；便于媒体的集成和编辑；具备多媒体的接口和交互功能；能够提供统一的性能管理机制以保证其服务性能等。

2.4.3　多媒体语音编码技术

1. 多媒体声音源与数字化

声音按频率可分为次声波（20Hz以下）、可听声波（20~20000Hz）和超声波（20kHz以上）三类，人类说话的声音频率通常在300~3000Hz，这个频率范围之内的信号称为“语音信号”，也是多媒体系统传播的第1类声音信号，通常通过传统的电话通信（手机、固定电话等）系统传输，这类信息通常是不需要存储的即时信号。多媒体系统传播的第2类信号，是各种影视作品，以广播、CD/VCD/DVD光盘以及通信宽带网络等方式传播；表2.5是多媒体声音制品的特征分类表。

表2.5　　　　多媒体业务语音传输特征分类表

声音类别		频率范围（Hz）	应用范围	单声道传码率（kb/s）
1类	一般语音信号	300~3000	电话传输	64（电话），88.2（影视作品）
2类	歌曲、电视、广播	50~7000	广播、电视伴音	172.24 / 344.48（8/16位量化）
	高保真音乐欣赏	50~20000	DVD、高保真音乐欣赏	344.56 / 705（8/16位量化）

语音信号通过“采样、量化、编码”等标准的数字化处理步骤之后，转换为“0、1代码”的数字信号流，第1类电话语言信号经数字化编码后，转换为64kb/s的数字信息流；第2类影视作品，根据信号效果的不同，采样频率分为11.025kHz、22.05kHz和44.1kHz、量化级分别为8位和16位，分为上表中的三级信息传码率；在计算机中，数字语音信号的存储文件主

要有 wave、mp3、wma 和 midi 四种格式，专业的音乐人士一般喜欢使用无信号压缩的高质量 wave 格式进行操作，而普通大众则更乐意接受压缩率高、文件容量相对较小的 mp3（11 倍压缩率）或 wma（20 倍以上压缩率）格式。

2. 多媒体语音编码标准

普通调幅广播质量的音频信号频率范围是 50~7000 Hz，当使用 16 kHz 的采样频率和 14 位数字量化编码时，形成的多媒体语音信号速率为 224 kb/s。1988 年 CCITT(ITU 前身)制定了 G.722 标准，专门负责将该多媒体音频信号转换为 64kb/s。

高保真立体声音频信号质量的频率范围是 50~20000 Hz，在 44.1kHz 的采样频率下用 16 位数字量化编码时，语音信号速率为 705 kb/s。国际上流行的高保真立体声音频信号采用 MPEG-1（即 mp3）标准，它提供三种编码速率：第一种是 384 kb/s，主要用于小型盒式磁带（DCC）模式的数字信号存储；第二种是 192~256 kb/s，主要适用于数字广播音频、CD/VCD/DVD 等信号模式的存储和播放；第三种是 64 kb/s 速率，主要应用于通信网络上的音频信号的传输。

在计算机上，可以通过相应专用软件对音频信号的格式进行转换，例如，通常使用豪杰公司的“豪杰超级解霸 3000”软件中的一个实用工具——MP3 格式转换器，进行 MP3 格式与其他几种格式之间的转换。

另一种十分流行的语音编码模式是“AC-3（Audio Code Number 3）”系统，这是由美国 Dolby(杜比)公司推出的高保真立体声音频编码系统，它采用了指数编码、混合前/后向自适应比特分配及耦合等一系列新技术；测试结果表明，AC-3 系统的总体性能要优于 MPEG 模式，在实际生活中得到广泛的采用。

2.4.4 多媒体静止图像编码技术

多媒体图像/视频信号分为“静止图像”和“动态视频流图像”两大类，下面首先介绍几个与图像有关的概念，然后对静态和动态的视频信号分别予以叙述。

1. 与图像有关的几个概念

指“图像像素与分辨率”、“像素的颜色”、“视频与帧速率”、“电视制式”等。

（1）图像像素与图像、系统分辨率

在多媒体图像中，一幅图像是由纵横（XY 坐标）2 维空间上的图形元素组合而成的，基本的图形组成元素称之为“像素”，一幅图像的总像素数量一般是由“横向像素总数×纵向像素总数”的模式表现出来的，图像的总像素数量即称为“图像分辨率”；除了每一幅多媒体图形具有各自的“分辨率”之外，还有“系统分辨率”的说法，是指图像产生、显示设备所具有的“图形分辨率”；例如，某数码相机对数字照片的表现（产生）能力，也用“相机分辨率”表示，电脑显示器也有“显示分辨率”的指标，常用的电脑显示分辨率模式为 320×200、640×480、800×600、1024×768、1280×1024、1600×1200 等。

（2）像素的颜色

多媒体像素的颜色指每个像素所使用的颜色的二进制位数，对于彩色图像来说，颜色深度值越大，显示的图像色彩越丰富，画面越逼真、自然，但数据量也随之激增，常用的颜色二进制位数分别是 4 位、8 位、16 位、24 位和 32 位，其颜色评价如表 2.6 所示。

对 8 位/字节的存储单元而言，一幅图像的存储字节数计算公式如下：

图像的存储字节数=图像分辨率×颜色深度位数/ 8

表 2.6 **多媒体图像颜色组成与评价表**

颜色深度/位	像素颜色数值	颜色数量	颜色评价
4	2^4	16	简单色图像
8	2^8	256	基本色图像
16	2^{16}	65536	增强色图像
24	2^{24}	1677216	真彩色图像
32	2^{32}	4294967296	

（3）视频与帧速率

人的眼睛具有“视觉暂留”的生物现象，即被观察的物体消失后，其影像在人眼中仍保留一个非常短（约 0.1 秒）的时间，利用这一现象，将一系列画面以足够快的速率连续播放，人们就会感觉该移动的画面变成了连续活动的场景，这就是“放电影”的原理；所谓“视频”的概念，也就是指利用人类“视觉暂留”现象的一系列快速连续播放的画面，达到“放电影”的视觉效果这一过程。这里一幅幅单独的画面图像就称为“帧”，单位时间内连续播放的画面速率称为“帧速率”，典型的帧速率为 25 帧/秒（中国）和 30 帧/秒（美国、日本等）。

（4）电视制式

所谓“电视制式”，指电视播放的标准，目前的电视播放仍然采用“模拟信号”的方式，常用的电视播放制式如表 2.7 所示。

表 2.7 **多媒体电视业务传输特征分类表**

电视制式	系 统 特 点	使用情况
PAL	25 帧/秒，每帧 625 行，场扫描频率 50 Hz，宽高比 4∶3，隔行扫描	英国、德国等西欧国家，中国、朝鲜
NTSC	30 帧/秒，每帧 525 行，场扫描频率 60 Hz，宽高比 4∶3，隔行扫描	美国、日本、韩国、中国台湾、菲律宾
SECAM	25 帧/秒，每帧 625 行，场扫描频率 50 Hz，宽高比 4∶3，隔行扫描	法国、前苏联、东欧国家
HDTV	每帧 1000 行，场扫描频率较高，宽高比 16∶9，逐行扫描，数字信号	———

2. 多媒体静止图像（照片）

多媒体静止图像指针对图像传真、彩色数码照片等“静止的图像”多媒体信息进行产生、存储和远距离传送通信的处理，主要采用 ITU-T 联合图像专家组（JPEQ）制定的 JPEQ 和 JPEQ 2000 标准压缩模式，该模式是压缩比为 25:1 的有损压缩方式，通过“正向离散余弦变换（DCT）”、“最佳 DCT 系数量化”和“霍夫曼可变字长编码”3 个压缩步骤，形成相应的数字信息模式，存储在电脑硬盘或其他存储器中，利用专门的图像编辑软件，非常便于对该图形信号进行编辑、修改和传输。

2.4.5 多媒体运动视频流图像编码技术

运动视频流图像指针对影视作品、IPTV等“动态视频流图像”信息，进行产生、存储和远距离传送通信的处理，由于其信息量非常大，根据CCITT-601协议，广播质量的数字视频（常规电视）的传码率就达到216Mb/s，而高清晰度电视则在1.2Gb/s以上，如果没有高效率的信号压缩编码技术，是很难传输和存储如此庞大的视频流图像信息的。按照实际的需求和通信质量，视频流图像信号可分为三类：低质量可视电话级、中等质量视频信号级和高清晰度电视信号级，表2.8分三类予以说明。

表2.8　　多媒体电视业务质量等级分类表

视频质量等级	系统特征	典型应用
低质量可视电话级	画面较小，帧速率较低（5~10帧/s），	可视电话、会议电视
中等质量视频信号级	画面合适，帧速率较适中（25~30帧/s）	普通数字电视、IPTV
高清晰度电视信号级	画面较大，帧速率较高（大于30帧/s）	高清晰度电视

国际电信联盟制订了一系列的运动视频流图像处理标准，其中最典型的是H.261和ITU-T运动图像专家组（MPEG）制订的MPEG-1、2、4等标准压缩模式，下面分别予以说明各自的用途。

1. H.261标准

H.261是CCITT（ITU-T的前身）于1990年12月公布的第1个国际视频流压缩标准，主要用于电视电话和会议电视，以满足当时（1991年）ISDN通信网络的发展需要。其特点是以P×64kb/s（P=1~30）为传输速率，当P=1~2时仅用于可视电话；当P=6~30时支持会议电视系统，可以在电话通信网络中传输。

2. MPEG–1标准

MPEG-1是CCITT于1991年11月公布的关于传码率为1.5Mb/s以下的国际标准(ISO/IEC 11172)，其设计指标如下。

①在存储媒体上，达到VCD的标准，可以通过CD/VCD等光盘录制信息节目。

②在图像质量方面，帧速率为25帧/秒和30帧/秒；达到普通电视画面的效果。

③在通信方面，采用类似于H.261标准的编码方式，能适应多种通信网络的传输方式，如ISDN电话网和LAN计算机局域网；在传输速率上，为1~1.5Mb/s，以1.2Mb/s为合适，这是当时计算机通信网络的传输速度。

MPEG-1编码系统包括MPEG系统、 MPEG视频和MPEG音频三部分，将压缩后的视频信号、语音信号及其他辅助数据统一“包装”起来：将它们划分为一个个188字节长的分组，以适应不同的传输或存储方式。在每个分组的字头设置时间标志参数，为解码提供“图声同步”的功能；形成便于存储和网络传送的文件格式。

MPEG-1标准的公布，极大地推动了Video-CD（VCD）影视盘的发展，尽管它本身只设计了双声道的音频信号的传播，在当时的环境下，也达到非常“震撼”的豪华视听效果。同时，对影视作品的网络化传播与下载，也开创了技术模式上的先河，其压缩数据能以文件的形式，在视频服务器和电信宽带网络上传送、管理和接收，客户能通过网络点播该类节目，形成了VOD的效果。

3. MPEG–2 标准

MPEG-2是由MPEG工作组于1994年11月推出的国际标准(ISO/IEC 13818),是对MPEG-1标准的继承和升级，传码率为10Mb/s，适用于更广泛的多媒体视听领域；以后又对该标准进行了扩展。

MPEG-2 编码系统延续了 MPEG-1 的编码原则，也包括 MPEG“系统”、“视频”和“音频”三部分，同时又增加了一个“性能测试”部分。其中，系统模块定义了编码的语句和语法，以实现一个或多个信息源的音视频数据流的形成；视频模块引入了“分级服务质量”的概念，为了适应不同的应用需要，该标准制订了五种不同的档次，每种档次又分为四个质量服务等级，因而具有较强的分级编码能力，其压缩比可变且最高可达 200∶1。具体的等级分类应用情况如表 2.9 所示。

表 2.9　　MPEG-2 视频等级标准与分类应用一览表

服务等级	图像标准（分辨率×帧速率）	应 用
低级 Low	352×288×30	面向 VCR，并与 MPEG-1 全面兼容
基本级 Main	720×460×30 或 720×576×25	面向现有的 PAL / NTSC 电视广播模式
高 1440 级 High-1440	1440×1080×30 或 1440×1152×25	面向各种制式 HDTV
高级 High	1920×1080×30 或 1920×1152×25	

音频处理模块，提供了 8 个声道，包括 5 个全频段声道，2 个环绕立体声声道和 1 个超重低音声道。真正实现了“家庭影院”和“影视剧场”中高保真环绕立体声的音频“震撼”效果。

MPEG-2 的应用领域很广，它不仅支持面向存储媒介的应用，而且还支持各种通信环境下多媒体数字音视频信号的编码和传输，如数字电视、IPTV 和 DVD（数字视频光盘），以及面向未来的高清晰度电视（HDTV）的应用和普及。为信息化社会的发展，奠定了技术基础。是目前应用较广泛的主流多媒体通信标准。

4. 其他多媒体视频标准

（1）H.263 标准

是 ITU-T 为低比特率应用而特定的视频压缩标准。这些应用包括在 PSTN（公共电话网）上实现可视电话或会议电视等。

（2）H.264 标准

是 ITU-T 和 ISO/ICE 的 MPEG 的联合视频组(JVT)开发的标准,也称为 MPEG-4 Part 10。H.264 因其更高的压缩比、更好的 IP 和无线网络信道的适应性，在数字视频通信和存储领域得到越来越广泛的应用。

（3）MPEG-4 标准

是为视听数据的编码和交互播放而开发的第 2 代 MPEG 标准，于 1998 年 11 月公布，是一个全新概念的、使用范围很广的多媒体通信标准。MPEG-4 的目标是为多媒体数据压缩提供了一个更为广阔的平台。它更多定义的是一种格式、一种结构系统，而不是具体的算法。MPEG-4 的最大创新在于为用户提供具体的、个性化的综合系统业务能力，而不是仅仅使用面向应用的固定标准。此外，MPEG-4 将集成尽可能多的数据类型，例如自然的和合成的数据，以实现各种传输媒体都支持的内容交互的表达方法。通过 MPEG-4，我们能够建立一个家庭音响合成中心、一个通信网关、或是一个个性化的视听系统。MPEG-4 可用于移动通信和公用电话交换网，支持可视电话、视频邮件、电子报纸和其他低数据传输速率场合下的应用。是目前国际主流的多媒体传输应用标准。

在 MPEG-4 中，采用了发送多媒体综合信息流框架 DMIF（Delivery Multimedia Integration Framework）的结构，用来整理一系列的音视频数码流。该结构独立于具体的通信接入网络。对用户而言，DMIF 是一个灵活的应用接口，它还需要申请到通信所需的业务质量 QoS（带宽、时延要求等）参数。

MPEG-4 的数据流分为两大部分，即与传输网络有关的输出数据流和与各类媒体信道有关的上层数据流，如图 2.12 所示。

由图 2.12 可看出：各多媒体音视频数码流经过 3 个步骤形成统一的信息流，进入通信接入网发接口电路中。首先，各基本视频信息进入“接入单元层”，在此分组打包，形成独立的数码流；然后进入“灵活汇聚复用层”，将各路码流汇聚成 1 路高速串行数码流，到达“传输复用层”单元；第 3 步，经过传输复用层的数据适配处理，传入到通信网络中，形成多媒体信息流。

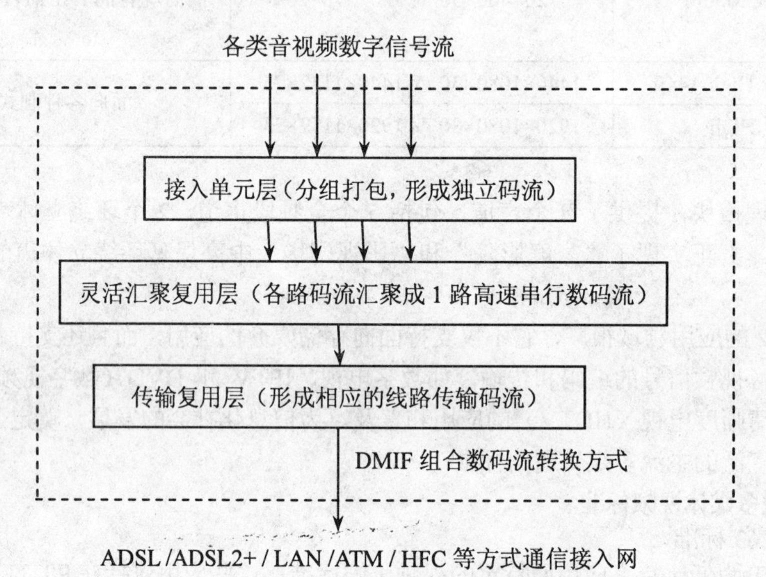

图 2.12　MPEG-4 数码流 DMIF 组合框架示意图

（4）MPEG-7 多媒体内容描述接口

MPEG-7 的工作于 1996 年启动，名称为：多媒体内容描述接口(Multimedia Content Description Interface)，其目的是制定一套描述符标准，用来描述各种类型的多媒体信息及它们之间的关系，以便更有效地检索信息。这些媒体“材料”包括静态图像、3D 模型、声音、电视及其在多媒体演示中的组合关系。MPEG-7 的应用领域包括：数字图书馆、多媒体目录服务、广播媒体的选择、多媒体编辑等。

（5）AVS 标准

正式名称为《信息技术先进音视频编码》，是由我国推出的，第一个具有自主知识产权的数字音视频编解码技术标准。AVS 标准的数字视频编解码技术标准已于 2006 年 2 月被公布为中国国家标准，它是我国第一个具有自主知识产权、达到国际先进水平的数字音视频编解码标准，是高清晰度数字电视、高清晰度激光视盘机、网络电视、视频通信等重大音视频应用所共同采用的基础性标准。在编码效率上，AVS 比传统的 MPEG-2 效率高了二至三倍，在计算资源的消耗上降低了 30%~50%。尽管如此，AVS 还是选择了与 MPEG-2 系统兼容的道路。主要是因为，MPEG-2 已有较长的发展历史，在产业链的上游设备生产环节中形成了一定的规模效应；在下游的接收设备中，其关键芯片也都是遵循 MPEG-2 标准。短时间内很难扭转这样巨大的产业惯性。因此，为了实现平滑过渡，在设计 AVS 时，对 MPEG-2 实行兼容而非取代。

此外，AVS 除了技术先进、性能稳定之外，重要的是其拥有完全自主知识产权，在专利费用方面远远比 MPEG-4 和 H.264 这两种国际标准要低。

我国 AVS 标准工作组成立于 2002 年 6 月，主要是中国部分研究机构及彩电企业为研发拥有自主知识产权的音视频编解码技术而成立的。AVS 这一标准一直得到包括 TCL、北京海尔广科、创维、华为、海信、浪潮、长虹、上广电、中兴通讯等通信企业与厂家的大力支持，广电总局也曾表示支持。AVS 工作组有“三驾马车”，即负责组织研究制定技术标准的“AVS 工作组”、负责知识产权事务的“AVS 专利池管理委员会”和负责推动 AVS 产业应用的“AVS 产业联盟”。这三个组织，有力保证了 AVS“技术、专利、标准、产品、应用” 的协调发展。

AVS 国家标准颁布后，我国企业已经相继开发出 AVS 实时编码器、AVS 高清解码芯片、AVS 机顶盒、AVS 解码软件等产品。中国网通集团采用 AVS 作为其 IPTV 的标准。国家广电总局组织的移动多媒体广播国家标准 CMMB 采用 AVS 视频国家标准，地面广播数字电视等其他领域的应用也在逐步展开；此外在国际化方面，该组织正加速推进 AVS 国际化产业化进程。

（6）最新一代多媒体视频标准——蓝光多媒体视频标准（见图 2.13）

图 2.13　蓝光多媒体播放器和光盘示意图

“蓝光音视频传播技术”体制（Blu-ray），或称蓝光盘（Blu-ray Disc，缩写为 BD），是利用波长较短(405nm)的“蓝色激光（Blu-ray）”读取和写入数据，并因此而得名。

传统的 DVD 是用激光器（LD）光头发出的红色激光(波长为 650nm)，来读取或写入数据的，通常来说，波长越短的激光，能够在单位面积上记录或读取的信息就越多。因此，蓝光光盘的存储容量远远高于普通的现行 DVD 光盘。该光盘制式是三菱等公司联合提出的“新一代 DVD 音视频传播”标准。与传统的 DVD 标准相比，容量提升了数倍，支持 25~100G 的容量，远大于现在的 DVD-9 制式的 8.4G。包括美国著名的华纳兄弟电影公司（WB）、福克斯电影广播公司（FOX）等六家世界著名电影制作企业，都表示将会出版“蓝光格式”的电影，蓝光播放器就是为这个准备的。

“蓝光音视频传播技术”制式，是目前世界上最先进的大容量光碟制式，也是一个播放视频的新标准（软件），比 DVD 画面清晰。可达到 1080p 画面，影像完全没有“失真”的感觉，而且一些细节也更加清晰，特别在高速动态画面的时候，同样能保持很好的表现，容量也大。目前已经达到令人吃惊的 200G。与传统的 CD 或是 DVD 存储方式相比，BD 光盘显然带来更好的反射率与存储密度，这是其实现容量突破的关键。蓝光产品的巨大存储容量，为高清电影、游戏和大容量数据存储提供可能和方便，将在很大程度上促进高清娱乐的发展。

蓝光制式作为新一代的多媒体播放与传输的标准格式，其根本原因就在于技术的领先和强大的企业生产—销售联盟，同时也就更受消费者青睐。蓝光刻录机系统可以兼容此前出现的各种光盘产品。蓝光光碟还拥有一个异常坚固的表层，来保护光碟里面重要的记录层，可以经受住频繁的使用、指纹、抓痕和污垢，以此保证蓝光产品的存储质量和数据安全。

蓝光播放器能够通过 HDMI 接口实现采用 1920×1080 分辨率的蓝光碟片的 1080p 高清格式输出，并且能够支持包括 Mini-SD 和 MMS 短棒在内的多钟记忆卡的读取功能。理论上完全显示将近 4.4 万亿种颜色。

2.4.6 流媒体通信技术

流媒体（Streaming　Media）音视频通信技术，是指通过宽带 Internet 互联网，提供即时点播影像和声音的新一代多媒体通信技术，最典型的应用就是“视频点播 VOD（Video On Demand）”。它近乎实时的交互性和即时性，使其迅速成为一种崭新的多媒体通信传输渠道。

1. 流媒体的工作方式

在网络上传输视频、音频等多媒体信息，目前主要采用“下载（Download）”和“流式传输（Streaming）”两种工作方式。

（1）下载方式

是将全部音/视频文件通过网络传输到客户电脑，经保存后，才能开始播放。所以下载方式要考虑对客户端的存储需求和播放时延两个因素；同时受到网络传输带宽（速率）的限制，下载常常要花费数分钟甚至数小时，如像 avi、mpg、mp3、wav 等格式的“音/视频文件”。

（2）流式传输

是把“音/视频媒体信息”由流媒体服务器通过网络连续、实时传输到客户电脑，在这个过程中，客户不必等到整个文件全部下载完毕，而只需经过几秒或十几秒钟的启动时延即可播放。当音/视频媒体在客户端播放时，其流媒体的余后部分将在后台继续下载。流式传输方式不仅使启动时延成十倍、百倍地缩短，而且不需要太大的缓存容量。在 Internet（或 Intranet）上使用流式传输技术的连续时基媒体就称为流媒体，通常也将其视频与音频称为“视频流”

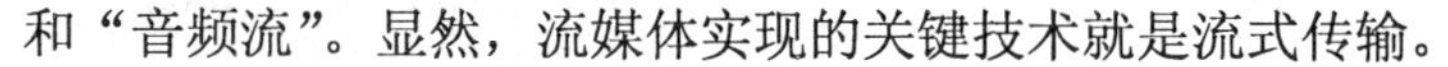

和“音频流”。显然，流媒体实现的关键技术就是流式传输。

2. 流式传输技术

（1）流式传输实现的途径与过程

首先，将音/视频信息数据预处理成流媒体以适应流式传输，同时也适应网络带宽对流媒体的数据流量的要求。预处理主要包括采用先进高效的压缩算法和降低通信质量等。

其次，流式传输的实现需要“缓存装置”， 在 Internet 上是以“分组交换（信息报）”传输方式为基础，进行断续的异步传输，为此，使用缓存系统来弥补网络传输过程中的延迟和抖动所带来的影响；不会因之出现播放停顿。在用户电脑中，通常使用“系统操作盘（C 盘）”的多余存储空间，作为“缓存系统”，所以通常电脑操作系统盘（C 盘），应设定较大的多余存储空间，作为流媒体传输之用，保证 VOD 即时点播的影视作品的流畅播放，中途不至于中断。

（2）流式传输协议

流式传输的实现，一般采用“HTTP/ TCP”网络协议来传输控制信息，使用 RTP/ RTCP/ RTSP 协议支持实时传输流媒体数据；用 HTTP 中的 MIME 标记和识别流媒体的类型。

流式传输的格式（软件），目前主要有三种：Real-Media、MediaPlayer 和 ASF 格式。使用较多的是前面两种，本身均支持 windows 操作系统，在个人电脑（PC 机）中安装该类软件也较方便。

2.5 本章小结

本章是对 3 种主要通信业务和多媒体通信技术的基本论述，共分为 4 节。

第 1 节通信网基本业务概论，简述了通信业务的分类和通信信号的数字化编码与转换方式，使读者对通信业务组成和通信信号的转换方式建立初步的认识。要求掌握通信业务的 3 种基本方式的概念；认识通信信号的 3 种转换方式等概念。

第 2 节电话通信业务，详细介绍 3 种电话业务信号的产生与转换过程，即传统的固定电话信号、新一代 IP 电话信号和移动数字电话信号，使读者对 3 种电话通信信号的产生、信号的调制技术和各自的信道环境情况建立基本的认识。要求掌握固定电话的信号产生与转换过程、固定电话的通信系统构成，以及移动电话的 2 种传输制式与使用的无线频道；认识 IP 电话的信号产生与 2 种转换方式，移动电话的组网技术与信道传输特点。

第 3 节互联网通信业务，从接入方式的角度，描述了 2 类常见的互联网通信系统的基本系统组成和工作原理：普通互联网通信系统和 IPTV 互联网通信系统；使读者对现代互联网通信系统的接入和传输有一个基本认识。要求掌握 LAN 方式和 ADSL 接入方式的互联网通信系统组成原理；认识 IPTV 互联网通信系统的基本概念和系统特征。

第 4 节多媒体通信系统概述，论述了多媒体通信系统的基本概念与基本技术，从声音信号和图像信号 2 个方面分别介绍了多媒体通信系统的各个组成部分与常用的基本概念；使读者对现代多媒体通信系统的概念、通信系统的内容和使用技术有一个基本认识。要求掌握多媒体通信系统的概念与特点、多媒体语音编码技术与格式、多媒体图像通信系统的概念相关概念（如“图像像素与分辨率”、“像素的颜色”、“视频与帧速率”等），以及主要的多媒体通信标准等基本技术。认识各类多媒体通信的传输标准、流媒体通信的概念与传输技术等专业知识。

◎ 作业与思考题

1．试说明通信业务的分类，并简单介绍对每种通信业务的认识情况。

2．简单介绍用户端通信信号的编码原理与方式，并介绍 IP 分组编码与传输的基本原理。

3．试说明话音信号在通信系统中的转换过程，基本的数字信号标准，并说明电话通信系统的组成结构与各自的功能。

4．新一代 VoIP 话音调制方案有哪些？试举例说明其使用功能。

5．简述移动通信的系统与技术体制组成、信道环境与特征技术。

6．简述宽带互联网数据业务的技术形式与特征。

7．简述 IPTV 业务的技术形式与特征。

8．简述 LAN 宽带互联网数据业务的基本组成、技术特征与工作原理。

9．简述 ADSL 宽带互联网数据业务的基本组成、技术特征与工作原理。

10．简述 IPTV 宽带互联网数据业务的基本组成、技术特征与工作原理。

11．简述多媒体通信的基本概念，并简述多媒体通信的关键技术。

12．简述音频多媒体通信的基本概念与相关的编码原理与编码国际标准。

13．多媒体通信的基本概念与相关的编码国际标准：图像像素与分辨率、像素的颜色、视频与帧速率、电视制式、流媒体音视频通信技术、MPEG-1、2 音视频编码通信标准、AVS 音视频编码通信标准等。

14．已知 2 幅数码相片的参数分为 360×1024×24B，1024×1960×16B，它们各为多少像素？在电脑中存储时需多少存储空间？

15．绘图介绍 MPEG-4 音视频编码通信标准的概念、编码原理和在用户终端的作用。

16．填空题

（1）在通信网中，基本的通信业务是_①_、_②_和多媒体_③_；基本的通信系统是由_④_和_⑤_组成的；通信控制方式分为_⑥_和_⑦_两类。

（2）IP 电话是指_⑧_，目前的 2 种信号转换模式有_⑨_和_⑩_；移动电话的 2 种技术是_⑪_和_⑫_；宽带互联网的 2 种接入技术是_⑬_和_⑭_。

（3）适用于 VCD 和 DVD 多媒体音视频作品的编码标准分别是_⑮_和_⑯_，我国具有自主产权的多媒体视频国家标准是_⑰_，多媒体静止图像，采用_⑱_标准信号压缩模式，我国电视信号帧速度为_⑲_，模拟语音信号转换为 PCM 数字信号的三个步骤是_⑳_、_㉑_和_㉒_。流媒体的典型应用是_㉓_，常用工作方式是_㉔_和_㉕_。

17．从“内容、作用、种类（或组成结构）、特点”四个方面，解释下列本章的专有名词。

（1）信源编码（2）信号的编码（3）信道编码（4）MDF 保安总配线架（5）话音信号的 IP 模式转换（6）移动电话通信系统（7）移动电话的多址技术（8）ADSL 技术（9）IPTV 技术（10）多媒体技术（11）多媒体语音编码格式与标准（12）图像像素与分辨率（13）像素的颜色（14）视频与帧速率（15）电视制式（16）MPEG-2 标准（17）AVS 标准（18）蓝光多媒体通信标准（19）流媒体通信技术

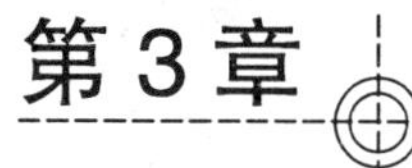

第3章 通信传输线路系统

在通信的过程中，传输线路是最基本的系统组成部分，即“物理传媒层”；本章是对通信传输线路（光、电缆）系统的基本论述，共分为三个部分：第1节是对通信传输介质的各个种类与传导原理的概论，第2~3节分别论述了现代通信电缆和单模光缆的结构与系统工作原理；第4节简述了通信线路的系统路由建筑和建筑物内路由布线原理；整章内容构成了通信网络的“物理传媒层”知识要点。

本章学习的重点内容：

1. 通信传输介质的原理与分类；
2. 计算机通信双绞线（网线）与成端设备；
3. 通信单模光纤光缆与成端设备；
4. 通信线缆专用路由的工程建筑方式。

3.1 通信传输介质概论

3.1.1 通信系统的网络组成概述

现代通信系统的“硬件层”，是由通信传输媒介（“通信线缆”或“无线信道”）系统和通信机房设备系统两部分有机地组合而成的。如图3.1所示。

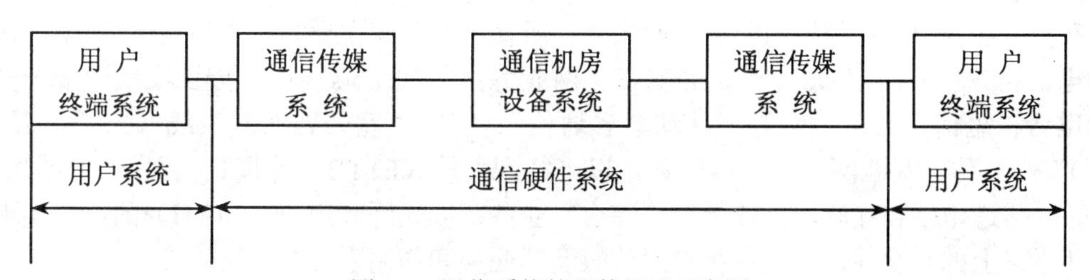

图3.1 通信系统的硬件组成示意图

其各部分组成，如表3.1所述。

通信传媒系统：是由“通信有线系统（通信光缆、电缆等）”、“通信无线信道（移动通信信道、卫星通信信道等）系统和“线缆专用路由系统”组成。

通信机房设备系统：由“机房配线架与路由系统”、“机房通信业务设备系统”、“机房通信电源系统”、“机房监控与防护系统”以及“机房房屋”五个部分，有机地组合而成的。表3.1是各个系统的组成内容和简要说明。

表 3.1　　　　　**通信硬件系统组成简介表**

系统组成	各类子系统	系统情况说明	本章安排
通信传媒系统	通信有线系统	分为电话线电缆、通信双绞线电缆（常用三类线、五类线）、通信光缆系统	第 1~3 节
	通信无线系统	移动通信无线系统，常用 900MHz 和 1800MHz 两个频段	第 1 节
	通信线缆专用路由系统	分为通信管道系统、架空杆路系统、沿墙壁路由系统和楼内槽道路由系统 4 种。城市里，常用通信管道系统作为“外线通信路由”	第 4 节 通信线缆路由系统
通信机房设备系统	机房内配线架与线缆路由系统	配线架系统：分为电话线总配线架（MDF）、同轴线数字配线架（DDF）、光缆配线箱（ODF）等。线缆路由系统，指机房内的各类线缆路由通道。有“走线架”式和“地槽内布放”式 2 大类	
	通信业务设备系统	分为通信传输设备、通信交换（含互联网交换）设备 2 大类；传统电话传输交换设备，通常由专用机架组成，而计算机网络光电转换设备、交换机设备等，通常由 19 英寸内宽的通用机柜装载组成	第 5 节 通信机房设备系统
	通信电源系统	专为通信业务设备供电的电源设备。分为直流型（-48V）开关电源和交流型（220V）UPS 电源供电 2 种	
	监控告警系统	指故障监控与告警防护系统	
	机房房屋	分为有人值守的“城市通信中心机房（专业型）”和无人值守的“通信节点机房（综合型）”2 类。前者分为配线测量室、交换机房、（光）传输机房、集中监控机房等；而后者通常仅为 1 间通信综合设备节点机房	

通信网络，主要是由通信传媒组成的各类“信道”，将用户的信息，传输到通信机房内的设备中，再传输到对端的用户终端设备。

按照通信业务的种类，特别是“2011 年以来的”通信技术的发展情况，主要是“电话业务”和宽带互联网“宽带上网业务”两大类，所使用的传媒主要是“电话线电缆”——传递有线电话业务和开展 ADSL 模式的宽带上网业务；“900Mb/s 频带的无线通道”——传递移动电话和短信、低速上网等“移动套餐通信”业务；“宽带四对双绞线（三类、五类双绞线）”——传递互联网高速上网业务，以光纤到大楼（FTTB）等模式实现；“单模光纤光缆”——传递电话和互联网高速上网“综合”业务，以光纤到用户（FTTH）的模式实现。

为学习上的直观性，列出各种常用传媒及其业务和作用表 3.2 如下。

表 3.2　　　　　**当前常用通信传输媒介及其业务、作用一览表**

常用传媒种类	传递的通信业务	传输模式	特 点
电话线电缆（1 对双绞线）	有线电话	基带传输（0~4kHz）	传统的电话和互联网上网方式，正逐渐被光线到户方式取代
	宽带 2Mb/s 上网业务	ADSL 模式上网	
无线信道	移动电话和短信、低速上网等“移动套餐通信”	移动通信 GSM、CDMA 和 3G	当前的通信模式，大部分为第 2 代移动通信方式，正开展第 3 代移动通信业务

续表

常用传媒种类	传递的通信业务	传输模式	特 点
宽带4对双绞线	宽带互联网上网业务	光线到大楼、网线到用户	当前已开展的互联网上网通信方式
（单模）光纤光缆	有线电话和宽带互联网上网“综合业务”	光纤直接敷设到用户	当前正推广开展的上网通信方式，光信号不受电磁干扰，传输距离长，传输容量大

3.1.2　通信传输的介质

1. 信息的传输

任何信息（话音、数据信号）的传输，都是将其转换为电信号或光信号的形式在传输介质中进行；所谓传输介质，是指传输信号的物理通信线路。信息能否成功传输依赖于两个因素：被传输信号本身的质量和传输介质（信道）的特性。1865年，英国物理学家麦克斯韦 (James Clerk Maxwell) 首次预言电子在运动时会以电磁波的形式沿导体或自由空间传播。1887年，德国物理学家赫兹通过实验证明了麦克斯韦电磁场理论的正确性，该理论奠定了现代通信的理论基础。

就信号而言，无论是电信号还是光信号，本质都是电磁波。实际中用来传输信息的信号都由多个频率成分组成。信号包含的频率成分的范围称为频谱，而信号的带宽就是频谱的绝对宽度。由于信号所携带的能量并不是在其频谱上均匀分布的，因此又引入了有效带宽的概念，它指包含信号主要能量的那一部分带宽。现代通信系统中，数字信号的形式以其优良的传输性能在传输和处理系统中得到广泛的使用，而单模光纤传输系统以其远距离、大容量和低成本等诸多优点，已成为通信系统最主要的传输系统。

2. 信号与传输介质

通信信号是在“通信介质”组成的“通信信道”上传输的，所以，要求通信介质，对信号的传递，要做到下列几个特征：

①信息容量大：指同时传递的信息速度快，容纳的通信用户数量多。

②信息传播的距离远。

③受到周围环境的干扰尽量小。

④通信介质制作的原材料丰富，制作工艺简单。

最早使用的通信介质是“空气”——无线通信传输的方式，随着通信传输技术和业务种类的不断发展，通信介质的种类，也在不断地创新和发展——成长为现在的“有线和无线通信方式的共存”状态。

无线通信介质，特点是使用方便，但技术复杂些，使用成本高些，适合于不固定环境中的通信，如带在身上的手机、小型笔记本电脑、新一代“苹果公司上网产品”等便携式通信终端。

有线通信介质——指“使用通信电缆和光纤光缆，传输各类通信信号”的方式——特点是传输质量稳定，传输容量大，上网速度快，传输距离远。适合于“固定场所”的工作和休闲使用。从1970年开始发展起来的“光纤光缆”，作为有线通信介质的优秀代表，正越来越占据“通信介质”主导地位——当前的“有线通信介质”发展趋势是：逐渐推广光纤到用户（FTTH）的通信传播方式。

3. 有线通信传输介质

有线通信介质，目前常用的有双绞线电缆、同轴电缆和光纤光缆；本章主要介绍双绞线电缆和单模光缆的特性，这里仅简单介绍“同轴电缆”和“通信光纤光缆”的概况。

（1）同轴电缆

同轴电缆的结构图如图 3.2 所示，是贝尔实验室于 1934 年发明的，最初用于电视信号的传输，它由内、外导体和中间的绝缘层组成。内导体是比双绞线更粗的铜导线，外导体外部还有一层护套，它们组成一种“同轴结构”，因而称为“同轴电缆”。由于具有特殊的同轴结构和外屏蔽层，同轴电缆抗干扰能力强于“通信双绞线”，适合于高频信号的宽带传输。

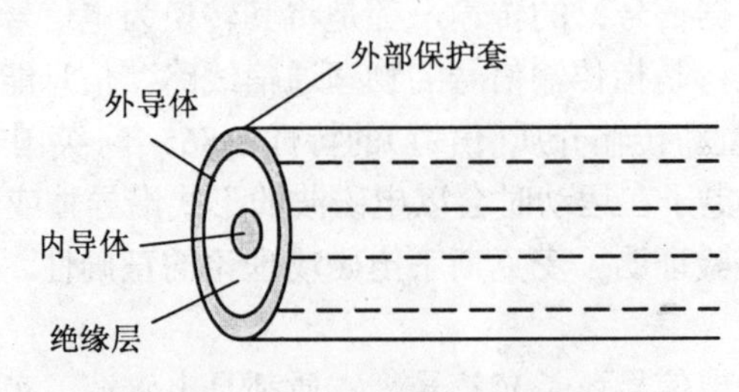

图 3.2　同轴电缆结构示意图

其主要的缺点是成本高，不易安装埋设。同轴电缆通常能提供 500～750MHz 的带宽，目前主要应用于有线电视（CATV）和光纤同轴混合接入网（HFC）模式的通信传输中，电信系统中，主要是应用在“局内数字信号短距离传输中继线”——即机房内部电话通信“交换系统至光传输系统之间”的数字传输线路；在室外局域网和局间中继线路中，已不再使用。

（2）光纤光缆

近年来，通信领域最重要的技术突破之一，就是光纤通信系统的大发展。光纤是一种很细的可传送光信号的有线介质，其物理结构如图 3.3 所示。它可以用玻璃、塑料或高纯度的合成硅制成。目前使用的光纤多为石英光纤，它以“二氧化硅（砂子）”材料为主，为改变折射率，中间掺有锗、磷、硼、氟等。光纤也是一种同轴性结构，由纤芯、包层和外套三个同轴部分组成，其中纤芯、包层由两种折射率不同的玻璃材料制成。

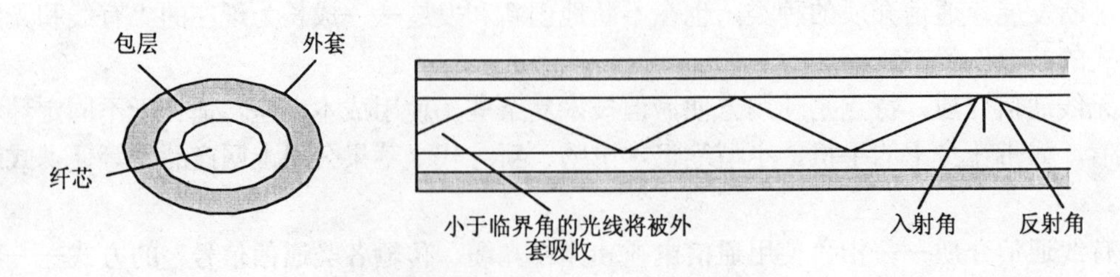

图 3.3　通信光缆结构示意图

利用光的全反射性能，可以使光信号在纤芯中传输，包层的折射率略小于纤芯，以形成光波导效应，防止光信号外溢。外套一般由塑料制成，用于防止湿气、磨损和其他环境破坏。其特点如下：

①大容量。光纤系统的工作频率分布在1014～1015Hz范围内，属于近红外区，其潜在带宽是巨大的。目前10 Tb/s/100 km的实验系统已试验成功，通过密集波分复用(DWDM)在一根光纤上实现40 Gb/s/200 km传输的实际系统已经在电信网上广泛使用，相对于同轴电缆和双绞线的传输容量而言，光纤比铜导线介质要优越得多。

②体积小、重量轻。与铜导线相比，在相同的传输能力下，无论体积还是重量，光纤都小得多，这在布线时有很大的优势。

③低衰减、抗干扰能力强。光纤传输信号比铜导线衰减小得多。目前，在1310 nm波长处光纤每千米衰减小于0.35 dB，在1550 nm波长处光纤每千米衰减小于0.25 dB。并且由于光纤系统不受外部电磁场的干扰，它本身也不向外部辐射能量，因此信号传输很稳定，同时安全保密性也很好。

4. 无线通信介质

无限通信传输介质，按照其传输频率范围和使用途径，可分为无线电广播频率（段）、微波频率（段）和红外线频率（段）三个频率段，如图3.4所示。下面，分别简述其频率段组成和基本作用。

（1）无线电广播频率（段）

无线电又称广播频率(RF： Radio Frequency)，其工作频率范围在几十兆赫兹到200兆赫兹左右。其优点是无线电波易于产生，能够长距离传输，能轻易地穿越建筑物，并且其传播是全向的，非常适合于广播通信。无线电波的缺点是其传输特性与频率相关：低频信号穿越障碍能力强，但传输衰耗大；高频信号趋向于沿直线传输，但容易在障碍物处形成反射，并且天气对高频信号的影响大于低频信号。所有的无线电波易受外界电磁场的干扰。由于其传播距离远，不同用户之间的干扰也是一个问题，因此，各国政府对无线频段的使用都由相关的管理机构进行频段使用的分配管理。

（2）微波频率（段）

微波指频段范围在300 MHz～30 GHz的电磁波，因为其波长在毫米范围内，所以产生了“微波”这一术语。微波信号的主要特征是：在空间沿直线传播，因而它只能在视距范围内实现点对点通信，通常微波中继距离应在80 km范围内，具体由地理条件、气候等外部环境决定。微波的主要缺点是信号易受环境的影响(如降雨、薄雾、烟雾、灰尘等)，频率越高影响越大，另外高频信号也很容易衰减。微波通信适合于地形复杂和特殊应用需求的环境，目前主要的应用有专用网络、应急通信系统、无线接入网、陆地蜂窝移动通信系统，卫星通信也可归入为微波通信的一种特殊形式。

（3）红外线频率（段）

指10^{12}～10^{14}Hz范围的电磁波信号。与微波相比，红外线最大的缺点是不能穿越固体物质，因而它主要用于短距离、小范围内的设备之间的通信。由于红外线无法穿越障碍物，也不会产生微波通信中的干扰和安全性等问题，因此使用红外传输，无需向专门机构进行频率分配申请。红外线通信目前主要用于家电产品的远程遥控，便携式计算机通信接口等。

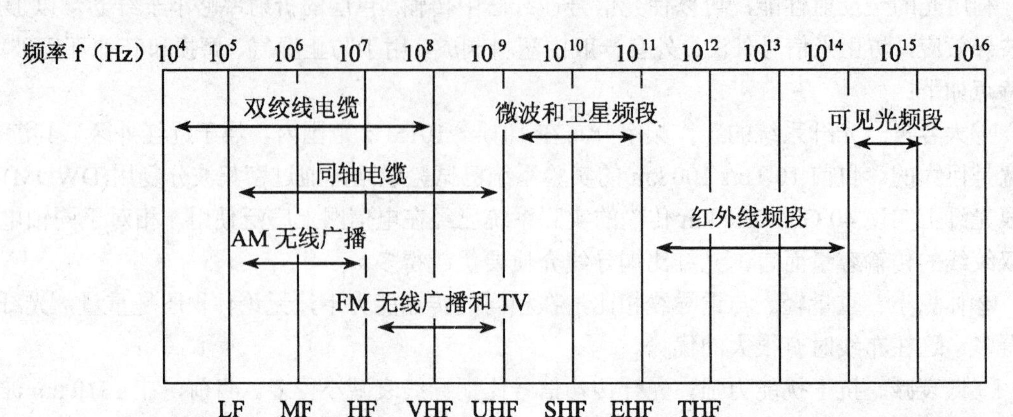

频率段划分与名称表

英文简称	英 文 名 称	中文名称	具体频率段
L F	Low Frequency	低频段	30~300KHz
M F	Medium Frequency	中频段	300~3MHz
H F	High Frequency	高频段	3~30MHz
V H F	Very High Frequency	甚高频段	160~470MHz
U H F	Ultre High Frequency	特高频段	300~3000MHz
S H F	Super High Frequency	超高频段	3~30GHz
E H F	Extremely High Frequency	极高频段	30~300GHz
T H F	Tremendously High Frequency	红外线频段	1~390THz

图 3.4 电磁波频谱及其在通信中的应用示意图

3.2 通信双绞线电缆

在现代计算机通信网络中，通信接入网的“有线传输介质”主要是“双绞线通信电缆”和“单模通信光缆”两大类，而在通信城域网和长途广域网中，主要的通信介质，是单模光缆。在“双绞线电缆”中，使用最普遍的是“电话通信（双绞线）全塑电缆”和“计算机双绞线电缆”两大类，下面分别予以介绍。

3.2.1 电缆双绞线概述

1. 双绞线电缆

通信双绞线电缆(TP：Twisted Pair-wire)，是通信工程布线中最常用的一种传输介质。双绞线一般由两根直径为 0.4~0.6mm 的具有绝缘保护层的铜导线，按一定长度，采用互相“纽绞”的方式缠绕组成的，由于每一根导线在传输中产生的电磁波，会被另一根导线的电磁波抵消，故而可以大大降低信号干扰的程度——“双绞线”的名字也是由此而来。从原理上说，纽绞的“单位纽绞节距”越密，其抗干扰能力就越强。

按照屏蔽层结构，双绞线可分为非屏蔽双绞线(UTP：Unshilded Twisted Pair)和屏蔽双绞线(STP：Shielded Twisted Pair)两大类；根据电缆接口电阻规格，又可分为 100 欧姆电缆、大对数电缆和 150 欧姆屏蔽电缆等。按照“单位线对数”和使用情况，通信双绞线，又可分为 2 芯为 1 对的“电话双绞线（电缆）”和计算机通信中使用的 4 芯为 1 个单位（对）的“互联

网双绞线”两大类。目前计算机通信网络中，使用较普遍的是非屏蔽双绞线(UTP)。

2. 双绞线电缆规格型号

双绞线电缆分为“电话通信双绞线”和“计算机通信双绞线”；电话通信双绞线电缆是成1对出现的，主要是传统的电话通信行业，用来传输模拟声音信息的，但同样适用于较短距离的数字信号的传输。如采用VDSL2技术时，传码率可达100Mb/s～155Mb/s。

计算机通信双绞线电缆是每个用户成4芯线为单位出现的，并进一步纽绞处理。美国电子和通信工业委员会（EIA）为双绞线电缆定义了五种不同质量的型号标准，包含了上述全部的双绞线种类。目前的电话业务，采用第一类线的标准，而计算机网络通信，则使用第三、四、五类线标准，分别介绍如下。

（1）第一类

主要用于传输语音，即“电话通信全塑电缆”，不直接用于计算机数据传输；在国外，主要用于八十年代初之前的电话线缆，我国于1985年之后大量引进该技术和生产线，于其后在通信接入网领域广泛使用；目前的ADSL系列技术也是针对该电缆使用的。

（2）第二类

传输频率为1MHz，用于语音传输和最高传输速率4Mb/s的数据传输，常见于使用4Mb/s规范令牌传递协议的旧的令牌网，目前基本不使用。

（3）第三类

指目前在ANSI和EIA/TIA568标准中指定的电缆；该电缆的传输频率为16MHz，用于语音传输及最高传输速率为10Mb/s的数据传输，主要用于10base-T网络通信模式。

（4）第四类

该类电缆的传输频率为20MHz，用于语音传输和最高传输速率16Mb/s的数据传输，主要用于基于令牌的局域网和10base-T/100base-T通信模式。

（5）第五类

该类电缆增加了绕线密度，外套一种高质量的绝缘材料，传输频率为100MHz，可用于语音传输和最高传输速率为100Mb/s的数据传输。主要用于100base-T和10base-T通信模式，这是目前最常用的以太网双绞线电缆。

“双绞线电缆”是通信网里使用最广泛的通信线缆，并且随着ADSL技术等的发展，为原有的双绞线电缆开发了新的业务能力，下面分别予以介绍。

3.2.2 电话通信（双绞线）全塑电缆系统

电话通信（双绞线）全塑电缆是20世纪80年代末期进入我国通信市场的优秀通信电缆品种，它由“铜芯导线”、“塑料绝缘层”、“金属（铝带）复合屏蔽层”和“（铠装保护层）+塑料外护层”四部分组成。

由于它全部采用“塑料”作为绝缘保护层，故被称为“全塑电缆”，如图3.5所示。

1. 室外通信电缆主要性能简介

（1）产品种类

按照使用环境的不同需要，市内通信电缆分为如表3.3所示六类。

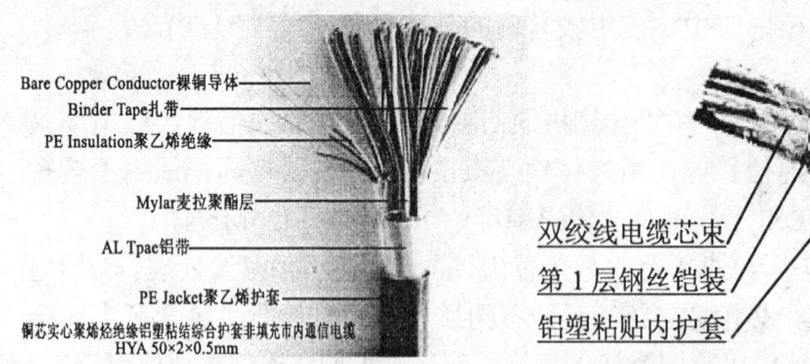

(a) HYA 实心绝缘非填充型电缆实物展示图

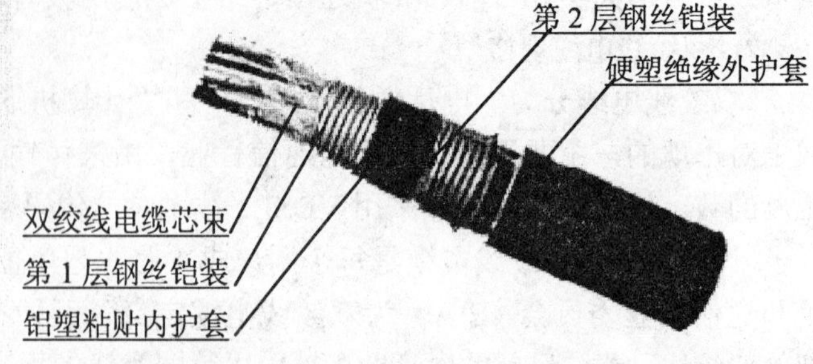

(b) HYA53 型单层钢带铠装型电缆实物展示图

图 3.5　市内电话通信电缆实物展示图

表 3.3　**市内通信全塑电缆分类表**

型 号	电 缆 名 称	使 用 环 境	电缆标称线对
HYA	普通（充气型）市话通信电缆	室外通信管道、架空及槽道、钉固等方式。	10、20、30、50、100、200、300、400、600、800 、1200 、1600 、2000、2400
HYAT	普通石油膏填充型市话通信电缆		
HYAC	普通（充气型）自承式市话通信电缆	室外架空（自带吊线）。	
HYA_{553}	普通双层钢带铠装型市话通信电缆	野外直埋式	
$HYAT_{43}$	普通石油膏填充粗钢丝铠装型市话通信电缆	水底敷设	
HJVV	普通局用（音频）通信电缆	局内使用	
电缆表示法：HYA 300×2×0.4mm	含义：300 对 0.4mm 线径的 HYA 型普通（充气型）市话通信电缆		

其中，最常用的HYA 型音频通信电缆，全称是：铜芯实心聚烯烃绝缘挡潮层聚乙烯护套市内通信电缆，是按照国标及原邮电部标准生产的，被广泛应用于城市、近郊及厂矿的通信线路中。

（2）导线

铜线，直径有：0.32, 0.4, 0.5, 0.6, 0.8 mm 五种，现统一采用 0.4 mm 线径。

（3）绝缘层

高密度聚乙烯（塑料），按照标准的节距扭绞成对，以最大限度减少串音，并采用规定的彩色色谱组合配置线对颜色。

（4）屏蔽层

在一根铝带（厚 0.2mm）的一面涂以塑料，铝带沿纵向包在缆芯上，屏蔽外界电磁波的干扰。

（5）铠装保护层

分为钢丝和钢带铠装两种材料，结构上又分为单层和双层两种；用于直埋和水底敷设中。

（6）外护套

黑色低密度或中密度聚乙烯（塑料）材料制成。

2. 市内电话通信电缆敷设成端系统

如图 3.6 所示，市话通信电缆敷设于电信局“总配线架（MDF）”至用户单元的“电缆分线盒”之间，然后通过“用户馈线”进入用户家中。电缆敷设成端系统分别介绍如下，如

图 3.7 所示。

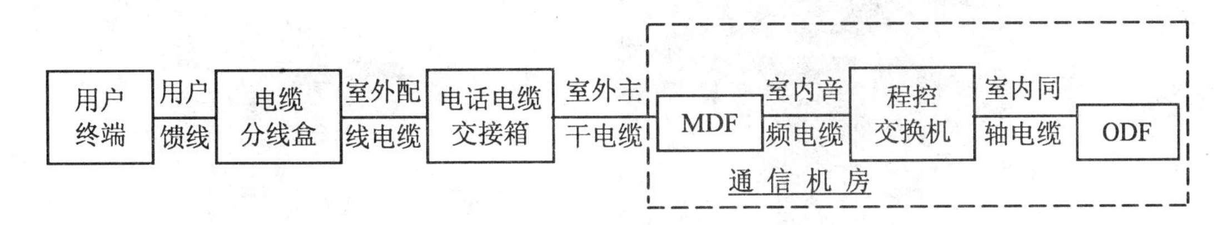

图 3.6　市内电话通信电缆敷设连接系统图

（1）室外敷设方式

市话通信电缆在道路上，主要采用通信管道、架空吊线、地下直埋、水底敷设四种建筑方式，在建筑物内，则主要采用沿墙壁钉固或通信专用槽道两种方式敷设。

（2）电缆分线与终端设备简介

电缆分线与终端设备是指“用户终端设备”、“外线配线设备”和“局内线缆成端配线设备”，主要是为外线通信光缆和通信电缆的敷设与成端而设置的，分别介绍如下：

外线配线设备：主要是电缆分线盒、交接箱和光缆交接箱，以及综合信息接入箱。

局内配线设备：主要是电话电缆总配线架（MDF）和数字配线架（DDF）、计算机双绞线配线架（IDF）和光缆配线架（ODF）四种。

（3）用户终端系统

原来仅为 1 部电话机，现在以“ADSL-Modem”、“LAN 方式+双绞线接入”和“FTTH 光纤到户”等多种方式的“用户网关”的形式逐步发展起来。一个单位内部的计算机局域网，也是一个“用户终端系统”。

（4）电缆分线盒

是一种“固定连接”设备，是市内电话配线电缆的成端设备，为每个通信用户单元提供通信接入馈线；一般每个用户住宅单元设置 1 个。

（5）综合信息接入箱

是每个建筑物的通信光电缆综合成端设备，由光纤法兰盘、光电转换器、市电电源盘、宽带用户交换机、电缆接线排等装置组成；由电信局机房或光电缆交接箱引入的光电缆在此成端，再由该箱分配给本建筑物内的所有用户电话线和宽带双绞线。

（6）光、电缆交接箱

是一种“跳线连接”设备，是“外线主干、配线光电缆”的成端汇接设备，是“交接配线”的关键设备，主干、配线光电缆在此通过“跳线”连接，为新申请的用户开通通信业务；同时，也使主干光电缆提高“芯线使用率（90%以上）”。

（7）总配线架（MDF）

是一种“跳线连接”设备，外线主干电缆成端在纵列（V 列），局内设备电缆成端在横列（H 列），二者通过跳线连接；该设备装有“防强电保安装置”，对外线电缆进行强电流（压）过载保护。一般安装在“电信节点机房”和“电信局一楼测量室”中。

（a）电缆交接箱展开图

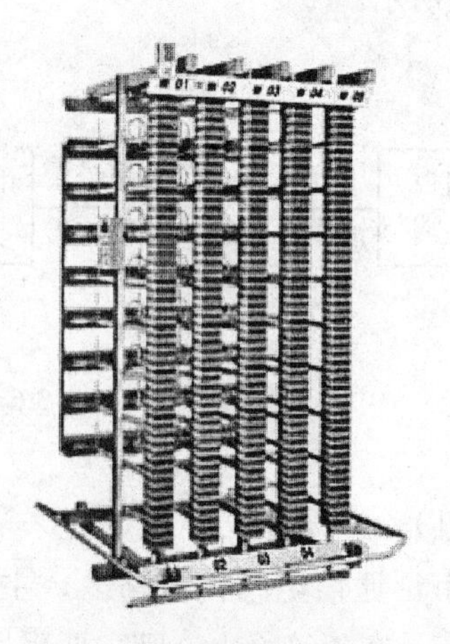

（b）电缆总配线架

（c）电缆分线盒展开图

（d）电缆接头盒外观图

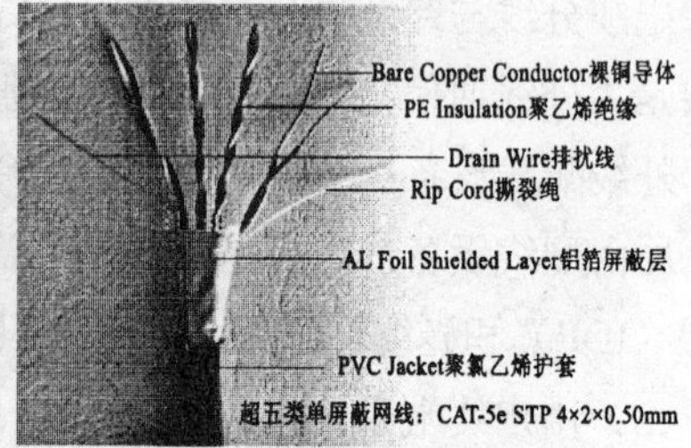

（e）超五类屏蔽双绞线（STP）

图3.7　通信室外电缆与分线设备实物展示图

（8）数字配线架（DDF）

是一种“跳线连接”设备，传送经交换机数字化调制的2Mb/s数字信号到光端机。信号采用同轴电缆，在DDF上成端和跳线。一般安装在 “电信局三楼光传输室”中。

（9）成端设备

①局内：总配线架（MDF）纵列；②局外：交接箱；③用户单元：分线盒、综合信息箱等。

（10）电缆接续材料

①接线子（1对）、接线模块（25对）；②电缆接线套管（分为热熔式和重复开启式）。

（11）配线方式

①交接配线（最常用）；②直接配线；③复合配线（已不采用）。

3.2.3　市话全塑电缆配线技术

通信电缆的配线，指从机房总配线架（MDF）到用户分线盒之间的市内通信电缆分配系统，配线的总体要求和思路是“将整个配线区域进行全覆盖式的完全配置”；根据不同的用户性质和地域情况，传统的配线有两种方式：“直接配线”与“交接配线”；另外，“电缆接头”也将予以介绍。

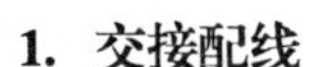

1. 交接配线

交接配线是最常用的配线方式，适用于广大的城市住宅小区范围，是根据用户“逐步申请安装电话”的情况，采用“电缆交接箱”设备；按照自然地域情况，划分“固定交接配线区”：一个固定的交接区通常是按照周围道路所围成的区域，或是某行政单位的自然区域，服务半径一般为3km以内，几个相邻的固定配线区形成一个大型的“用户接入区”，设置“用户节点机房”，汇聚用户的各类通信业务流量。

交接配线的电缆分为“主干电缆（机房MDF到各交接箱）”和“配线电缆（交接箱到各个住宅楼的单元分线盒）”两种，两者成端在交接箱的不同端子板上，通过“电缆跳线”相互连接；主干电缆一般距离较长（2~5km），要求沿通信管道敷设，根据用户的接入情况，采用“分期建设”的方式，其数量随着用户数的增长而增加，其“芯线使用率”要达到90%以上；配线电缆则要求“按照终期容量”一步到位的方式布置，即按照交接区内用户数的1.2~1.5倍配置，故以后一般不再增加；配线电缆的长度一般在3km以内，最常见的是1.5km左右；交接箱和节点机房的位置的优选是很重要的问题，要根据现场的建筑结构情况、电缆设计路由情况，以及电缆的“最短路径用量”情况进行合理的最佳选择。

2. 直接配线

直接配线适用于区域内为固定用户的情况，如“大学校园网”、“办公大楼通信网”等场合；此时可直接将电缆从机房的MDF（总配线架）配置到用户的单元“分线盒”中，故称为“直接配线”，在新一代的ADSL宽带综合接入系统中，直接配线具有较好的效果。

3. 电缆配线的技术参数

电缆的使用年限：主干电缆：3~5年，配线电缆：10年，配线/用户比：1.2~1.5线/ 每户。

电缆的芯线线径：一般为0.4mm，超过5km可用0.6mm。

通信电缆的技术参数：通信电缆的设计长度取决于以下三个参数：

①电缆传输衰耗值：标准为7dB；

②交换机“用户电路”对线路环路电阻的要求值：一般为1200~1500Ω；

③通信电缆接入网新技术ADSL、ADSL2+/ VDSL2等“速率-长度要求”值，如表3.4所示。

表3.4　通信电缆接入网ADSL2+/ VDSL2等“速率-长度要求”值设计表

通信电缆长度值(m)	300	600	900	1200	1800	2200	2800
传输速率值(Mb/s)	160	120	20	16-20	5-10	4	3

4. 电缆的接头

在通信电缆的配线敷设过程中，经常要对其进行分线、配线等设置，这时需要使用“电缆接头”的施工工序。电缆接头分为“分歧接头”和“直接头”两种类型，电缆接头的具体工作分为“芯线接续”和“封焊电缆（外包）套管”两个步骤。具体方式如下：

（1）通信电缆芯线接续

电缆芯线接续采用接线子（单对，用于50对以下的芯线接续）或接线模块（25对/块，用于100对及以上的芯线接续）；采用专用接线工具进行。

（2）通信电缆外包接头

在“电缆芯线接续”完成后，接下来就是进行“电缆外包接头”的工序。电缆外包接头采用两种套管进行；第一种是采用“热缩套管”进行，第二种则是采用“可重复开启式”接头外套管进行操作。

3.2.4 计算机局域网“双绞线电缆”系统

在计算机通信网络中，“双绞线电缆（习惯简称为“双绞线”）”是最常用的一种传输介质，尤其在星形网络拓扑结构的“综合布线系统”中，双绞线是必不可少的布线材料。典型的双绞线是四对的，也有更多对双绞线放在一个电缆套管里的。双绞线可分为非屏蔽双绞线（UTP）和屏蔽双绞线（STP）两大类。其中，STP 又分为 3 类和 5 类两种，而 UTP 分为 3 类、4 类、5 类、超 5 类，以及最新的 6 类线。从结构上说，双绞线由“铜芯导线”、“聚乙烯（塑料）绝缘层”、“金属屏蔽层”和“聚氯乙烯塑料外护层”四部分组成。如图 3.8 所示。

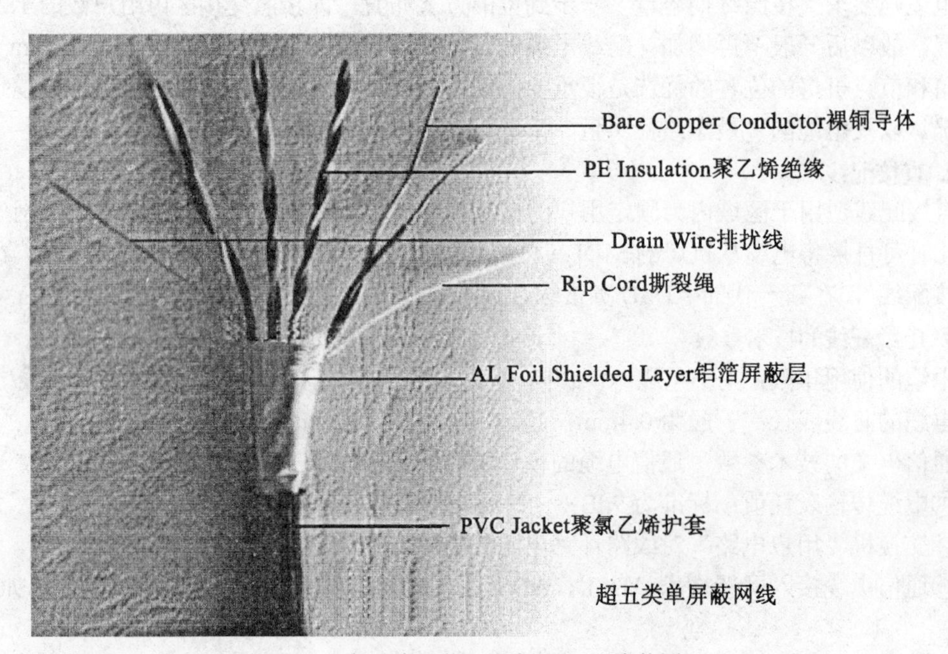

图 3.8 超五类屏蔽双绞线（STP）实物图

1. 双绞线的主要技术性能

由于目前市面上双绞线电缆的生产厂家较多，同一标准、规格的产品，可能在使用性能上存在着很大的差异，为了方便大家选用，将计算机双绞线的“主要性能指标”介绍如下：

（1）衰减

衰减是沿线路信号的损失程度。一般用单位长度的衰减量来衡量。单位为 dB/Km。衰减的大小对网络传输距离和可靠性影响很大，一般情况下，衰减值随频率的增大而增大。

（2）串扰

串扰主要针对于非屏蔽双绞线电缆而言，分为近端串扰和远端串扰。其中，对网络传输性能起主要作用的是近端串扰。近端串扰是指电缆中的一对双绞线对另一对双绞线的干扰程度，这个量值会随电缆长度的不同而变化，一般电缆越长，其值越小。

（3）阻抗

双绞线电缆中的阻抗主要是指特性阻抗，它包括材料的电阻、电感及电容阻抗。一般分为100欧姆（最常用）、120欧姆及150欧姆几种。

（4）衰减串扰比（ACR）

是指衰减与串扰在某些频率范围内的比例。ACR的值越大，表示电缆抗干扰能力越强。上述性能参数，可参看双绞线电缆的说明书，必要时可通过专用仪器测得。

2. 双绞线的传输特性和用途

（1）3类线

3类电缆的最高传输频率为16MHz，最高传输速率为10Mb/s，用于语音和最高传输速率为10Mb/s的数据传输。

（2）4类线

该类双绞线的最高传输频率为20MHz，最高传输速率为16Mb/s，可用于语音传输和最高传输速率为16Mb/s的数据传输。

（3）5类线

5类双绞线电缆使用了特殊的绝缘材料，使其最高传输频率达到100MHz，最高传输速率达到100Mbps，可用于语音和最高传输率为100Mb/s的数据传输。

（4）超5类线

与5类双绞线相比，超5类双绞线的衰减和串扰更小，可提供更坚实的网络基础，满足大多数应用的需求（尤其支持千兆位以太网1000Base-T的布线），给网络的安装和测试带来了便利，成为目前网络应用中较好的解决方案。超5类线的传输特性与普通5类线的相同，但超5类布线标准规定，超5类电缆的全部4对线都能实现全双工通信。

（5）6类双绞线

该类电缆的传输频率为1MHz～250MHz，6类布线系统在200MHz时综合衰减串扰比（PS-ACR）应该有较大的余量，它提供2倍于超5类双绞线的带宽。六类布线的传输性能远远高于超5类线的标准，最适用于传输速率高于1Gb/s的应用。6类线与超5类线的一个重要的不同点在于：改善了在串扰以及回波损耗方面的性能，对于新一代全双工的高速网络应用而言，优良的回波损耗性能是极重要的。6类线标准中，取消了基本链路模型，布线标准采用星形的拓扑结构，要求的布线距离为：永久链路的长度不能超过90m，信道长度不能超过100m。

3. 以太网标准与物理介质定义表

以太网双绞线的标准，是随着计算机网络通信速度（即网速，俗称的“带宽”）的发展，而不断发展起来的。表3.5就是从以太网标准设置的时间、标准协议的编号、传输带宽、通信线缆的介质种类，以及组网（拓扑）结构等几个方面，对该标准的不断改进及列表叙述的方式。

由表3.5可以看出，最早是在1983年的以太网标准，便推出了10Mb/s的网络传输速度，使用“50Ω粗铜轴电缆”的通信线缆，采用总线型网络结构；而到了2002年，标准发展到了使用“多模/单模光缆”的通信线缆，采用星型网络结构，最大网段长度达到10000米。互联网技术的发展，是以满足用户需求为宗旨。

表 3.5　　以太网标准与物理介质定义表

MAC标准(时间)	IEEE-802.3 (1983)	IEEE-802.3a (1989)	IEEE-802.3i (1990)	IEEE-802.3j (1993)
物理层标准	10BASE5	10BASE2	10BASE-T	10BASE-F
最大网段长度 m	500	185	100	500~2000
通信介质	50Ω粗铜轴电缆	50Ω细铜轴电缆	100Ω-3类UTP双绞线	多模光缆
拓扑结构	总线型	总线型	星 型	星 型
MAC标准(时间)	IEEE-802.3u (1995)	IEEE-802.3u (1995)	IEEE-802.3u (1995)	IEEE-802.3x & y (1997)
物理层标准	100BASE-FX	100BASE-TX	100BASE-T4	100BASE-T2
最大网段长度 m	500~10000	100	100	100
通信介质	多模/单模光缆	100Ω-5类UTP双绞线(RJ-45水晶头)	100Ω-3类UTP双绞线(RJ-45水晶头)	
拓扑结构	星 型			
MAC标准(时间)	IEEE-802.3 z (1998)	IEEE-802.3 ab (1998)	IEEE-802.3 ae (2002)	
物理层标准	1000BASE- X	1000BASE-T	10G BASE-LR/ LW	10G BASE-ER/ EW
最大网段长度 m	25~10000	100	35~10000	
通信介质	多模/单模光缆	100Ω-超5类UTP双绞线	多模/ 单模光缆	
拓扑结构	星 型			

3.2.5　计算机局域网"双绞线电缆"的工程应用

1. 计算机双绞线连接制作的568A/568B标准

1991年，由美国电子工业协会（EIA）和美国电信工业协会（TIA）共同制定了"计算机网络双绞线安装标准"，称为"EIA/TIA 568网络布线标准"。该标准分为EIA/TIA 568A和EIA/TIA 568B两种。分别对应"RJ45型号水晶头"的接头网线的2种连接标准。

4对双绞线原始色谱是：绿白-1，绿-2，橙白-3，橙-4，蓝白-5，蓝-6，褐白-7，褐-8。如图3.9所示。

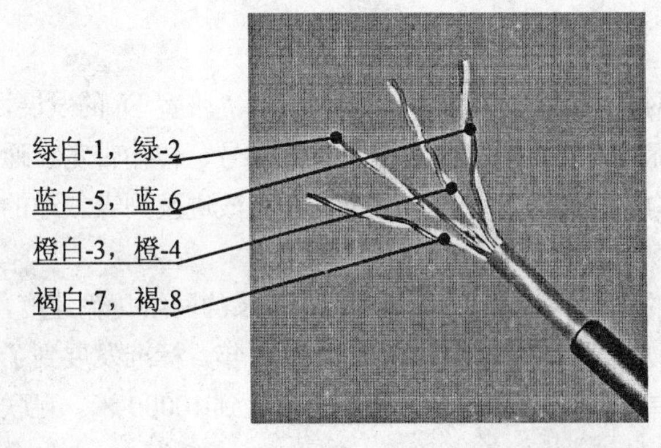

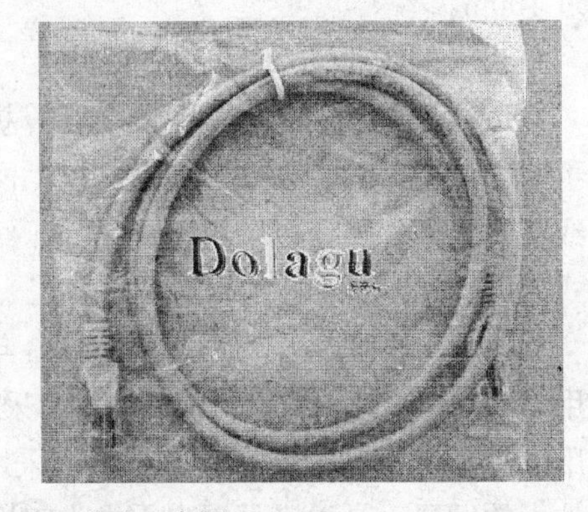

图3.9　四对双绞线色谱及成品示意图

水晶头连接标准-568A：绿白-1，绿-2，橙白-3，蓝-4，蓝白-5，橙-6，褐白-7，褐-8。

水晶头连接标准-568B：橙白-1，橙-2，绿白-3，蓝-4，蓝白-5，绿-6，褐白-7，褐-8。

直连网线（568A 网线）又称平行网线，主要用在集线器（或交换机）间的级联、服务器与集线器（交换机）的连接、计算机与集线器（或交换机）的连接上。其连接方式如图 3.10（a）所示。交叉网线（568B 网线）主要用在计算机与计算机、交换机与交换机、集线器与集线器之间的连接，如图 3.10（b）所示。

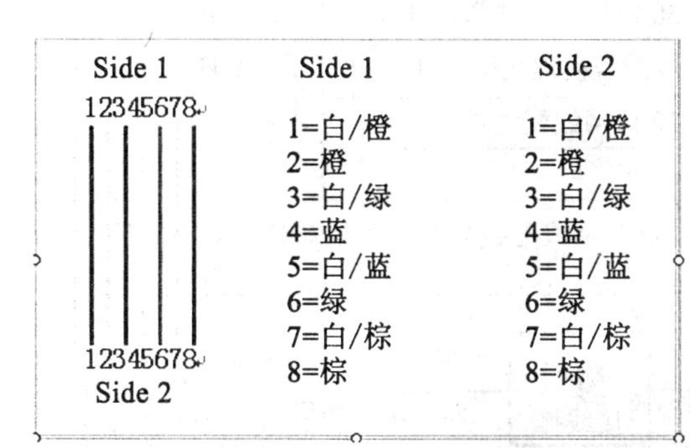

(a)T568A直连网线标准示意图

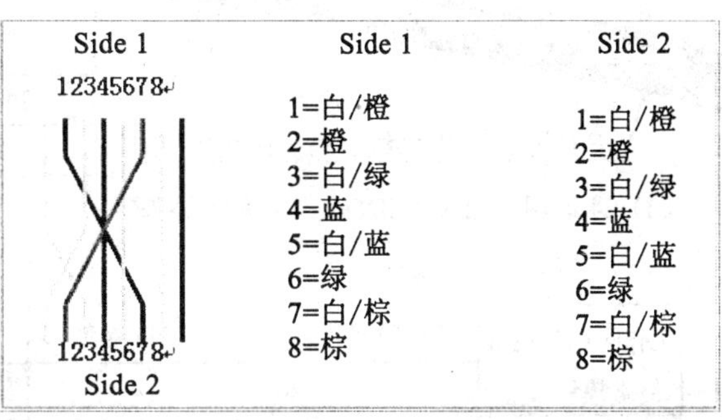

(b)T568B交叉网线标准示意图

图 3.10　四对网线“制作头”示意图

在通常的工程实践中，T568B 使用得较多。不管使用哪一种标准，一根 5 类线的两端必须都使用同一种标准。这里特别要强调一下，线序是不能随意改动的。例如，从上面的连接标准来看，1 和 2 是一对线，而 3 和 6 又是一对线。但如果我们将以上规定的线序弄乱，例如，将 1 和 3 用做发送的一对线，而将 2 和 4 用做接收的一对线，那么这些连接导线的抗干扰能力就要下降，误码率就可能增大，这样就不能保证以太网的正常工作。网线制作的步骤如下：

①在整个网络布线中应用一种布线方式，但两端都有 RJ45 端头的网络，连线无论是采用端接方式 A，还是端接方式 B，在网络中都是通用的。

②实际应用中，大多数都使用 T568B 的标准，通常认为该标准对电磁干扰的屏蔽性能更好。

③如果是电脑与交换机或 hub 相连，则两头都做 568A，或两头都做 568B。

④如果是两台电脑互连，则需要一头做 568A，另一头做 568B，也就是常说的 1 和 3，2 和 6 互换了。

2. 计算机双绞线电缆的成端

计算机双绞线，成端在“网线配线盘 IDF”背面。其背面，是标准 110（网线）接线模块，正面是 24~48 个端口的网线水晶头跳线插座，如图 3.11（a）所示。

网线配线盘 IDF 的背面，是由“110 接线模块”组成的，是各种网线或网线电缆成端的位置——采用“110 网线专用打线刀”，将各条网线成端在“110 接线模块”上。网线配线盘 IDF 的正面，则是网线的“用户（4 对）水晶头插座”，通过网线跳线，连接到交换机、路由器的“用户端口”版面。如图 3.11（c）所示。网线配线盘 IDF，都是标准的“1 个 U 的高度×19 英寸宽度”。其容量，通常为 50、48 或 24 个水晶头的插槽位，安装在标准的 19 英寸机架上，如图 3.11（b）所示。

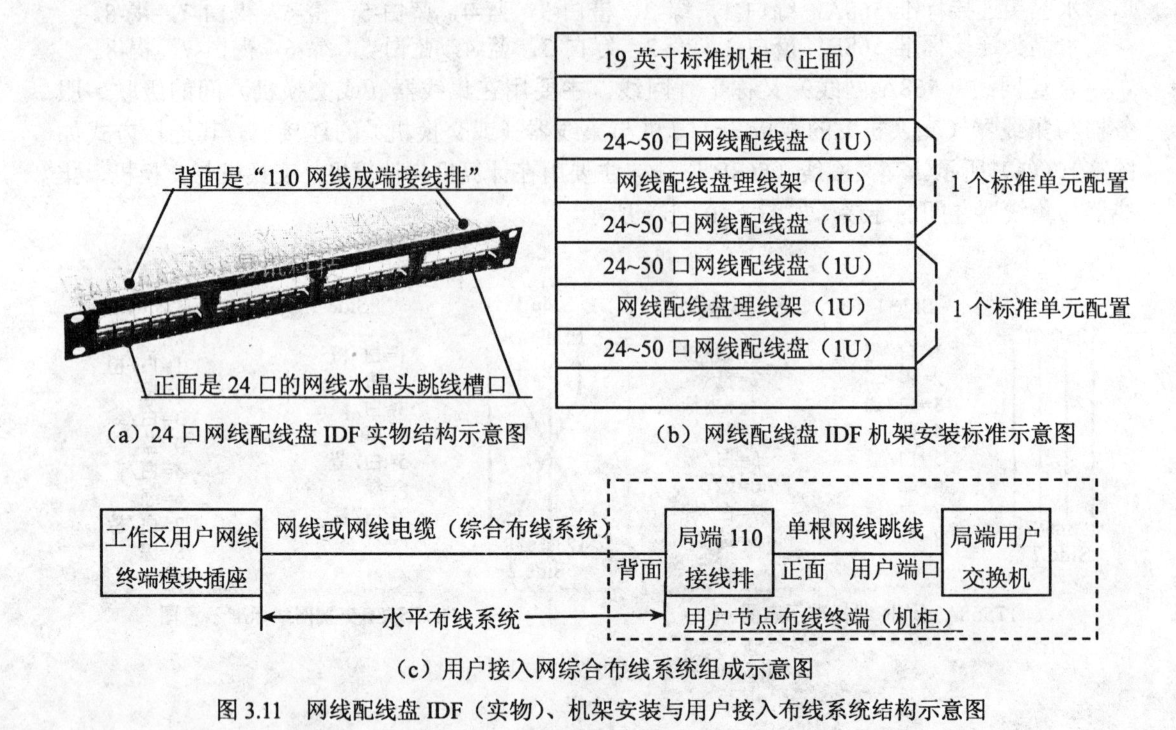

（a）24 口网线配线盘 IDF 实物结构示意图　　（b）网线配线盘 IDF 机架安装标准示意图

（c）用户接入网综合布线系统组成示意图

图 3.11　网线配线盘 IDF（实物）、机架安装与用户接入布线系统结构示意图

110 配线盘 IDF 在标准 19 英寸机柜上的安装规则是：2 个配线盘，中间配置 1 个“1U 理线架”，作为正面跳线的走线槽，便于美观的整理各条“水晶头跳线”，保证机柜内布线工艺的整齐美观。如图 3.11（b）所示。关于“综合布线”，如图 3.11（c）所示，就是通过网线或网线电缆的布线，将建筑物内的所有用户，以“工作区用户模块插座”的方式，连接至计算机网络的用户节点机柜中，成端在标准 110 接线盘 IDF 上，再通过其正面的网线跳线，灵活地接至规定的“用户宽带交换机”的用户端口上。

3. 计算机双绞线的测试

计算机双绞线的测试，分为“普通网线的测试”和“工程中敷设网线对的测试”两种情况。下面分别说明。

普通网线的测试，采用图 3.12（a）中所示的“普通网线测试器”就可以进行测试：将网线水晶头的两端，分别插入测试器的水晶头插孔，开机后观测水晶头两端的导线是否一一对应导通（灯亮）即可。

工程中，要对敷设的通信双绞线，一对一对地测试其是否正确连接，以及网线实际长度、实际环路电阻、信号的衰耗值、线对之间的绝缘性等多个指标，通常要采用美国“福禄克网络公司（Fluke Networks）”的相关“网络综合（自动）测试仪”等设备，如图 3.12（b）所示的“DSP-4000 型局域网电缆分析仪”等，可以完成工程上的参数自动测试与打印功能，如表 3.6 所示。

要注意的是：工程中，仪器首先检测“电缆的导通性”，就是 8 根导线是否一一对应联通，在“导通性”指标正确的前提下，再逐个检查其他各个指标的正确与否。

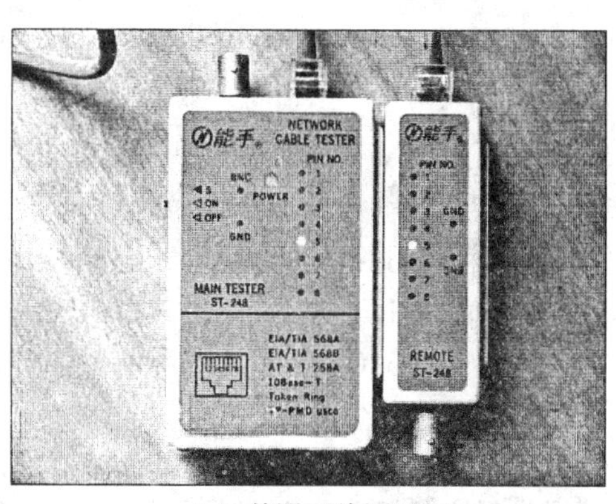

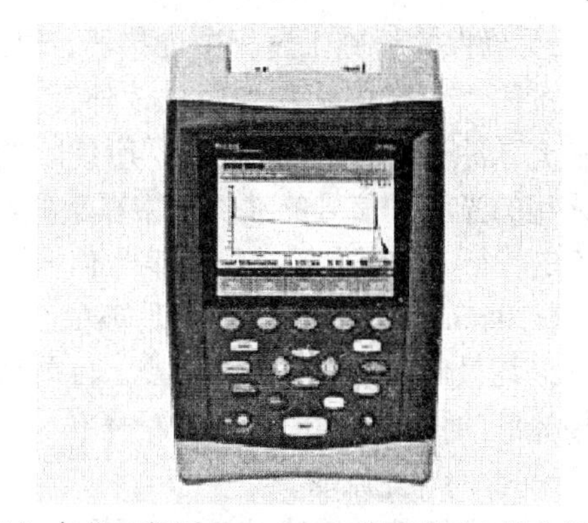

（a）普通网线测试器　　（b）专业工程用 DSP-4000 型局域网电缆分析仪

图 3.12　各类网线测试仪表

表 3.6　　局域网电缆分析仪测试的 4 对双绞线参数指标一览表

序号	4 对双绞线电缆参数	物理含义	备 注
1	电缆导通性	电缆 8 根线对是否对应正确连接	
2	电缆长度	电缆实际长度测试	
3	电缆电阻	电缆实际的端口电阻测试	
4	电缆衰耗值	电缆实际的衰耗值测试	
5	电缆近端串音指标	电缆近端串音指标	
6	电缆远端串音指标	电缆远端串音指标	
7	其他各个指标	————	

3.3　通信光缆系统

3.3.1　通信光纤光缆概述

1. 光纤的发展史概述

光纤通信的历史，最早可追溯到 1996 年，英籍华人“光通信之父”高锟(C.K.Kilo)博士根据“介质波导理论”提出了“光纤通信”的概念。1970 年，美国康宁公司根据高博士的这一原理，成功地研制出了通信光纤，从而开始了人类光通信的新时代。

如前所述，目前使用的“光纤”多为纯石英光纤，它以纯净的二氧化硅（SiO_2）材料为主，为改变折射率，中间掺有锗、磷、硼、氟等微量元素。光纤分为多模光纤(MMF)和单模光纤(SMF)两种基本类型。多模光纤先于单模光纤商用化，它的纤芯直径较大，通常为 50 μm 或 62.5 μm，它允许多个光传导模式同时通过光纤，因而光信号进入光纤时会沿多个角度反射，产生模式色散，影响传输速率和距离。多模光纤由于传输距离短、信号速率低，所以目前实际的光纤系统中已不再使用，逐渐被单模光纤所取代。

单模光纤的纤芯直径非常小，通常为 4～10 μm。在任何时候，单模光纤只允许光信号以一种模式通过纤芯。与多模光纤相比，它可以提供非常出色的传输特性，为信号的传输提供更大的带宽，更远的距离。目前的通信网络传输中，从长途网到接入网，主要都采用“单模光纤”。为确保光纤施工过程中连接器、焊接器，以及各类光纤施工工具的相互兼容，国际上统一标准的“包层直径为 125 μm，外套直径为 245 μm”。

在光脉冲信号传输的过程中，所使用的波长与传输速率、信号衰减之间有着密切的关系。通常采用的光脉冲信号的波长集中在某些波长范围附近，这些波长范围因为有对光信号的“低衰耗”的特征，习惯上又被称为信号传输“窗口”，目前常用的传输“窗口”有 850 nm、1310 nm 和 1550 nm 三个光波长的“低损耗窗口”，在这三个“窗口”中，信号具有最优的传输特性——衰耗最低，信号失真度最小。目前通信网中常采用 1310 nm 和 1550 nm 两个波长，作为单模光纤的信号通道——即光信号传输“窗口”。

2. 光纤的导光原理

与电信号通信系统比较， 光纤通信系统可提供极宽的频带，并且信号的功率损耗小、传输距离长、传输速率高、抗干扰性强，是构建社会信息高速公路的安全可靠的通信网络的理想选择。

光纤为圆柱状，由 3 个同心圆部分组成——纤芯、涂敷层和护套；根据光纤的全反射原理，在光纤的制造过程中，在光纤纤芯外面涂上 1~2 层起“光线反射”作用的涂覆层，形成光纤纤芯折射率高而涂敷层折射率低的情况，在光纤芯壁及纤芯涂敷层的边界形成对光信号束的良好的全反射效果，使得射入纤芯的光束信号全部“反射”回纤芯中，从而使光信号束都集中在光纤芯内部传输而不向外泄漏，就似水管中的水流那样，使之永远在水管中流动，如图 3.13 所示。当然，这对光纤材料通信的实用化提出了很高的要求——光纤的成缆化：形成实用的通信光缆。

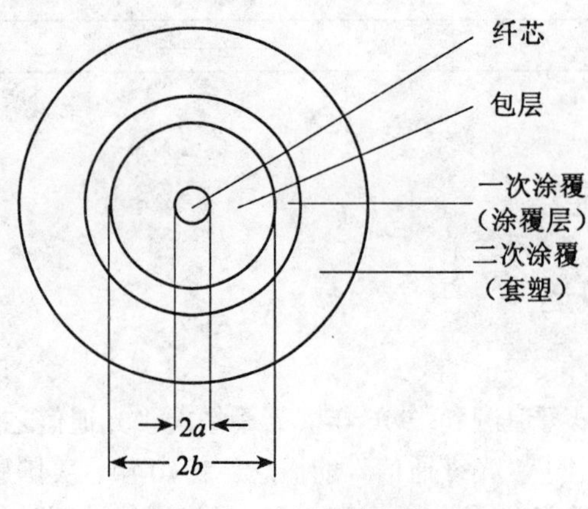

图 3.13　光纤芯线结构图

由于光纤质地脆、易断裂，为了保证光通信信号在光传输系统中安全可靠的传播，将光纤加工制造成通信工程中实用化的各类“通信光缆”的形式。在固有的“光缆传输系统”中敷设、成端。图 3.14 是几种常用的光缆实物及断面示意图。

3.3.2　通信光纤

1. 通信光纤概述

根据波导传输波动理论分析，光纤的传播模式可分为多模光纤（ITU-T.G.651）和单模光纤（ITU-T.G.652- 655）两大类，其中目前通信行业普遍使用的是单模光纤光缆。

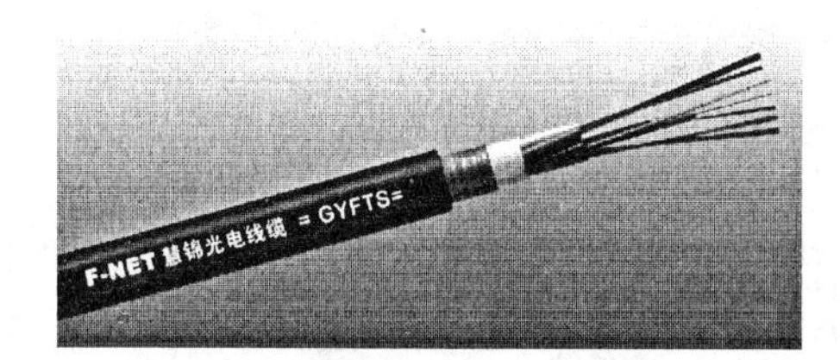

（a）套层绞式单模光缆实物图

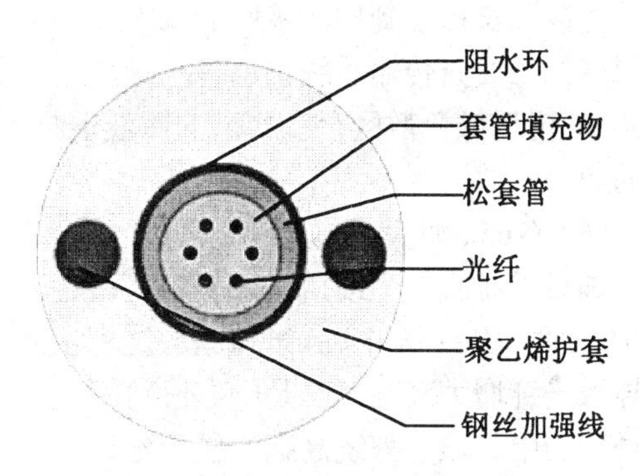

（b）松套中心束管式光缆断面

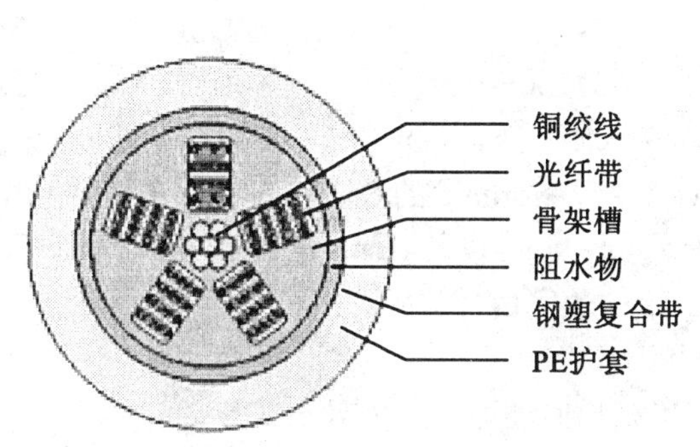

（c）松套骨架式带状光缆断面

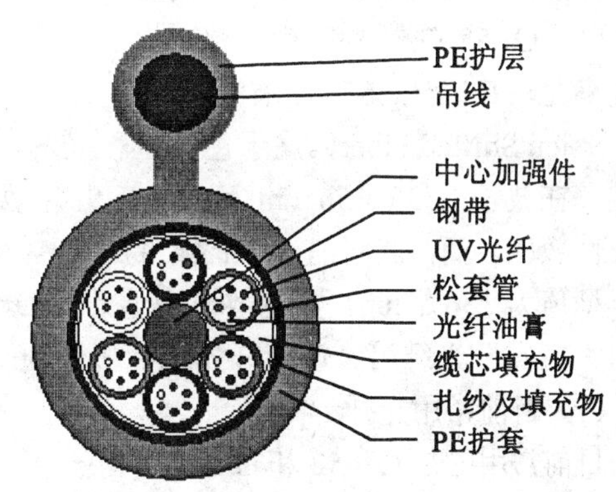

（d）松套层绞自承式光缆断面

图 3.14　各类单模光纤光缆实物及断面展示图

（1）G.651 多模光纤

多模光纤即能承受多个模式的光纤，这种光纤结构简单、易于实现，因而在早期（20 世纪 80 年代末期）的数字光纤通信系统(PDH 系列)中采用；但这种光纤传输带宽窄、衰耗大、时延差大；因而已逐步被单模光纤代替，目前仅有少量在计算机局域网络中使用，并且价格往往高于主流的单模光缆。

（2）G.652-G.655 单模光纤

即只能传送单一基模的光纤，与多模光纤相比，这种光纤在时域上不存在时延差；从频域看，传输信号的带宽比多模光纤宽得多，有利于高码率信息长距离传输。单模光纤的纤芯直径一般为 4~10μm，包层即外层直径一般为 125μm，比多模光纤小得多。下面按型号分别予以介绍。

（3）G.652 单模光纤

满足 ITU-T.G.652 要求的单模光纤，常称为非色散位移光纤，其零色散位于 1.3μm 窗口低损耗区，工作波长为 1310nm（损耗为 0.30dB / km）。我国已敷设的光纤光缆绝大多数是这类光纤。随着光纤光缆工业和半导体激光技术的成功推进，光纤线路的工作波长可转移到更低损耗（0.20dB / km 以下）的 1550nm 光纤窗口。

（4）G.653 单模光纤

满足 ITU-T.G.653 要求的单模光纤，常称色散位移光纤（DSF＝Dispersion Shifted Fiber），其零色散波长移位到损耗极低的 1550nm 处。这种光纤在有些国家，特别在日本被推广使用，我国京九干线光传输系统上也有少量采用。美国 AT&T 公司早期发现 DSF 的严重不足：在 1550nm 附近低色散区存在严重的四波混频等光纤非线性效应，阻碍光纤放大器在 1550nm 窗口的应用，故应用不广。

（5）G.654 海底单模光缆

铺设于海底的光缆，有浅海和深海应用。这种光缆的特点，一是耐受很大的静水压力（每深 10m 增加压力为 1 吨。）和施放过程中的拖曳力；二是能防止氢入侵光纤。已经证实，氢会导致光纤增大衰减；三是中继段跨距大。在海缆中光纤单元都放置于缆的中心并在专制的不锈钢管中。该管外绕高强度拱形结构的钢丝。钢丝层又包上铜管，供作远供，又使得光缆敷设时不发生微 / 宏弯。然后挤塑外护套。还可能销装，以防利器伤害，其中包括鲨鱼咬噬。在我国上海、青岛、汕头已有洋际海底光缆着陆。

（6）G.655 单模光纤

满足 ITU-T.G.655 要求的单模光纤，常称非零色散位移光纤或 NZDSF（＝NonZero Dispersion Shifted Fiber）。属于色散位移光纤，不过在 1550nm 处色散不是零值（按 ITU-T.G.655 规定，在波长 1530~1565nm 范围对应的色散值为 0.1-6.0ps / nm.km），用以平衡四波混频等非线性效应。商品光纤有如 AT&T 的 TrueWave 光纤，Corning 的 SMF-LS 光纤（其零色散波长典型值为 1567.5nm，零色散典型值为 0.07ps / nm2.km）以及 Corning 的 LEAF 光纤。我国的"大宝实"光纤等。该光纤光缆能传输 10Gb/s 的数字信号速率。

（7）目前常用光纤

目前常用的是 G .652 和 G .655 单模光纤，单波长信道可分别传输 2.5Gb/s 和 10Gb/s 的数字信号速率。如图 3.15 所示。

2. 通信光纤的主要技术参数

光纤的特性参数及定义相当复杂。在一般数字光纤工程中，单模光纤所需的主要参数有：模场直径、衰减系数和工作波长（或截止波长）等。

（1）模场直径 d

指 95%的光能量在光纤信道上传输时的直径范围，是表征光纤中集中光能量程度的物理量；从物理概念上我们可理解为，对于单模光纤，基模场强在光纤横截面近似为高斯分布，如图 3.16 所示。通常将纤芯中场分布曲线最大值 1/e 处所对应的宽度定义为模场直径，用 d 表示。工程上，可以认为：模场直径 d＝ 单模光纤的芯径。

（2）衰减系数 α

光纤衰耗是决定光纤系统传输距离的最重要因素，因此努力把光纤衰耗降到最低，是人们长期以来一直努力奋斗的目标。光纤的衰减系数指单位长度（通常是每公里）下光信号的功率衰耗值，用希腊字母 α 来表示，单位是 dB/km，其定义式如下：

$$\alpha = \frac{10}{L}\lg\frac{P_i}{p_O}$$

式中：Pi 为输入光纤的光功率；Po 为光纤输出的光功率；L 为光纤的长度(单位为 km)。

（3）截止波长 λ

指光纤中的各阶高次模的光功率总和与基模光功率之比下降到 10%时的工作波长。为此，ITU-T 定义了以下两种截止波长：

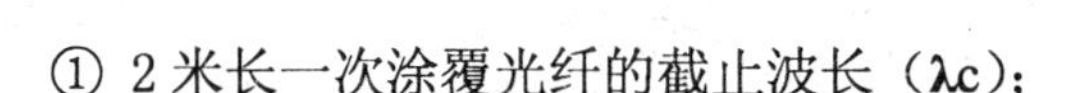

① 2 米长一次涂覆光纤的截止波长（λc）；

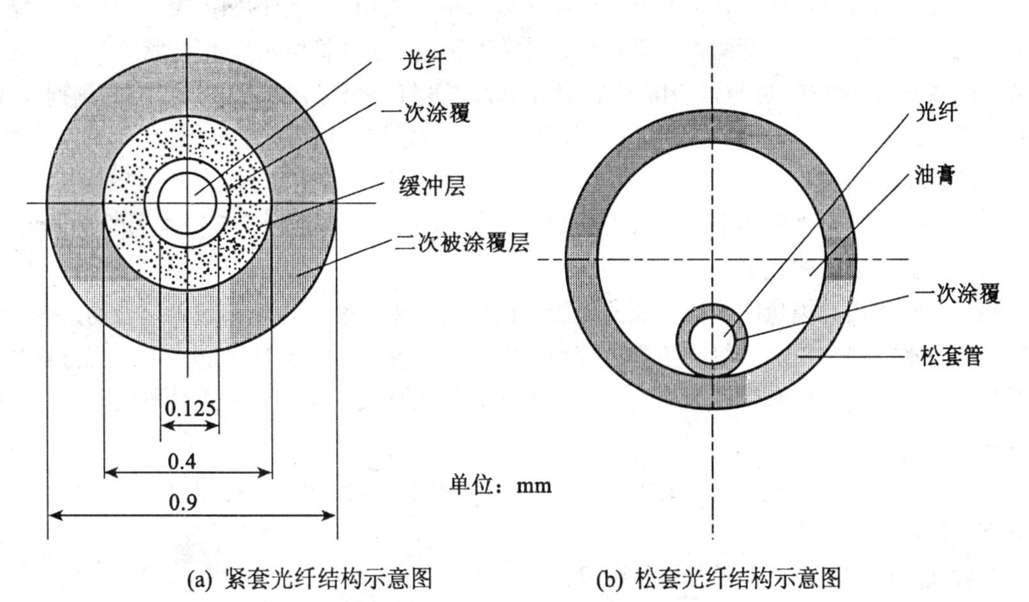

(a) 紧套光纤结构示意图　　　　(b) 松套光纤结构示意图

图 3.15　紧套和松套光纤结构示意图

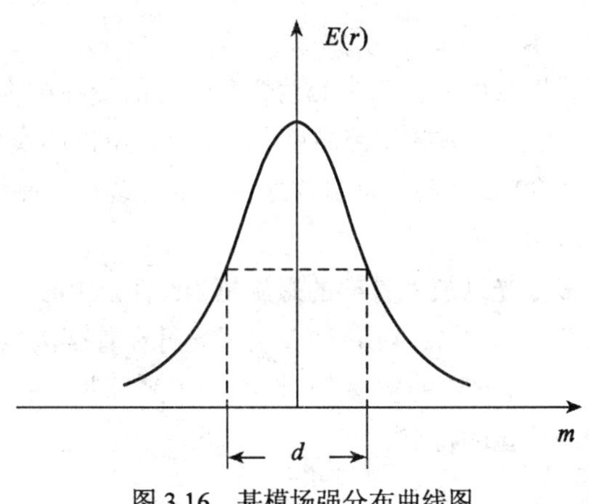

图 3.16　基模场强分布曲线图

② 22 米长成缆光纤的截止波长（λcc）。

（4）色度色散系数 D_λ

指单模光纤传输过程中引起的（光）脉冲展宽和畸变效应。

（5）零色散波长 λo

使光纤总的色度色散值为零的某波长值。

3.3.3　通信光缆与工程系统

与通信电缆类似，光缆主要由缆芯组合、加强元件和护套组合三部分组成，如图 3. 13 所示。

1. 缆芯组合简介

缆芯组合指光纤芯的组合，光纤芯的结构分为单位式和带状结构两大类，而单位式结构的光纤主要采用紧套和松套两种成纤结构，最常用的是“松套管结构”；而带状式光纤单元是将4～12根光纤芯线排列成行，构成带状光纤单元，再将多个带状单元按一定方式排列成缆。这种光缆的结构紧凑，可做成上千芯的高密度光缆。如图3.10所示。

2. 光缆结构介绍

光缆结构可分为“中心束管式”、“层绞式”、和“骨架式”三种，我国常用的是前两种。

（1）松套中心管式光缆技术

将光纤套入由高模量的塑料做成的螺旋空间松套管中，套管内填充防水化合物，套管外施加一层阻水材料和铠装材料，两侧放置两根平行钢丝并挤制聚乙烯护套成缆；其特点是：

①特有的螺旋槽松套管设计有利于精确控制光纤的余长，保证了光缆具有很好的机械性能和温度特性。

②松套管材料本身具有良好的耐水性和较高的强度，管内充以特种油膏，对光纤起到了良好的保护。

③两根平行钢丝保证光缆的抗拉强度。

④该结构适用于光纤数量较少的场合，一般不超过24芯；具有直径小、重量轻、容易敷设等特点。

（2）松套层绞式光缆技术

它是将若干根光纤芯线以强度元件为中心绞合在一起的一种结构，每个光纤束管可包含4、6、8、10或12根光纤。特点是成缆工艺简单，成本低，单位芯线数较少（不超过12根）。单根光缆包含的光纤容量为30~622芯，是目前最主要的光缆使用品种。

（3）骨架式光纤带结构室外光缆

这种结构是将单根或多根光纤放入骨架的螺旋槽内，骨架中心是强度元件，骨架上的沟槽可以是V型、U型或凹型（如图3.14所示）。由于光纤在骨架沟槽内具有较大空间，因此当光纤受到张力时，可在槽内作一定的位移，从而减少了光纤芯线的应力应变和微变，这种光纤具有耐侧压、抗弯曲、抗拉的特点。

3. 通信光缆工程系统

与通信电缆相似，通信光缆在室外以“外线光缆”的方式沿通信管道、架空吊线、地下直埋、水底敷设、沿墙壁钉固或槽道等若干种方式敷设，在局内机房中主要在光缆配线架（ODF）、用户终端盒等终端设备上成端，在室外及用户侧，则在光缆交接箱、光缆接头盒、用户终端盒（箱）等处成端。

光缆的连接分为“固定熔纤连接（法兰盘中）”和“光缆尾纤跳线连接（ODF跳纤盘上）”两种：光纤在法兰盘中，通过“光缆成端固定架”成端固定，剥出裸光纤，在法兰盘中与对端（单头尾纤或裸光纤）在“热熔管”的保护下进行“光纤固定（永久）熔接”，然后安置在“光纤接头固定槽”中，另一端则以“单端尾纤”的方式引出，连接到“光电转换（O/E）设备”或“光传输设备”中，进行下一步的信号转换。

通信光缆在通信系统中的连接关系及部分设备实物，如图3.17所示。

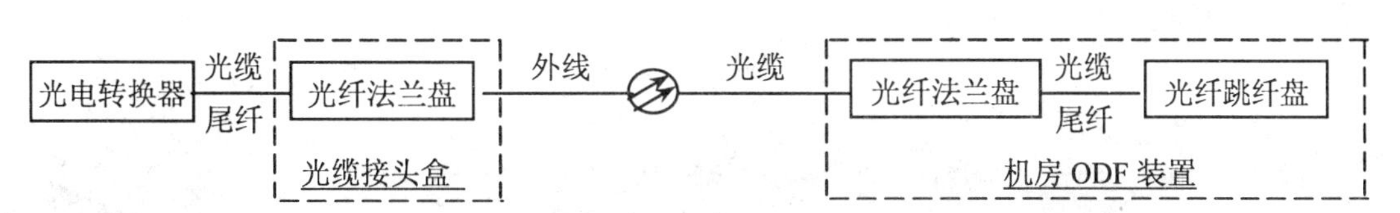

（a）光缆工程系统配置示意图

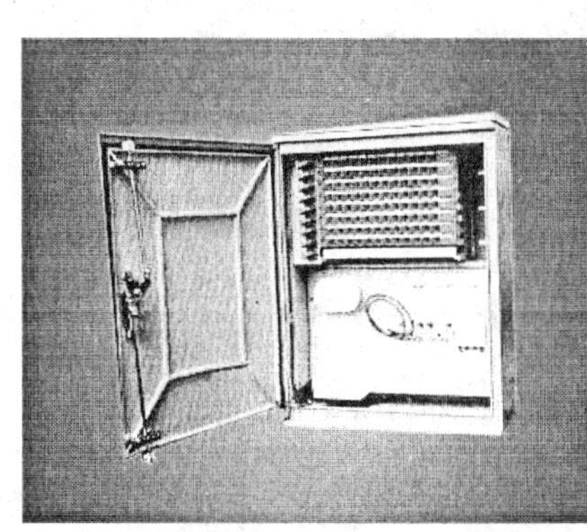

（b）光缆交接箱实物图

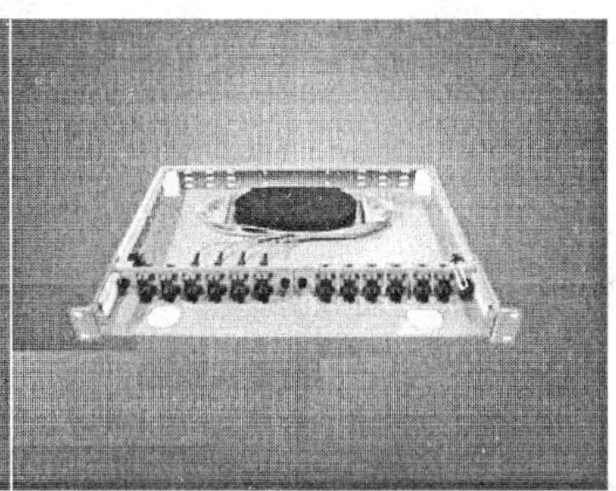

（c）光纤法兰盘+跳纤盘实物图

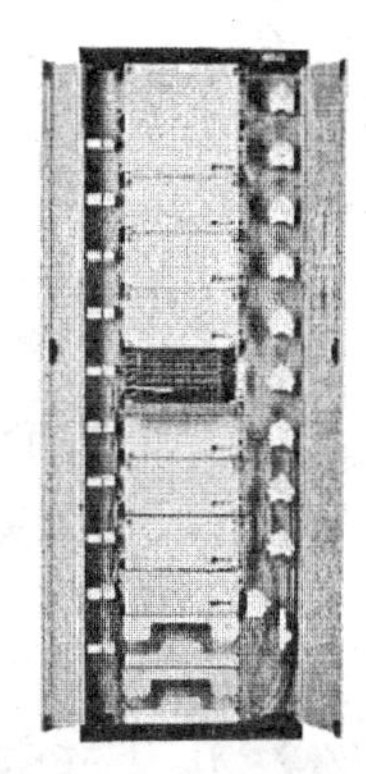

（d）光纤 ODF 机架实物图

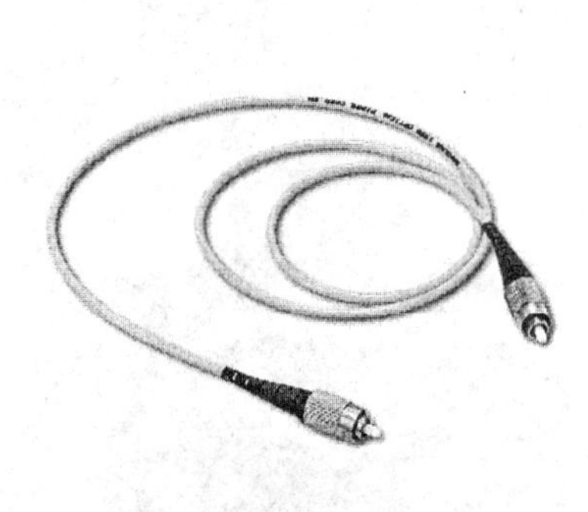

（e）光纤 FC/FC 圆形尾纤

（f）光纤熔接机 KL-200

（g）重复开启光缆接头盒

名　称	作　　用
光电转换器（E/O）	光电信号转换设备，将数字电信号直接转换为光信号
SDH 光传输设备	SDH 光电信号转换设备，将 2M 数字电信号直接转换为 SDH 光信号
光纤配线架（ODF）	包括光纤法兰盘和跳纤盘，外线光缆熔接形成固定接头，然后与局内设备尾纤跳接
光缆接头盒	包括光纤法兰盘和固定架，外线光缆在此固定接头，或接出尾纤连接 E/O 设备
光缆尾纤	一种室（局）内使用的光纤，单模为黄色，两端有固定的连接件（SC、FC 接头）

图 3.17　通信光缆敷设的系统组成与部分实物示意图

3.3.4　光纤光缆的接续与测试

1. 实地认识光纤光缆的实物与结构组成

光缆结构可分为“中心束管式”、“层绞式”和“骨架式”三种，我国常用的是前两种。

实际的光缆结构如图 3.18 所示。

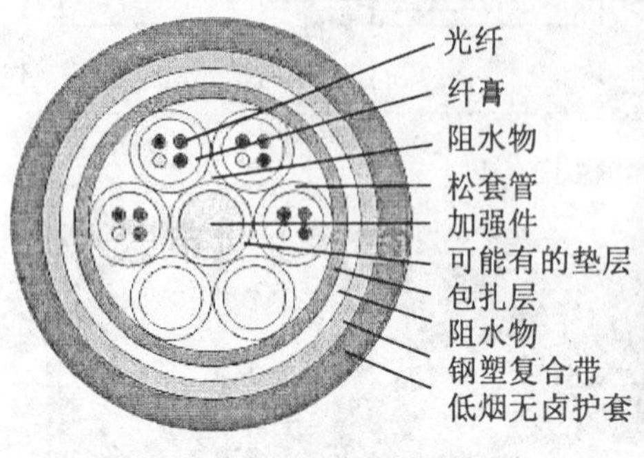

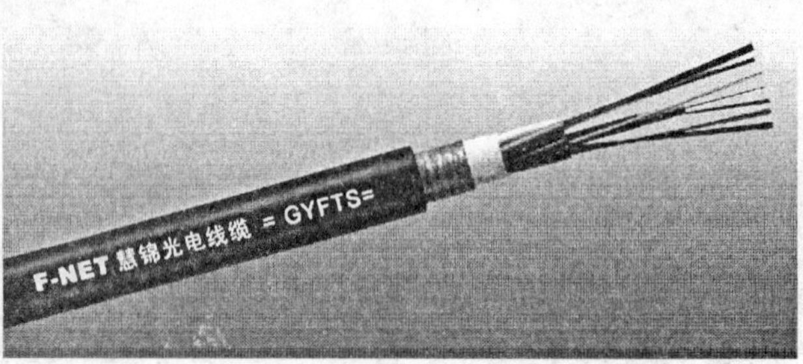

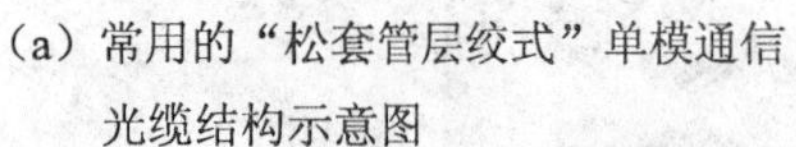

（a）常用的“松套管层绞式”单模通信光缆结构示意图　（b）光缆实物示意照片图

图 3.18　通信光纤光缆断面及直面图片

2. 认识光纤光缆的熔接工具与熔接机

认识光纤加工工具：以图 3.19（a）为“光纤光缆熔纤盘”和光缆开剥加工工具，自右至左依次为：

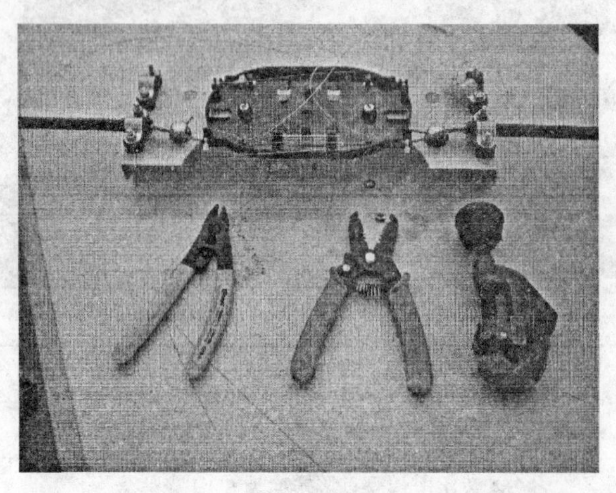

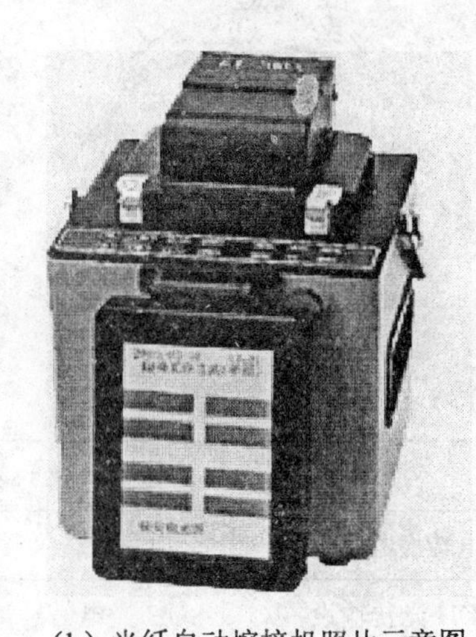

（b）“光纤光缆熔纤盘”和光缆开剥工具套件示意图　（b）光纤自动熔接机照片示意图

图 3.19　通信光纤光缆熔纤工具与熔接机图片

（a）光缆外护套开剥“滚刀”：对光缆外护套和金属护套割开口子，开剥光缆外护套。

（b）光纤松套管开剥钳：专门有各种“槽口”，开剥光缆的松套管。

（c）光纤涂覆层专用刮钳：用来刮开光纤外表层的涂覆层，以便裸露出真正的光纤。

（d）图 3.21 为“光纤光缆熔纤盘”：两端光缆固定，并在法兰盘上固定熔接好的光纤。

图 3.19（b）是“光纤自动熔接机”的照片示意图，光纤在切割出符合要求的“断面”之后，就用它来进行光纤的自动熔接。所以，图 3.20 显示的是专门的光纤断面切割刀工具。其作用就是将开剥出的光纤，经酒精棉球清洁后，用此刀切出专门的“熔纤端面”。

图 3.20　两种光纤熔接断面专用切割刀

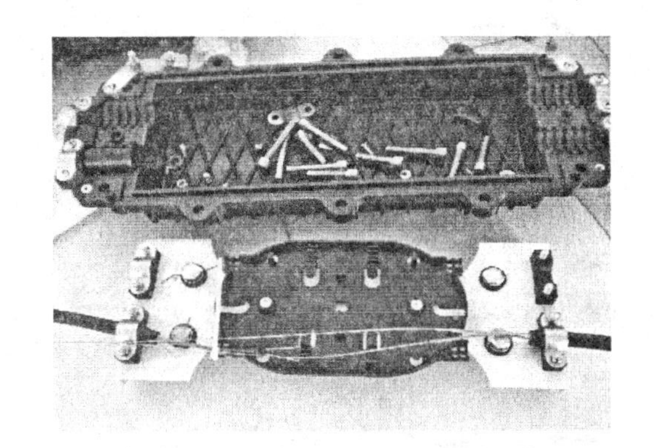

图 3.21　剥出的光纤松套管被固定在光缆接头盒的光纤法兰盘上

3. 实地认识光纤光缆的熔接过程与熔接机的使用

图 3.21 展示了剥出来的光纤固定在光缆接头盒的光纤法兰盘上的情景。下面介绍光纤熔接的方法。

第 1 步是“开剥光缆外护套”：用“滚刀”开剥光缆外护套；然后合力拉开光缆外护套，清洁光缆松套管，剪除光缆多余的填塞管和金属加强芯。如图 3.22 所示。

第 2 步是“光纤的清洁和切面”：用刮线钳刮掉光纤上的涂覆层（如图 3.22（a）所示），切割前需用酒精拭擦光纤去除杂污，切割时长度以 16mm 为准。然后光纤小心地放入切割刀，切出符合标准的光纤断面，如图 3.22（b）所示。

第 3 步是“光纤自动熔纤”：光纤套好“热熔管”，放入光纤熔接机中，进行光纤自动熔纤，直到熔接出衰耗不大于 0.05dB 的接头，即可完成，如图 3.23 所示。

（a）用刮线钳刮掉光纤上的涂覆层操作示意图

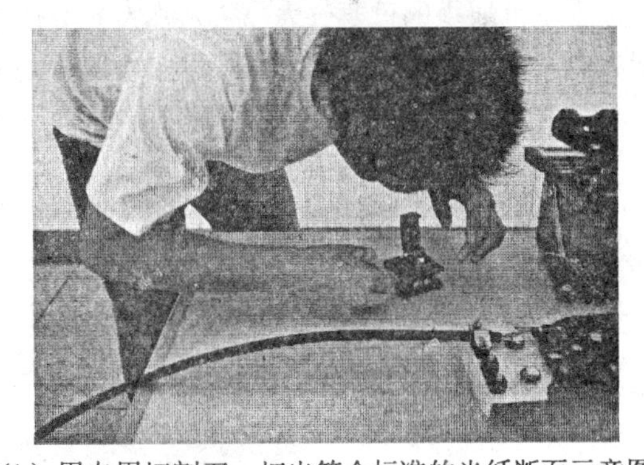

（b）用专用切割刀，切出符合标准的光纤断面示意图

图 3.22　光纤熔纤前的加工示意图：刮掉涂覆层，切出符合标准的光纤“断面”

具体的光纤自动熔接机操作过程如下：

①打开光纤熔接机的加热盖和左右光纤夹；

②打开防风盖取出熔接部位光纤，按下 Reset 开关；

③把光纤保护套管(FDS-1)，也就是“光纤热熔管”轻轻移到熔接部位；

④轻轻拉直光纤熔接部位，放入加热器中，使左侧光纤夹合上；

⑤轻轻拉直光纤熔接部位，使右侧光纤夹合上，然后关闭加热器盖。（注：1. 保护光纤

笔直；2. 防止灰尘及粘状物进入保护管内）；

⑥按下开关，加热，蜂鸣器响起后，表示熔接完成，即取出接头，熔纤完成；

⑦熔纤质量评估：光纤固定接头熔接损耗≤0.05dB；

⑧熔纤过程中注意观察光纤熔接机的屏幕显示。

（a）光纤套好“热熔管”，放入熔接机中

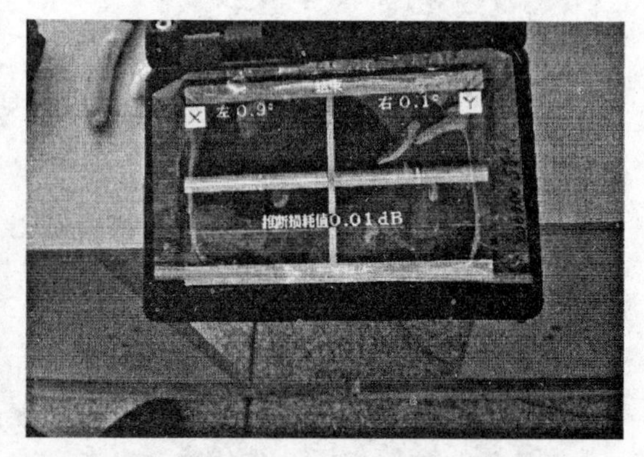

（b）光纤的自动熔接成功：衰耗正常

图 3.23　光纤自动熔纤的过程示意图

4. 光时域反射仪(OTDR)简介

光时域反射仪(OTDR：Optical Time Domain Reflectometer)，又称“后向散射仪”或“光脉冲测试器”，可用来测量光纤的插入损耗、反射损耗、光纤链路损耗（总衰耗）、光纤长度、光纤故障点的位置，以及光功率值在光纤路由长度各点的分布情况（即 P-L 曲线）等，具有功能多、体积小、操作简便、自动存储与自带打印机等诸多特点，是光纤光缆的生产、施工及维护工作中不可缺少的重要仪表，被人称为光通信中的“万用表”。下面以常用的惠普公司 Hp-8147 型光时域反射仪(OTDR)为例，介绍该类测量设备的结构组成、工作原理与操作方法。

图 3.24 示出了 OTDR 的原理结构框图。图中光源（E/O 转换器）在“脉冲发生器”的驱

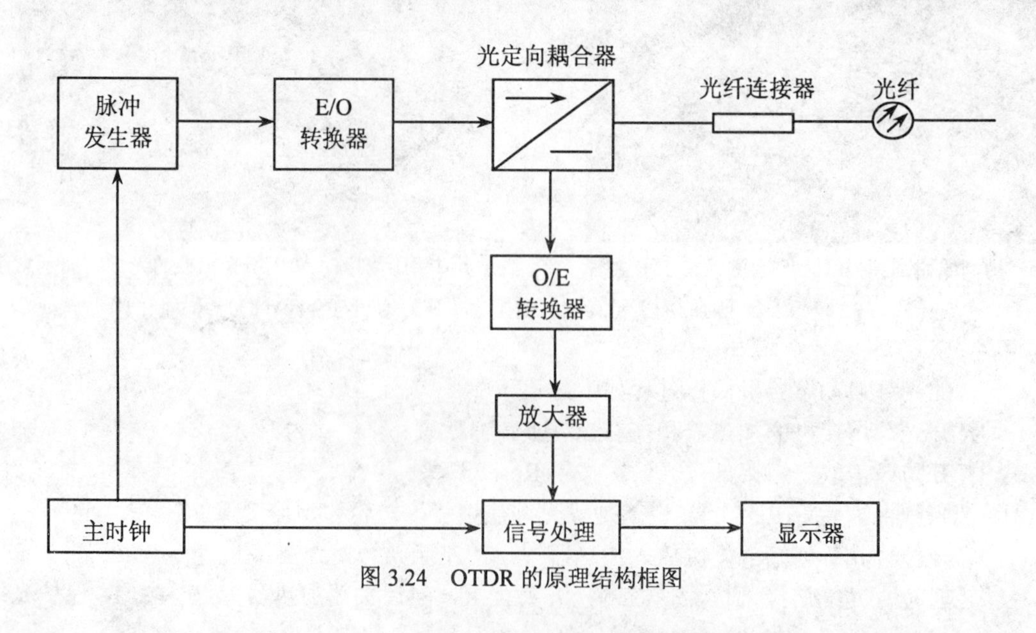

图 3.24　OTDR 的原理结构框图

动下，产生窄光脉冲，经“光定向耦合器”入射到被测光纤中；在光纤传播的过程中，光脉冲会由于“瑞利散射”和“菲涅尔反射”产生反射光脉冲，该反射光沿光纤路径原路返回，经“光定向耦合器”后由光纤检测器（O/E 转换器）“收集，并转换成电信号；最后，对该微弱的电信号进行放大，并通过对多次反射信号进行平均化处理以改善信噪比后，由 OTDR 显示屏直观地显示出来。

OTDR 显示屏上所显示的波形，即为通常所称的“OTDR 后向散射曲线”，由该曲线便可确定出被测光纤的长度、衰耗、接头损耗以及判断光纤的故障点或中断点，分析出光纤沿长度的分布情况等参数。

3.4 通信线缆专用路由的工程建筑方式

通信线缆（主要是通信光、电缆）从用户端到达专业通信机房之间，都是沿着专门建筑的“通信线缆专用路由”敷设进行的，如图 3.25 所示。这是一个“全程化、专业化的通信专用路由系统”。

通信光电缆的专用路由，主要有两大类：一是沿道路、空地的地下建设的“通信地下专用管道路由或直埋路由”和电线杆等架设在空中的“吊线式（镀锌钢绞线）架空路由”；二是在各类楼房和建筑物内建设的“通信线缆专用线槽敷设路由”和“通信线缆沿墙钉固敷设路由”。另外，进入到通信专用机房后，各类通信线缆，将沿着专门建设的“线缆走线槽、架”敷设到各个机房内，在各类配线架，或是通信机架上“成端”固定起来。为便于理解和学习，特将各类通信路由的种类和特征，汇总列表于图 3.25 中。

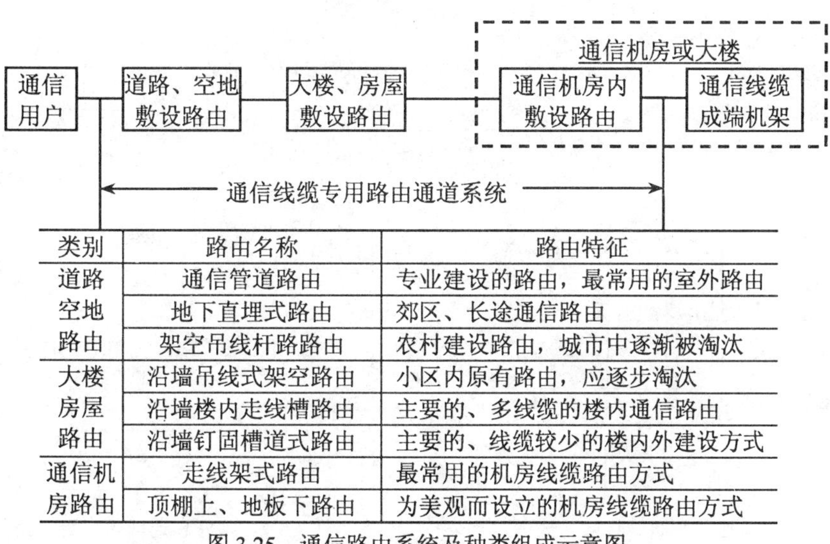

类别	路由名称	路由特征
道路空地路由	通信管道路由	专业建设的路由，最常用的室外路由
	地下直埋式路由	郊区、长途通信路由
	架空吊线杆路路由	农村建设路由，城市中逐渐被淘汰
大楼房屋路由	沿墙吊线式架空路由	小区内原有路由，应逐步淘汰
	沿墙楼内走线槽路由	主要的、多线缆的楼内通信路由
	沿墙钉固槽道式路由	主要的、线缆较少的楼内外建设方式
通信机房路由	走线架式路由	最常用的机房线缆路由方式
	顶棚上、地板下路由	为美观而设立的机房线缆路由方式

图 3.25 通信路由系统及种类组成示意图

下面分别介绍这三大类建筑方式的组成结构与建筑工作原理。

3.4.1 通信地下专用管道敷设方式

地下通信管道，是专门用来敷设通信外线（光、电缆）的专用线缆路由，连接电信局机房与各种通信用户，通常建在马路的两侧，人行道的地下 0.5~1.2m 处，以及住宅小区的地下 0.4~1.2m 处，如图 3.26 所示。是目前通信线缆敷设的主要建筑方式。该方式具有不影响市容美观、通信容量大、对通信光电缆的保护力度强、对通信线缆的新建和调配能力高等诸多优点，随着我国城市化进程的不断深化发展，可以预计，在城市里的各种通信线缆，将全部采用专用通信管道的方式进行敷设。

1. 通信管道的系统组成

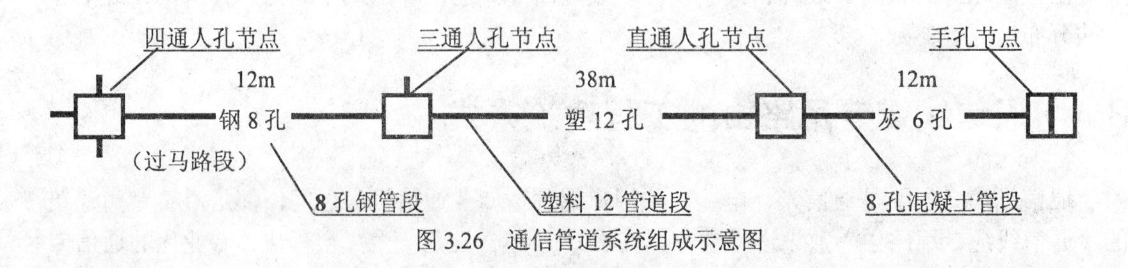

图 3.26　通信管道系统组成示意图

如图 3.26 所示，通信管道由“人手孔节点”和“管孔段”2 部分组成。通信线缆，在管孔段中穿管敷设，在人（手）空中引上或成端处理。标准通信管道的内孔直径为Φ900mm。

组成通信管道的材料，目前主要有聚氯乙烯（PVC）塑料组成的通信专用管材、通信混凝土管块和镀锌钢管三种，钢管一般用于横穿机动车路面的地方；原先通信行业较多使用通信混凝土管块作为管道材料，尽管价格较低，但它具有施工周期长、工艺要求高（错孔率大）、对通信电缆的光洁度不够高等缺点；随着化工工业的不断发展，塑料专用管材的工艺质量不断提高，价格不断降低，其施工工艺简单、周期短、老化性能好、对通信电缆的摩擦光洁度高等优点日益得到体现。所以，目前在通信管道的建设中，普遍使用的还是“专用通信塑料管材”。常用的通信塑料管材，其规格通常是：“Φ102（外径）×10（壁厚）mm，单端胀口 PVC 塑料管”，每根 6m 长。如图 3.27 所示。

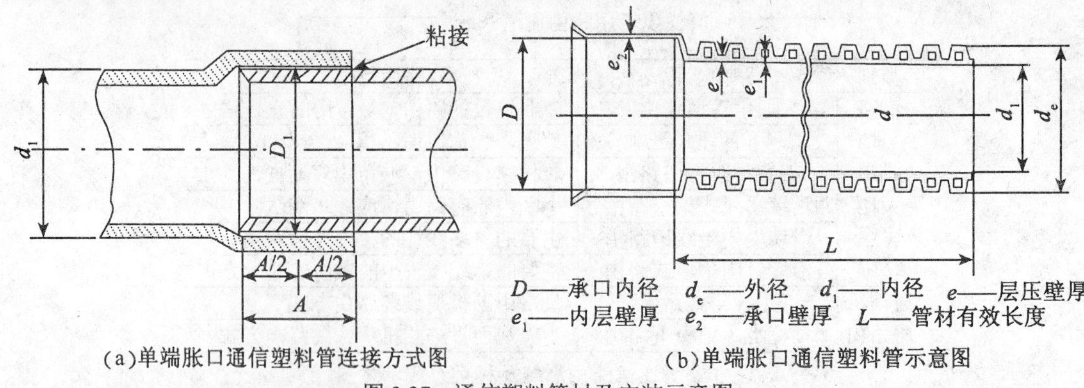

(a)单端胀口通信塑料管连接方式图　　(b)单端胀口通信塑料管示意图

图 3.27　通信塑料管材及安装示意图

“管道节点”分为人孔（18 孔以上用）和手孔（16 孔以下用）两种。通信人孔体积较大，分为大、中、小三种规格，及直通、三通和四通等方式，如图 3.26 所示，是由“砖砌墙体”和“混凝土预制上覆盖板（含圆形铸铁口圈）”，以及其他附属物三部分组成。人孔的内空 1.8m，四周是专用电缆托架，光电缆敷设和接头固定之用。通信管道的建设情况，如图

3.28 所示。由通信管道人孔、通信管道沟、塑料管材、管材固定支架等部分组成。

通信手孔体积较小，通常深 1 米，为长方形，其方型口圈盖板的形状，即为其四周尺寸的实际大小。人手孔使用情况一览表如表 3.7 所示。

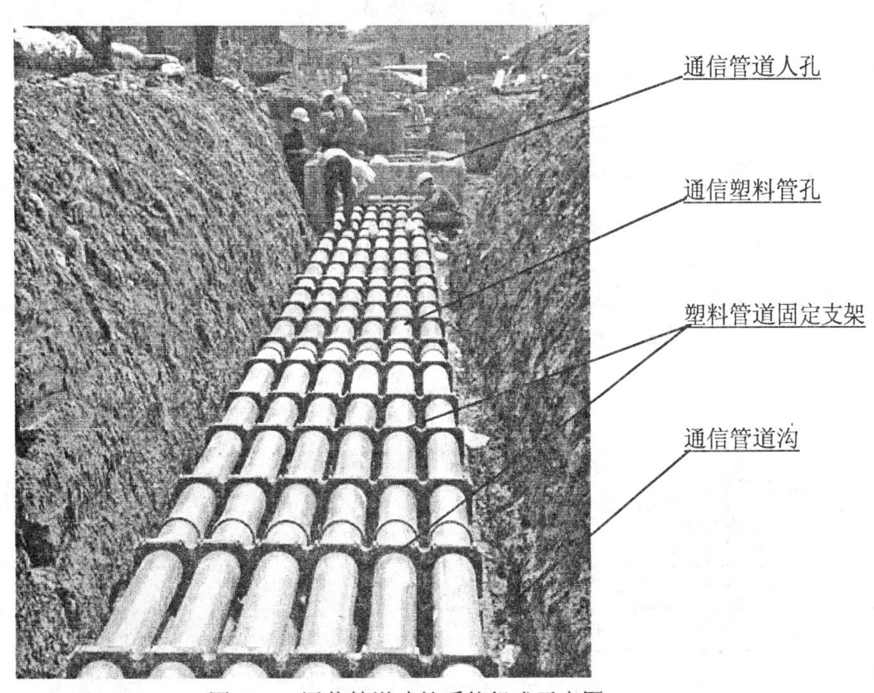

图 3.28　通信管道建筑系统组成示意图

表 3.7　　人手孔使用情况一览表

类型	管道容量	口圈盖板	适用环境
小号手孔	1~2 孔	1 块方形盖板	光电缆成端引上，终端手孔
1~2# 手孔	2~8 孔	1~2 块方形盖板	1.直埋路由；2.住宅小区简易管道；3.道路通信管道
3~4# 手孔	9~16 孔	3~4 块方形盖板	
小号人孔	18~24 孔	圆形铸铁口圈 1 个	1.住宅小区简易管道；2.道路通信管道
中号人孔	24~36 孔		
大号人孔	36 孔以上		

2.　通信管道的建设原则

①通信管道是通信线路的配套设施，应根据通信外线光电缆的路由取向和中远期（5 年以上）外线敷设数量，合理确定通信管孔的数量和路由方案，以及节点人手孔规格。

②通信管道一般应建在人行道路上；穿越机动车路面时，应采用镀锌钢管，其他情况宜采用 PVC 塑管或 PE 塑管。由于塑管在抗老化、表面光洁度和施工方便程度上远远优于通信混凝土管块的建筑方式，目前的通信管道施工均普遍使用塑管代替原来的通信混凝土管块。

③通信管道应建有一定的坡度，使其内部的污水能自然清除干净，规定的通信管道坡度

为 0.30%~0.40%，最小不得低于 0.25%。管道坡度，应按道路的自然坡度，综合设置。如图 3.29 所示。

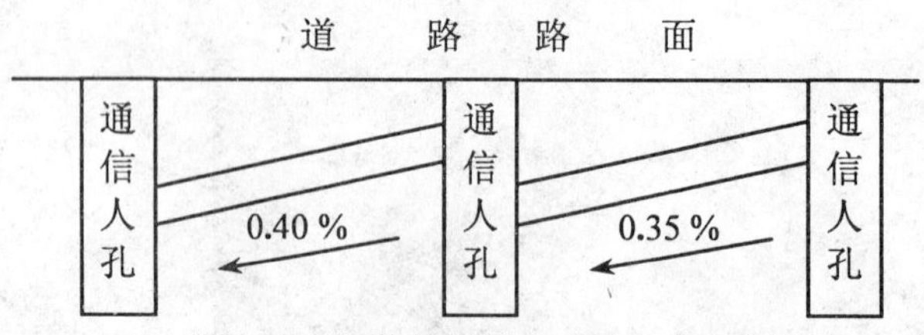

图 3.29　通信管道坡度建筑方式示意图

④通信管道与建筑物的距离，应保持在 1.5m 以上，与行道树、人行道边石的净距离应大于 1.0m。若必须建在车行道时，应尽量靠近道路的边侧，与路边距离不小于 1.0m。

⑤通信管道在地下的埋设深度，应按表 3.8 的要求执行。

表 3.8　通信管道埋设深度表

管道程式	人行道（米）	车行道（机动车道）（米）	住宅小区内（米）
塑料专用管	0.5	0.7	0.4
镀锌钢管	0.2	0.4	0.4
混凝土管块	0.5	0.7	0.4

⑥通信管道的设计图纸分类：通信管道设计，应绘制下列设计图纸：

a．通信管道总平面系统图：说明通信管道的所有“平面上分布延伸”的情况的设计图纸。

b．通信管道平面-纵剖面系统设计图：说明通信管道工程设计技术实施方案和工程参数。

c．通信管道横断面设计图：规定了通信管道在地下的具体的设计断面情况。

d．人手孔标准示意图：配套的管道节点的建设情况。

3.4.2　镀锌钢绞线架空路由敷设方式

镀锌钢绞线，是指 7 股Φ2.0mm 或 7 股Φ2.2mm 规格的镀锌铁丝,相互纽绞形成“镀锌钢绞线”，作为吊线，承载通信光电缆的“架空敷设”形式，如图 3.30 所示。

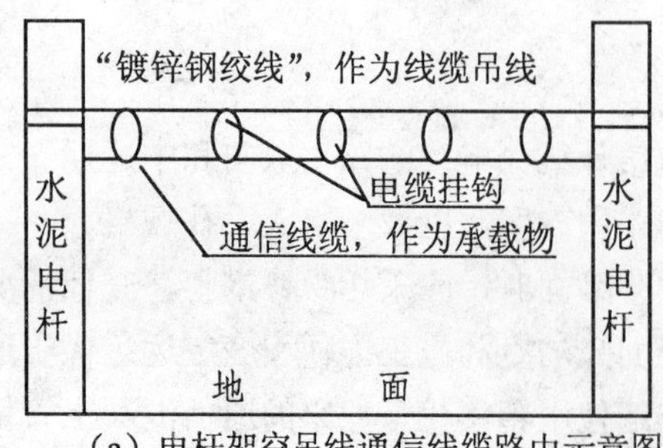

（a）电杆架空吊线通信线缆路由示意图

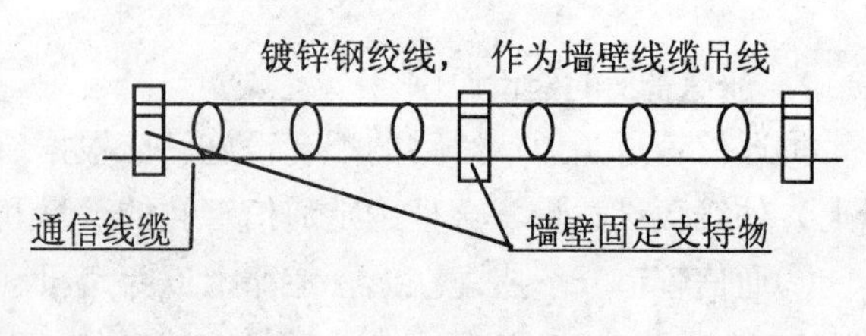

（b）墙壁架空吊线通信线缆路由示意图

图 3.30　电杆/墙壁架空吊线通信线缆路由建筑示意图

架空路由是传统的通信线缆敷设方式，按照使用的场合不同，分为“电杆架空吊线”和“墙壁架空吊线”两种方式，其特点是建设速度快，成本低；缺点是承载的线缆容量小、对城市市容的美观，影响较大，所以城市通信系统将逐步淘汰这种外线敷设方式，使城市通信管线地下化，隐蔽化；达到美化市容的目的。

3.4.3　其他敷设方式

其他的方式是“专用线槽敷设方式”、“沿墙钉固敷设方式”和“通信机房内部走线架等敷设方式”三种，分别加以说明。

1. 专用线槽敷设方式

这类敷设方式，主要是在建筑物内，将各类通信线缆集中敷设的需要，形成一个集中布放的电缆槽道。在通信线缆较多的情况下，设立专门的“吊挂-封闭式”专用电缆槽道（其金属外壳接地保护）；而在线缆较少的情况下，可沿墙壁设置简易的“小型塑料电缆槽道”，这种小型电缆槽道，要便于开启，方便线缆施工和检查的需要。

2. 沿墙钉固敷设方式

这类敷设方式主要是在建筑物外，将2~3根通信线缆从管道里引入建筑物内的需要，和住宅小区，同一栋大楼不同单元之间的配线方式。

这种敷设方式，是直接用“膨胀螺栓塑料电缆卡”，将通信线缆固定在建筑物的外墙壁上，该敷设方式的每根通信电缆容量一般都较小，不超过200对，外径不超过Φ45mm。

3. 通信机房内部线缆敷设方式

在通信机房内部，通常采用两种线缆的敷设方式。一种是“走线架式敷设方式”，另一种就是机房的装修天花板上、防静电活动地板下的“隐蔽式”敷设方式。下面，分别简述这两种方式。

机房内部，最常见的就是走线架式的线缆敷设方式。该方式是由两边的L50×50mm镀锌角钢作两边的框架，中间每隔300~500mm配以50mm×4mm镀锌扁钢作支持物，形成“架空式走线支架”的方式。如图3.31所示。

（a）水平式走线架　（b）垂直式走线架　（c）水平式走线架在机房内的实际配置图

图3.31　机房走线架系统配置实物图

第二种方式是“隐蔽式线缆敷设方式”：在装修过的天花板上，或是活动地板下的通信线缆敷设方式。这种方式的好处是隐蔽性好，机房内美观、整洁。但缺点也很明显：就是线缆检查和再次敷设时，工作量大些——要事先翻起地板等掩饰物。并且，容易受到“老鼠”等外界因素的干扰和破坏。所以，通信专业机房，较少使用这种线缆敷设方式。

3.5　本章小结

本章是对整个“通信传输媒介系统”的一个“全面完整”的论述。共分为三个部分：第 1 节是对通信系统与传输介质的各个种类与传导原理的概论，第 2~3 节分别论述了现代通信工程中最常用的两类“通信电缆”和“单模通信光缆”的结构组成与系统工作原理；第 4 节简述了与通信线缆配套的通信专用室内外路由建筑方式，主要是通信管道方式和建筑物综合布线方式。

第 1 节通信系统的硬件组成概论，是对通信传输介质的各个种类与传导原理的概论，使读者对主要的通信传输介质与系统及其工作原理建立初步的认识。要求认识各类通信介质及其工作原理。

第 2 节通信双绞线全塑电缆，详细介绍了两种通信电缆双绞线的结构与系统工作原理，以及常规通信电缆的配线方式。要求读者掌握市内通信电缆双绞线的结构与系统工作原理，以及常规通信电缆的配线方式；认识计算机网络双绞线电缆的结构与工作原理。

第 3 节通信（单模）光缆系统，从光纤光缆的结构和导光原理，以及光纤光缆的型号和工程系统等各个角度，描述了常见的单模光纤光缆系统的基本系统组成和工作原理；使读者对目前常用的光纤光缆通信系统有一个全面的基本的认识。要求掌握光纤的材料组成与导光原理、光纤的参数概念与光缆的系统组成；认识光缆的型号、光纤熔接与测试原理与使用的仪器。

第 4 节通信线缆工程建筑方式，从道路路面和建筑物内两个方面分别介绍了常用的通信线缆的建筑方式与建设技术；使读者对常用的通信线缆的建筑方式和实际的建设技术有一个基本认识。要求掌握通信管道的建筑方式与建筑特点，以及建筑物内专用通信槽道和钉固路由建设方式等专业通信线缆附设技术。认识道路上的架空线缆建筑方式、直埋建筑方式等其他辅助建筑方式。

◎ 作业与思考题

1. 简介信号的有效带宽的概念，并简介信号在通信介质中成功传输的两个条件。
2. 简述通信传输介质的概念和种类，最常用的有线介质是什么？
3. 简述通信双绞线电缆的抗干扰原理、线缆种类和对应的使用环境。
4. 列表简述“通信全塑市话电缆”的种类、使用环境和标称线对数。
5. 简述市话通信电缆的组成、分类编号、敷设方式与连接系统，绘出相应系统图。
6. 简述电缆分线设备的种类和作用。
7. 简介通信电缆的配线技术及其使用情况；并介绍电缆的接头情况。
8. 介绍计算机局域网“双绞线电缆”情况。
9. 简述“通信全塑市话电缆”的成端设备种类和各自的结构组成与工作原理。
10. 介绍通信光缆的组成、工作原理、技术参数和光纤种类。
11. 简介通信光纤的导光原理、光缆的组成原理。

12. 简介通信光缆的敷设系统与相关的组成设备工作原理。

13. 简述光缆的熔接方法、使用仪器与工作流程。

14. 绘图简述通信管道建筑方式的系统组成和建设原则。

15. 简介通信架空线缆的建筑方式和建设特点。

16. 分别介绍建筑物内的两种通信线缆建筑方式。

17. 根据书中所讲内容，按照“内容、组成（或结构）、作用和特点”四个方面，解释下列本章的专有名词。

（1）信息传输介质（2）无线通信介质（3）微波（4）红外线（5）无线电波（6）通信双绞线（7）电话电缆保安总配线架 MDF（8）市内电话通信电缆（9）计算机用双绞线电缆（10）通信电缆交接配线（11）通信电缆直接配线（12）屏蔽型五类双绞线 STP（13）网线配线排 IDF（14）电话通信电缆接头（15）双绞线电缆的成端（16）计算机网线电缆的测试（17）通信光纤（18）通信光缆（19）光缆尾纤、（20）光缆配线架 ODF（21）通信光缆接头（22）光纤衰耗系数（23）光纤模场直径（24）光纤截止波长（25）通信线缆路由（26）通信管道路由方式（27）通信管道人孔（28）通信管道手孔（29）通信管道平面-纵剖面二视图（30）通信架空路由方式（31）通信线槽路由方式（32）通信钉固式路由方式

第4章 通信机房的系统组成

通信机房，是通信网络的核心枢纽，起到通信传媒的汇聚、通信业务的收集与信息的转换与交换的作用。所以，对通信专业机房的全面认识和系统配置的了解，是通信行业的必须要掌握的基本内容之一。本章从“机房概述”、“配线架系统”、“各类机架系统”、“通信电源系统”等几个方面，简要论述通信机房系统组成、作用和配置情况，使读者对通信机房内的各种设备，有一个全面、初步的认识。

本章学习的重点内容:

1. 通信机房的种类、系统组成和三大特征;
2. 通信机房线缆成端配线架系统;
3. 通信设备的业务机架组成;
4. 通信光传输机房、监控机房和电源机房的系统组成与作用。

4.1 通信机房系统概述

4.1.1 通信中心机房概述

通信机房，按照规模和监控方式，分为有人值守的“中心机房”和无人值守的“节点机房”两大类。通常，在一个城市中，通信网都要设置两个以上的通信“中心机房”，以保证整个通信网络的安全性。

中心机房是由通信电缆测量室（通常在1楼）、交换、宽带业务接入机房（通常设在2楼）、光纤传输机房（通常设在3楼），以及系统监控室、通信专用电源与电池室等专用机房组成。典型的“大型有人值守电信局机房组成”，和系统格局安排，如图4.1所示。

图4.1中，中心机房为4层“电信大楼”的格局。首先，大楼的“地下进线室”将外线通信管道与机房之间的各类通信光电缆通道“沟通”起来，形成完整的“通信线缆通道系统”；其次传统的电话通信电缆，均成端在1楼的“通信测量室”内的总配线架上，而各种光纤光缆，则成端在2楼或3楼的“光纤配线架（盒）ODF”上，加上光传输机房内的“数字配线架DDF”，形成了完整的“配线架系统”。传统的“电话业务”程控设备，和新兴的“互联网宽带业务”交换机、路由器设备机架，均设置在2楼的业务机房内，形成“通信业务机房系统”；3楼是“长途光传输机房”，安置的是传统的、长距离的（包括长途网、本地网，以及与其他网络之间的）各类光传输设备，和光纤配线架ODF，以及数字配线架DDF等传输设备，形成光纤光缆传输设备机房；而4楼，则配置了24小时有人值守的“实时监控系统机房”，通常是监控各个专业的、各个节点机房的通信设备系统，以及各条通信线路系统。

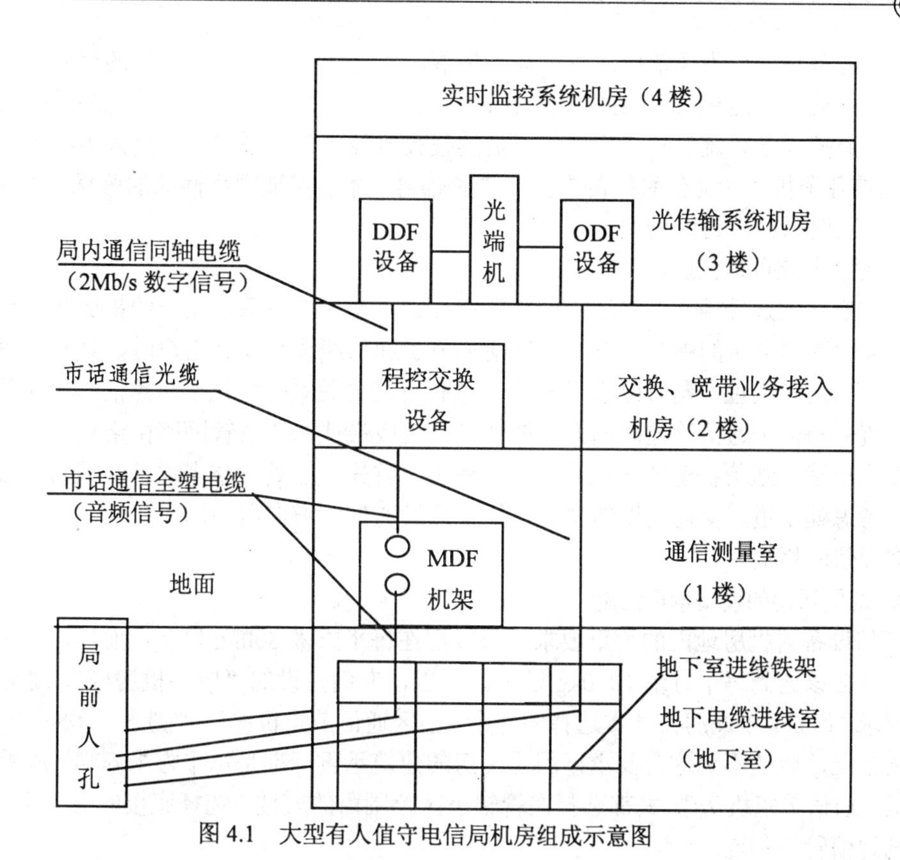

图4.1　大型有人值守电信局机房组成示意图

4.1.2　通信节点机房概述

节点机房，是指各个接入网区域内的、无人值守的“通信机房”。这类机房，通常设在居民小区内、或是该接入网的某建筑物内，通常只有1间20~30平方米的房间。里面，包括了机房内走线架（槽）系统、光电缆配线架系统（MDF、ODF）、电话和宽带互联网业务设备、通信电源设备和监控-防护设备等各类通信设备。可谓“麻雀虽小，五脏俱全”。与外界的线缆通道，一般是通过“机房前人孔”和地下槽道或是地下管（通）道等方式组成的。机房内部，则设置“光电缆走线架”，供各类线缆敷设、成端之用。

4.1.3　通信机房的特征

通信机房作为通信网络的核心枢纽节点，具有以下几个要素和特征。

1. 通信机房的三大作用

首先是用户线缆的“汇聚成端”作用。通信机房采用各类“配线架”和通信业务设备，将连接至千家万户的各类通信线缆汇聚到机房内，组成通信“星形网络”的格局，为社会大众的用户提供信息交流的通道。

其次是形成通信信号的“信息交换和处理”作用。通信机房采用各类通信业务设备，将用户传来的信息，实时转换，并“交换”到对端用户的信息通道中——也就是“实时的沟通用户之间的通信”，及时地为社会大众的用户提供信息交流的通道。

再次，是形成各类通信业务的“业务开展与维护”作用。通信机房内的各种业务设备，和各种新业务设备，为通信用户各类业务拓展、业务维护，提供了良好的有效的环境，各类新业务的开展，都是在机房内的通信设备上展开的。另外，通信网的监控和维护处理，都需要“集中监控设备系统”和相应值班人员的昼夜监控工作，形成一个全天候的“实时监控系统”，监控各个机房和通信系统的参数与告警信号，才能保证网络性能的可靠和稳定。一旦发现问题，及时得到合适的处理。

2. 通信机房的最佳选址

通信机房的选址地点，与通信网络的组成，有密切的关系。最佳的机房选址地点，应该是整个通信网络区域的中心位置，这样便形成了通信线缆敷设到用户时，具有最短的距离。

通信机房的选址，与外线管道网络，也有直接的关系——位于道路的“十字路口”，为最佳位置——便于通信管道向四面延伸敷设，组成最佳的通信管网路由格局。

如上所述，通信机房的选址，应均衡考虑：首先，应处于整个通信区域的中心位置。其次，应考虑处于道路交通的枢纽位置，便于建设通信管道向四面用户延伸，以形成“星形网络”的通信网格局。

3. 通信机房的设备承重问题

通信设备对机房地面的承重要求，一般都在每平方米800kg以上；而通信规范要求的机房承重，应该达到每平方米1000kg以上。所以，专门建设的“中心机房楼”，通常都能满足这个要求，但是，以民房为基本选择的各个“小区通信节点机房”，当选择二楼及以上楼房时，通常的情况，就达不到这个要求，因为民房的建筑承重标准是每平方米600kg，所以，无人值守的“通信节点机房”，大都选择在管辖小区范围内的底楼。选择底楼的另一个优点，就是便于与通信管道相连。

4.2 通信机房配线架系统

通信系统的各类外线光电缆，都将在通信专用机房或专用机柜内 “成端固定下来”，这个成端固定的机架或装置，就是各种“配线架”或“配线箱”。目前常见的配线架，根据成端光电缆种类的不同，有四种类别，如表4.1所示。

表4.1　机房配线架种类和功能介绍表

序号	成端线缆	配线架名称	作 用
1	电话电缆	总配线架（MDF）	成端电话外线电缆、交换系统和宽带ADSL系统的局内电缆，以“机架内部跳线”的形式，将外线用户，与机房（程控）交换设备和ADSL宽带互联网设备相连接起来。并具有自动强电保护作用
2	宽带双绞线电缆	网线配线排（IDF）	成端宽带网线电缆和机房内的互联网设备网线电缆（局内电缆），然后通过机架内的网线跳线，将内、外线连接起来
3	同轴电缆	数字配线架(DDF)	成端电话交换系统和光传输系统两边的内线同轴电缆，然后以“机架内跳线”的形式，将两边的线路联通
4	光纤光缆	光纤配线架(ODF)	成端外线光缆和来自于光传输系统的光纤光缆，然后通过“光缆尾纤”，将二者连接起来

由表 4.1 的“功能栏”可以看出，跳线配线架的主要作用，一是将内外线光电缆固定成端下来，二是将这些内外线媒介，通过各类“跳线”的方式，一一连接起来。下面，分别介绍这四种配线架情况。

4.2.1　电话电缆总配线架（MDF）

电话电缆总配线架（MDF），是成端和连接电话外线电缆和程控交换设备与宽带 ADSL 内线电缆的“电缆汇聚机架”，外线和内线电缆，分别成端在其两边的“直列配线端”和“横列配线端子板”上，中间，用架内跳线，分别连接起来。如图 4.2（a）所示。

电话电缆总配线架（MDF），通常设置在中心机房的一楼，电缆进线室的楼上，该机房又被称为“通信测量室”：如图 4.2（c）、（d）所示，主要由总配线架设备（MDF）、外线电

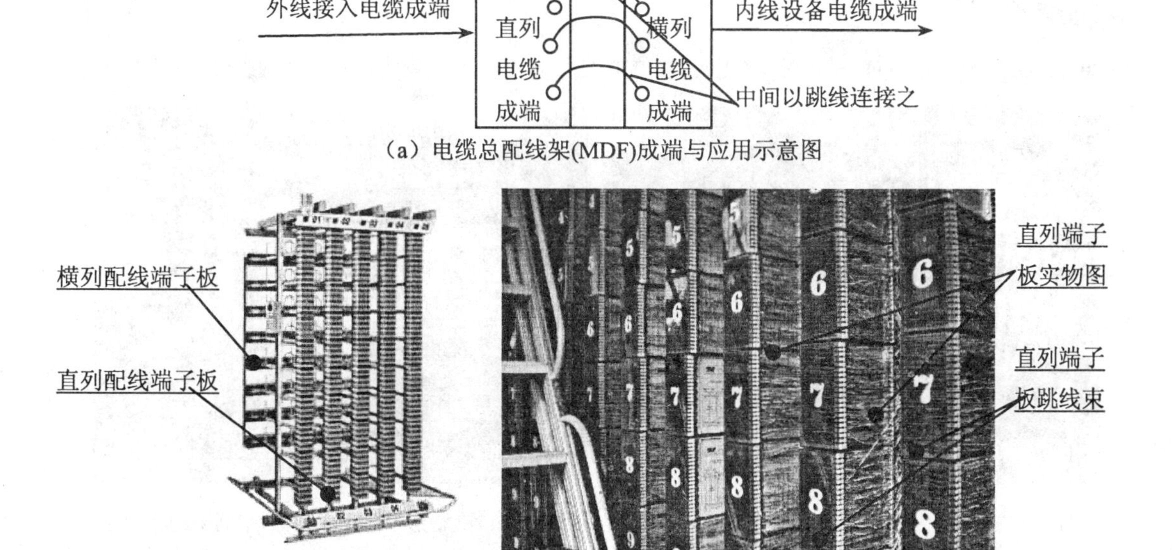

（a）电缆总配线架(MDF)成端与应用示意图

（b）电缆总配线架实物图

（c）电缆总配线架直列端子板实物图 1

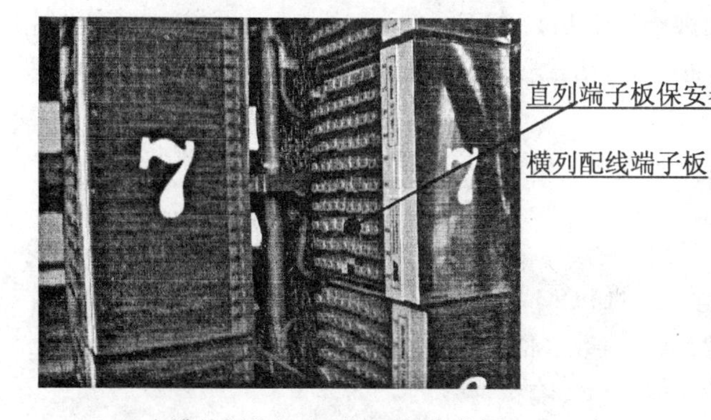

（d）电缆总配线架直列端子板实物图 2

（e）电缆总配线架横列端子板实物图

图 4.2　电缆总配线架系统与实物组图

缆监控测量设备，以及电缆上线架等设施组成，因进行外线测量的操作而得名。

通信测量室，通常设置在一楼，主要由总配线架设备（MDF）、外线电缆监控测量设备，以及电缆上线架等组成，是外线用户电话电缆的成端跳线（MDF 机架纵列上）、测量监控机房。电话程控交换设备和 ADSL 设备的局内电缆，也在该机房的总配线架（MDF）横列端子板上成端。内外线用户通过“MDF 跳线”连接。

4.2.2 宽带互联网电缆“网线配线盘”（IDF）

主要是由“110 型网线成端配线盘（19 英寸宽、1U）”和“网线理线架（19 英寸宽、1U）”等标准 19 英寸宽度的网线成端单元组成。通常与宽带交换机设备等，一起安装在 19 英寸标准机架上，作为宽带设备的一个组成部分。如图 4.3 所示。

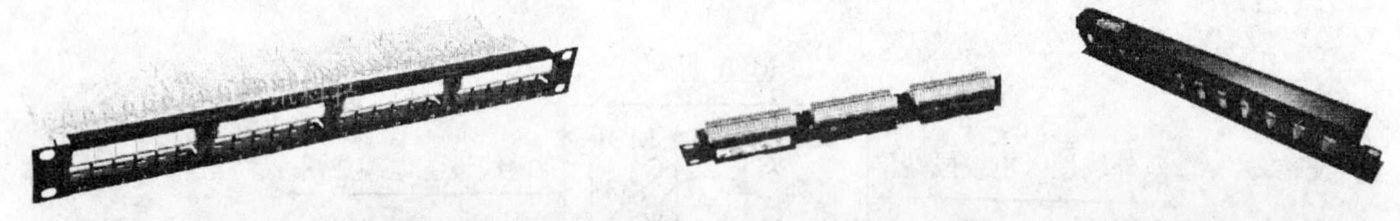

(a) 110 网线成端配线盘+RJ45 跳线端口（正面）(b) 110 网线成端配线盘（反面）(c) 网线理线架（标准 19 英寸）

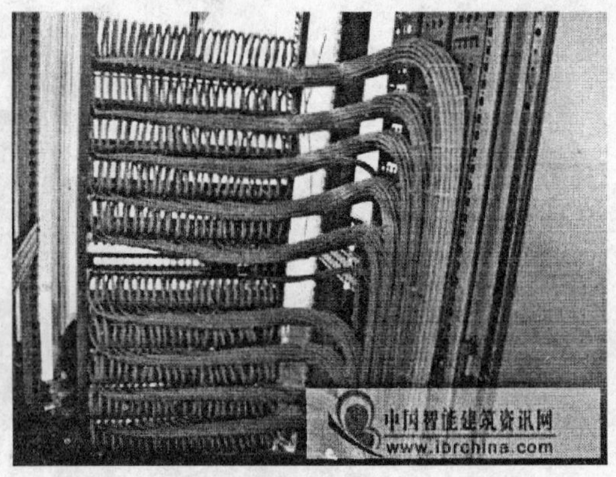

（d）110 网线成端配线盘-正面 RJ45 端口跳线实物图　（e）110 网线成端配线盘-背面端口网线成端实物图

图 4.3　网络配线架器材、配线实物图

网线电缆首先在 110 配线架的背面成端，然后，由正面的 4 对跳线（网线），连接到相应的宽带交换机或路由器上，组成与其他类型的配线架相似的“网线配线格局”。如图 4.2 所示。

4.2.3 同轴电缆数字配线架（DDF）

采用同轴电缆，在程控交换机和光纤设备之间，传递 PCM 数字电话信号的“中间配线架”，称之为数字配线架。通常传递的是 2M 的 PCM 数字信号，到了光端机设备上，首先转换为高次群的数字信号，如 155M/s、622M/s 等数字信号，然后，转换为光信号。在光纤上，进行远距离的传输。该配线架，通常安装在“光传输机房”内。

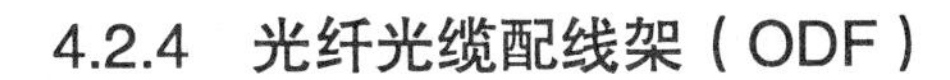

4.2.4　光纤光缆配线架（ODF）

光纤光缆配线架（**ODF**），是外线光纤光缆进局后，成端的专用机架。光缆首先固定成端在ODF机架的“光缆成端盘”内，然后，加工出光缆内部的“松套管”，松套管在“光纤成端跳纤盘”内，与光纤尾纤进行“固定熔纤连接”，形成光纤固定接头，然后，尾纤的另一端伸出，成为跳纤活接头的“连接器”，整齐地排列在光纤成端跳纤盘上。

光纤成端跳纤盘，通常是每盘12芯“跳纤连接器”，5~6盘形成一个“光纤成端跳纤盘”系统，如图4.4（a）所示。

光传输设备的光缆尾纤，经“光电缆走线架”，也成端在光纤光缆配线架（ODF）的“光纤成端跳纤盘”上，通过光纤尾纤的“跳纤”，与外线光缆连接。从而将光传输设备处理后的信号，经ODF机架，传递到了外线光缆上，进行远距离的信号传输。

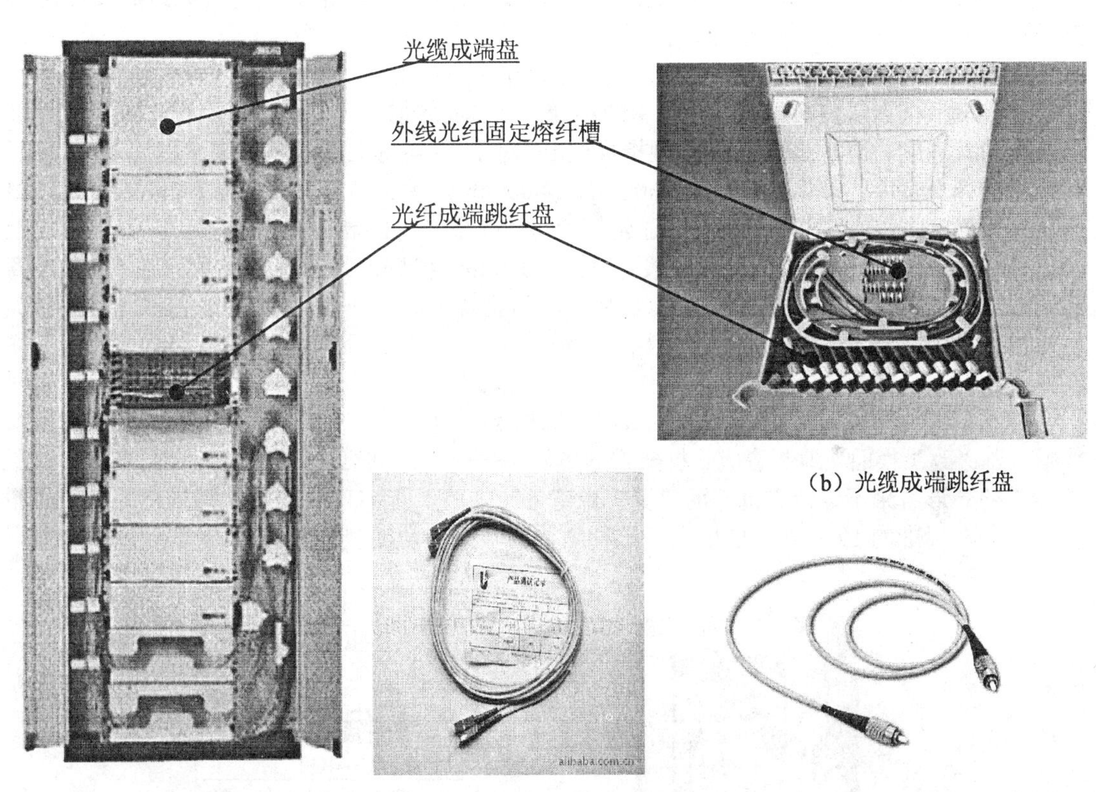

（b）光缆成端跳纤盘

（a）光纤光缆配线架　（c）光缆“方头”尾纤-成端跳纤　（d）光缆“圆头”尾纤-成端跳纤

图4.4　光纤光缆配线架实物图

4.3　通信业务设备机房系统

主要由电话交换设备（包括小灵通接入设备）、宽带设备（包括ADSL /LAN设备）、电源系统（直流开关电源+蓄电池等）、接入网传输设备、配线设备，以及电源系统（直流开关电源+蓄电池等）等组成，对用户提供话音和宽带信号的汇聚集中、交换和传输等功能。将模拟电话信号转换为数字 PCM 信号，经交换处理后，通过“数字中继器”转换为 2M（HDB3 码）PCM 数字信号，经同轴电缆，传送到光传输系统机房的数字配线架（DDF）上成端。

4.3.1 通信专用设备机架

主要是指电话通信交换设备、通信各类电话接入网设备等“不属于 19 英寸标准内部宽度”的各种业务设备和光传输设备机架。这类设备机架，都是由专业的通信设备生产厂商专门制造的，如国内的深圳华为公司、中兴公司等生产的各类专业设备机架。

4.3.2 通信通用标准设备机架

外形满足 EIA 规格、厚度为 4.445cm 的产品，由于内宽为标准的 19 英寸，所以有时也将满足这一规定的机架称为“19 英寸”机架。厚度以 4.445cm 为基本单位：1U。1U 就是 4.445cm，2U 则是 1U 的 2 倍为 8.89cm。也就是说：所谓“1U 的 PC 服务器”，就是设计为能放置到 19 英寸机柜的产品，一般被称为“机架式服务器”。如表 4.2 所示。

标准机柜的结构比较简单，主要包括基本框架、内部支撑系统、布线系统、通风系统等。

标准机柜根据组装形式和材料选用的不同，可以分成很多性能和价格档次。19 英寸标准机柜外形有宽度、高度、深度三个常规指标。虽然对于 19 英寸面板设备安装宽度为 465.1mm，但机柜的外形宽度，常见的产品为 600mm 和 800mm 两种。高度一般在 0.7~2.4 米范围，根据柜内设备的多少和统一规格而定，通常厂商可以定制特殊的高度，常见的标准 19 英寸机柜高度为 1.6M 和 2M。机柜的深度一般是 400~800mm，根据柜内设备的尺寸而定，通常厂商也可以定制特殊深度的产品，常见的成品 19 寸机柜深度为 500mm、600mm、800mm。19 英寸标准机柜内，设备安装所占高度，用一个特殊单位“U”表示，1U 为 44.45mm 长度。如图 4.5 所示。

标准 19 英寸机柜，通常是用来安置“计算机宽带通信设备”的机架。现在，许多服务器电脑，都“改头换面”地制造成“机架式服务器”——可在机架内安装的服务器。“机架式服务器”的外形看来不像计算机，而“更”像宽带交换机，有 1U、2U、4U 等规格。机架式服务器安装在标准的 19 英寸机柜里面。这种结构的多为“功能型”服务器。

（架顶电风扇）
机架电路 1~3U （电源分配、故障监控）
（空机位）
光纤成端 ODF （3~4U）
理线架（1U）
光电转换器 （局用，3~4U）
理线架（1U）
宽带汇聚交换机 1U (Cisco-3550)
理线架（1U）
机架式服务器 A（1U）
机架式服务器 B（1U）
（空机位）
机 架 底 座

图 4.5 通信标准 19 英寸机柜示意图

表 4.2　　常用标准网络机柜生产规格表

序号	规格	高度 mm	宽度 mm	深度 mm	
1	42U	2000	600	800	650
2	37U	1800	600	800	650
3	32U	1600	600	800	650
4	25U	1300	600	800	650
5	20U	1000	600	800	650
6	41U	700	600	450	
7	7U	400	600	450	
8	6U	350	600	420	
9	4U	200	600	420	

在标准 19 英寸机柜中，通常要安装散热风扇，还要安装“架顶电源分配与故障监控机盘”，这是一种 1~3U 等规格的机架电路。其功能有两个，一是为架内设备供电——直流-48V 电源或是交流 220V 电源；二是产生监控信号，传导到机房监控装置上，并传送给“有人值守监控中心”，进行相应的处理。

对于信息服务企业（如 ISP/ICP/ISV/IDC）而言，选择通信机房服务器时，首先是要考虑“服务器”的尺寸、功耗、发热量等物理参数——因为现代信息服务企业，通常使用大型的、专业的通信机房，统一部署和管理大量的“服务器”系统，机房通常设有严密的保安措施、良好的冷却系统、多重备份的供电系统，故其机房的造价相当昂贵。如何在有限的空间内部署更多的通信“服务器”，直接关系到企业的设备建设成本——通常选用机械尺寸符合 19 英寸工业标准的“机架式服务器”——即安装在 19 英寸标准机架内的通信服务器。

“机架式服务器”也有多种规格，例如 1U（4.45cm 高）、2U、4U、6U、8U 等。通常 1U 的机架式服务器最节省空间，但性能和可扩展性较差，适合一些业务相对固定的使用领域。4U 以上的“机架式服务器”产品性能较高，可扩展性好，一般支持 4 个以上的高性能处理器和大量的标准热插拔部件。管理也十分方便，厂商通常提供相应的管理和监控工具，适合大访问量的关键应用。

4.3.3　通信各类业务机房概述

现代通信业务机房，通常分为“程控交换机机房”、“宽带数据业务机房”和“通信节点无人值守综合机房”三大类。前两种是在“通信中心枢纽局”里的专业机房，后一种是指遍布城市各用户接入网的用户业务集中机房。

这类“通信业务型”机房，前两种主要分布于“电信大楼”的二层——通信测量室（MDF机房）的楼上，将用户层和各类中继光电缆，经配线架系统，接入“交换机”业务机架。机房内的布置，通常以通信系统机柜和建设时间的先后顺序为主，分前后列地安排在一起。

无人值守的综合业务节点机房，主要分布在该接入网的中心位置为宜，一般应安排在底层楼的现有建筑物内，便于修筑通信管道进入的场所。通常将各种业务机柜、光传输机柜和电源机柜均合理安排在该机房中，也是按照建设时间的先后，逐一安排机柜的位置，达到尽量节省利用空间的目的。

4.4 光传输设备机房

光传输设备机房，通常在中心局内，这是一个为电话光传输设备而设置的“传统的光传输设备”机房，通常设置在业务机房的周围、或楼上，以便于程控交换机引出的同轴电缆传输线的距离较短。该机房内，通常设置三种机架：数字配线架DDF、光纤设备机架和光纤配线架ODF。下面，分别予以叙述。

4.4.1 光纤信号转换设备（光端机）

光纤设备的作用有两个，一是将低速率的电话数字信号，调制转换为高速率的、适应光纤传输的信号速率；二是将高速电信号转换为光信号，通过光纤光缆，以光纤波分复用的方式，进行远距离的通信传输。

目前，在光传输机房中，通常有两类光传输设备机架。第一类是用以传输电话信号的“光同步传输设备SDH”机架，主要以2.5G和10G传输设备为主；此类设备以华为公司的Metro100或是Metro3000等型号的设备较常见，也有中兴通信公司的传输设备，通常为“专用机架”型设备。第二类则是“直接将（电）数字信号转换为光数字信号”的光电转换器设备；该设备用来传输点到点的宽带互联网光传输信号。通常为每个通道2.5G或是1G带宽的光电转换设备，以19英寸宽、3~4U的传输机框为最多见，每个机框可安装15套光电转换（O/E）设备。该类设备通常均为“19英寸通用型”设备，很方便安装在通用型机架中。

4.4.2 数字配线架（DDF）

数字配线架DDF，是程控交换设备，与光传输设备之间的同轴电缆传输线的中转、配线设备；形成电话业务交换设备与长途光传输设备之间的信号（通常是2M数字信号）传输通道。

4.4.3 光纤配线架（ODF）

光纤配线架ODF，是光传输设备，与外线光缆之间的中转配线机架，形成光传输设备与外线光缆之间的信号传输信道。也是外线光缆成端调配的专用机架，如前所述。

4.5 实时监控系统机房

实时监控系统，其作用有两个：一是对全局各通信系统和各通信网点（节点机房）进行7*24小时的实时监控，保证了通信故障在最快时间得到控制和修复，特别是“光环路传输系统”和不断开发的“智能传输系统”，能保证出现故障时，及时转换到其他通信路由上，保持通信的不中断；二是配合“通信业务开发人员”，及时为新开户的通信用户开通各类通信业务。下面分别叙述。

4.5.1 告警业务的处理

实时监控机房，汇聚了各种和各系统的监控信号，反映在计算机的监控屏幕或其他的监控方式上。一旦某系统发生故障，立即通过“屏幕显示”、“声音显示”等方式，进行告警，向各专业的值班员，发出告警位置、告警性质（电源告警、业务告警等不同等级）等各类参

数信息。值班员立即启动各种“告警处理流程”，及时解决告警问题。

4.5.2 各类新业务的开通

新加入的通信用户，需要及时开通其业务功能，这通常是要由“实时监控机房”的通信专业人员，根据用户申请的业务种类、业务套餐、用户具体位置等信息，合理地、就近地配置通信线缆，到用户申请点。形成一张完整的“通信新用户开通派工单”。一旦外线人员“硬件线缆”配置到位，下一步的工作，就是本机房内的通信专业人员，在通信设备上，为用户设置和开通相应的业务端口，启动新用户的业务使用，这样，新的通信用户、通信新业务，或是用户更改通信业务套餐等事宜，得以开展和实现。

4.6 通信机房电源系统

通信机房内的电源系统，都是采用2路供电的方式——市电交流供电和蓄电池供电结合的方式。提供给通信机架的电源，主要有-48V直流供电和不间断电源（UPS）交流供电两种方式。

4.6.1 直流供电方式

首先介绍最常用的-48V直流供电电源方式。主要是由“高频开关电源”机架，将交流220V电源，转换成直流电源。常见的“高频直流电源机柜”，如图4.6所示。由交流电源输入系统、监控系统、直流转换模块和输出系统四个部分组成。

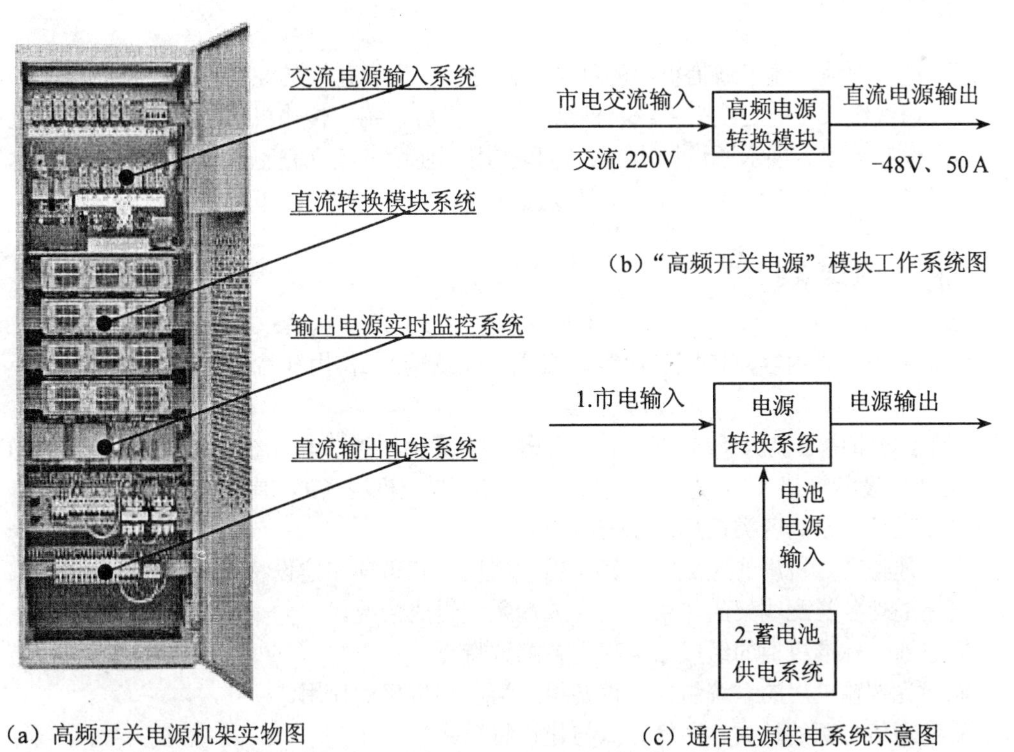

（a）高频开关电源机架实物图

（b）“高频开关电源”模块工作系统图

（c）通信电源供电系统示意图

图4.6 通信电源系统与高频开关机柜实物图

关于“直流电源转换模块”系统，这是一个“搭积木”式的系统配置的方式。每一个电源转换模块。通常都被制造成“输出 50A、-48V 直流电源”的统一模式，如图 4.6（b）所示。而系统总输出电功率，就是各个模块输出功率之和。所以，实际的过程中，可以根据具体的通信设备的总体电源需求，以“模块数量×50A”的方式，确定实际配置模块的输出电源的电功率，灵活地设置工程需求，如图 4.6（c）所示，达到合理配置电源的目的。

4.6.2 交流供电方式

通信电源的另一种常用方式，是基于计算机通信系统的“不间断交流电源（UPS）”220V 供电方式，其系统配置图，也如图 4.6（c）所示。仍然采用 2 路供电输入——市电（交流电）和蓄电池（直流电）双重供电方式。但这里不同的，是输出的电源，是经过电源转换系统处理之后的、“纯净”的交流 220V 电源信号。

4.6.3 通信机房地线系统

当前的通信机房内，采用统一的地线连接系统——将工作地线和保护地线合为一个“综合地线”系统。地线通常采用统一的“地线接线排”的铜接线排、或是铝接线排的方式进行。

地线系统设计原则：通信机房使用的“地线系统”，应设置成“综合地线”的方式：地线电阻保证在 1 欧姆以下；一般是连接到该建筑物的钢筋混凝网地线上。设置专门的“地线排装置”安装在机房内，使所有的“地线电缆”均从该“接线排”可靠地接出，连接到各类“地线”端子上。

4.7 本章小结

本章系统详细地讲述了通信机房的种类、内容、作用和建设的注意事项。按照机房的系统组成、通信线缆长短的配线架系统、业务机柜与机房系统、传输机房、电源机房和测量机房等内容，逐渐为读者展示通信机房的内容和作用。使读者建立完整系统的通信机房概念与知识，为读者下一步的系统建设与设计集成技能的认识与掌握，打下坚实的理论基础。

◎ 作业与思考题

1. 根据书中所讲内容，按照“内容、组成（或结构）、作用和特点”四个方面，解释下列名词。

（1）通信城市中心机房（2）通信节点机房（3）通信线缆成端配线架（4）ODF（5）DDF（6）标准通用设备机架（7）光通信机房（8）实时监控机房（9）通信机房供电系统。

2. 简述通信中心局各类机房的系统组成。

3. 简述通信节点机房的组成特点、作用、选址注意事项和建设特点。

4. 简述通信各类配线架的作用和线缆成端系统组成情况。

5. 简述通信标准机柜的组成结构和设备配置特点。

6. 简述光传输机房的系统组成、设备组成情况和机房的作用。

7. 简述通信电源的种类、系统组成与建设特征。

8. 简述综合底线系统的建设特征。

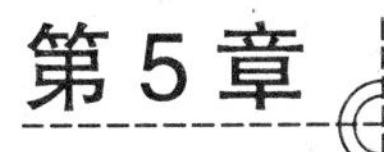

第5章　有线通信综合接入网技术

现代通信网的组网结构分为“用户接入网”和“城域骨干网+长途广域网”两部分；互联网宽带接入网技术是当前使用最广泛,发展较快的重要通信业务和技术——以“高速以太网+无源光网络 PON”技术为代表的 IP 互联网技术，实际上已经成为现代通信网络（接入网+城域网）的主要组成部分。本章叙述了“基于高速宽带互联网接入技术”的现代通信接入网主流技术和发展的新标准，共分为四个部分：第 1 节概述了通信宽带互联网组网概念与国际规范；第 2 节简述了通信宽带铜线接入技术；第 3 节简述了通信网宽带光纤接入技术；第 4 节简述了用户综合通信网组网技术；其中第 2~4 节均为最新通信接入网技术的技术发展成果；整章内容构成了通信接入网络的基础理论要点，具有很强的实用性。

本章学习的主要内容:

1. 现代通信接入网概念与作用;
2. 两种采用电话电缆的 ADSL 接入网技术;
3. EPON/GPON/FTTH 三种光纤接入网的宽带技术;
4. 用户通信网的组网技术。

5.1 宽带互联网组网技术概论

5.1.1　通信接入网概论

1. 通信接入网的发展与现状

现代通信接入网，是指将各类用户，接入通信业务网络，使之成为“通信用户”的各种通信设施。是城市里，通信网络的主要组成部分。

20 世纪 90 年代之前，由于通信的主要业务是“有线电话”业务，通信用户的数量较少，大多分布在城市中心位置，故此时的城市通信网，主要是以“城市电话网”的方式出现：即“电话通信全塑双绞线电缆+程控交换机”的“单级组网方式”出现：由电信分局直接敷设“电话通信全塑双绞线电缆”进入到居民区，通过“交接配线”的线路敷设方式，连接各类（电话）通信用户，此时的各电信分局的用户主要分布区域，也就是方圆 3~5 公里范围。

进入到 1990 年之后，随着经济的发展，城市化建设的逐渐开展，人们通信的需求日益旺盛，用户家庭安装电话的需求日益高涨，出现了两个飞快的发展：第一，是电话用户的数量“飞快”的发展；第二，是电话用户分布的区域“飞快”的扩大——城市的规模迅速扩大。原有的“电信分局单级制”的组网结构，此时已经远远不能满足通信业务增长的需要了。基于原来的配线区域式的“通信线路接入网 + 城市光纤干线网”的两级组网方式，逐渐为人们所重视和采用。如图 5.1 所示。

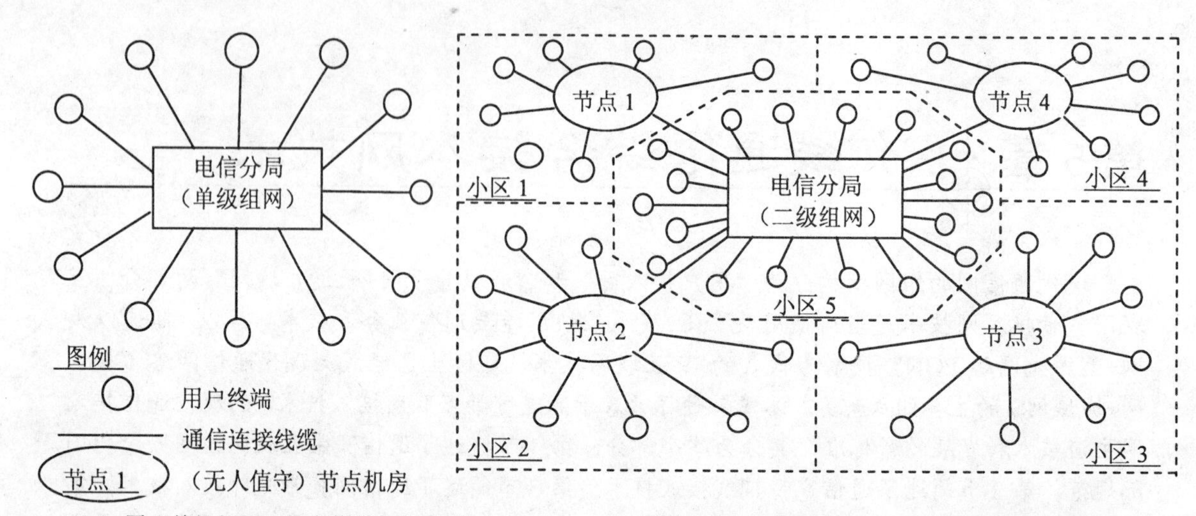

（a）原“单级组网”的电信结构示意图　　（b）现代“二级组网”的电信网结构示意图

图5.1　电信组网的两种结构演变示意图

这种“接入网式”的两级组网的方式，就是在原来的有人值守的“电信分局”和通信用户之间，插入一级“平时无人值守”的“电信节点机房”，这个节点机房，取代了原来的电信分局的作用，如图5.1（b）所示，成为其方圆2.5~5公里范围内的通信汇聚中心，代替了原有的分散的用户，直接接入电信分局的格局。形成了以“通信接入网”为基础的通信组网区域——通常以自然的道路、河流等明显的标志物围城的区域为自己的通信服务区域。

如图5.1（b）所示，在这种“2级网络”的结构中，可以很好地满足城市通信网络的组网格局。一块块的通信接入网区域，组合形成了城市通信大网的整体格局；而各电信分局与其范围内的节点机房，形成了更高一级的通信骨干网——大容量的光纤通信城域网，用来汇聚、转接用户通信业务，形成畅通的通信“高速公路”——这就是沿用至今的现代城市通信网的两级组网格局。

我国自20世纪90年代（1990年之后）开始，大量采用“全塑铜芯双绞线市内电话通信电缆”，传送电话通信业务，主要敷设于通信用户与电信局（交接箱、节点机房等）之间，形成了庞大的基于电话通信业务的“通信电缆（属于“一类双绞线”）接入网”的特点。

2. 现代通信网的组网格局

目前的城市通信格局，是由“城市通信机房+通信传输线路”组成的。而通信机房，一般分为“交换传输中心机房（监控中心）”和“小区节点机房（无人值守）”两大类，每个中心机房统一监管若干个小区节点机房，通过（单模）光纤传输系统，疏导其通信业务量；每个小区节点机房则汇聚其自然地域范围内的所有通信用户。在城市中，一般每个小区节点机房的用户区域半径在2.5km以内，最大不超过5.0km，用户总数一般不超过2万户。如图5.1所示。

按照本书第1章第1节的相关内容：现代通信接入网的范围与组成，是指用户通信接入管线和通信节点机房的设备总和——是由各区域的通信汇聚节点（无人值守机房）；相关通信光缆、电缆；光电缆分线设备；以及用户终端设备等通信设施组成。是组成城市和乡村通信网络的基础部分。一个城市的通信网，就是由若干个“用户接入网”的集合所组合而成的。在市区，一般按照自然道路等形成的区域，组成一个接入网区域，该区域内的所有通信用户，均通过通信线缆，汇接到通信节点（机房）中；常见的城市接入网区域半径为 0.5~3.0km。在乡村，一般是以自然村镇的形式划分用户接入网区块，范围与市区接入网区域类似，该区域内的所有通信用户，也是通过通信线缆，汇接到通信节点（机房）中。

通信接入网的用户组网结构，通常是 “星形连接组网” 的网络方式，将该区域中所有用户，都连接、汇聚到“中心节点机房”的，如图 5.1 所示。

“接入网技术”可以分为有线接入技术和无线接入技术两大类，目前通信用户使用较多的宽带业务接入网技术，主要有基于铜线的 ADSL 技术、基于无源光纤接入的 EPON、GPON 技术和当前大力推行的“FTTH 光纤到户”传输技术，以及移动通信公司大力推行的“宽带无线接入”等各类通信接入方式，而 ADSL 和光纤两种接入方式占了 95%以上的市场份额。本章主要介绍有线通信接入技术。

3. 通信接入网的系统构成

国际电信联盟（ITU-T），于 1995 年 11 月 2 日颁布了第一个“电信接入网”的总体标准：编号为 ITU-T-G.902。其作用，就是重新界定、规范了城市通信网络的“两级组网”格局，该标准，主要是以“电话通信业务”为重点的，并规定了节点系统的作用，明确该节点设备“不具备交换的功能”。其系统网络结构，如图 5.2 所示。

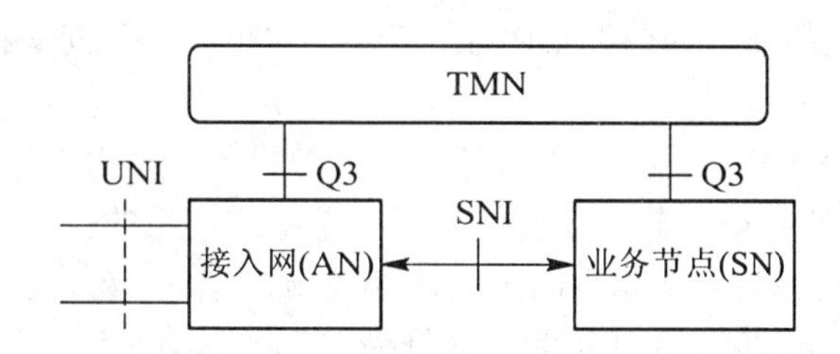

图 5.2　两种业务的“通信接入网”的网络结构示意图

图 5.2，其实是电信网络中，通信接入网 AN、城市骨干网 SN 和电信维护管理网 TMN 这三个网络的“结构组成示意简图”。通信接入网和城市骨干网是两个层面的关系，以各类通信业务接口（SNI）相连接。各个业务节点组成了城市骨干通信网。而通信维护管理网（TMN），则通过 Q3 型接口，分别与接入网和城市骨干网的各个节点系统进行连接，完成实时维护、监控的作用。

制订国际“互联网业务标准”的国际互联网“结构标准化委员会（IAB）”，在国际电信联盟（ITU-T）G.902 协议出台后不久，也相应地颁布了“基于 IP 互联网技术的接入网体系结构”的标准协议：编号为 IEEE-Y. 1231。该标准主要是以 TCP/IP 互联网技术为对象的通信业务，组成两级网络的结构，其中的局域网通信业务，主要是应用 IEEE 802.3（协议）的以太网技术。其网络结构，与电信网结构是一致的，也如图 5.2 所示。

根据以上通信接入网的定义：通信接入网(AN)是由通信业务节点接口(SNI)和用户网络接口(UNI)之间的一系列通信业务设备、传输设备、通信布线配线系统、配套的通信路由设施（如通信管道、大楼内通信槽道等）、以及远端用户设备（如电话机、宽带光猫等）所组成的。该设施受到通信运营商（电信公司）的监控、配置和管理。它主要包括用户终端设备、用户线传输系统和通信业务节点接口设备等三大部分。如图 5.3 所示。

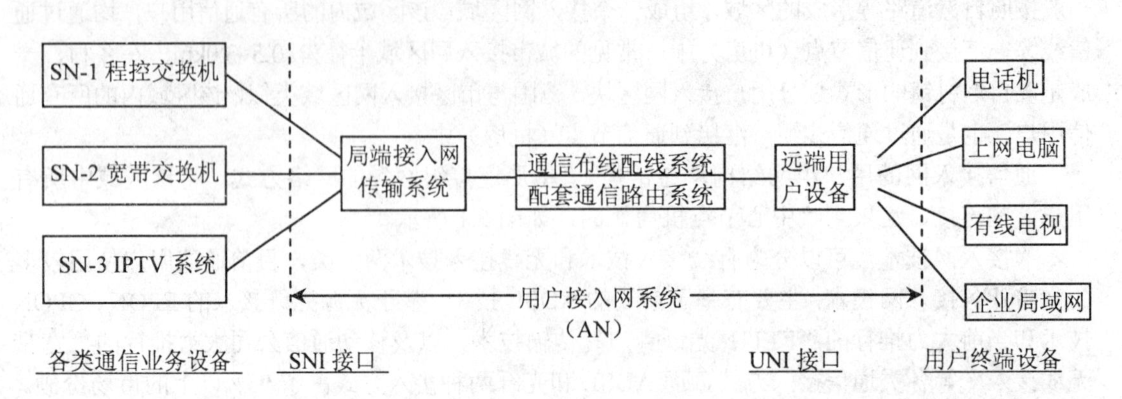

图 5.3　通信接入网的系统组成示意图

其主要的作用，就是将各种业务的信息（信号），仿佛“透明”似地由各类“通信业务设备”传送到“远端用户设备”中。

（1）局端接入网传输系统

是指从电话交换机、宽带交换机等设备中输出的各类信息，转换成电信号、或是光信号后，通过（电话）电缆、通信光缆传输的局内设备；通常指光纤接入网设备（OLT）。该系统可以同时接入不同的通信业务，如图 5.2 所示，也可以接入同一种业务的多套设备。

（2）通信布线与配线系统

指从各类通信机房（分局、节点机房等）开始敷设的，至电信用户终端之间的各类通信线缆和配线系统。2000 年之前，主要是电话全塑电缆组成的“交接配线区系统”；进入 21 世纪，随着通信行业“光进铜退”政策的逐渐实施，“单模光纤光缆 + 电话线电缆”的格局逐渐形成；时间进入 2011 年（称为“光纤到户”的启动元年）之后，通信接入网逐渐开展光纤到户（FTTH）的通信接入网线缆建设。所以，目前的通信线缆系统，正处在光纤与电缆交替更新的转折期。

该类系统，包括局端机房里的各类配线架（MDF、ODF、IDF 等），外线各类配线箱（或交接箱等），和各建筑物单元、各楼层的分线盒或光缆终端盒、“光纤分支器配线箱”，以及建筑物单元综合信息箱等配线设施。

（3）配套的通信路由系统

是指专门用来敷设通信线缆的通信路由设施。分为两种情况。第一种，在各种道路上，主要以通信专用管道建设为主，原有的“架空电杆式”通信路由，由于严重影响城市建设、影响市容美观及容量小、保护不力等原因，正处于被淘汰的状态。在各种住宅小区、工矿企业，也以建设各类通信管道为首选路由。第二种，在各类建筑大楼、住宅楼中，主要以“沿楼道走廊敷设的线槽、暗管”为主，少量的通信线缆，也可以采用“钉固敷设”的方式。

（4）远端用户设备

是指在用户侧的各类 ADSL 宽带信号转换器（俗称“宽带猫”）、光纤信号综合转换器（俗称“光猫”）、有线电视机顶盒，以及直接接入用户电脑或用户企业网的网线和墙壁插座。最早的通信终端，是一台电话机，随着通信业务的迅速发展，用户端的通信设备越来越丰富：已逐渐形成了“综合业务网关”的形态——通过一个网关设备，为用户提供各种

通信业务：电话、宽带和电视等，随着家庭物联网终端系统的不断开发应用，远端用户设备，将放会越来越多的作用。

ITU-T 通信接入网的主要设计目标如下：

①支持各类综合电信业务的接入。将接入网从具体的业务网中剥离出来，成为一种独立于具体业务网的基础接入平台，以支持电话、宽带、IPTV 等各类电信业务接入，有利于降低接入网的建设成本。

②开放、标准化 SNI 接口。将接入网与本地交换设备之间的接口，即 SNI 接口由专用接口定义为标准化的开放接口，这样接入网（AN）设备和交换设备就可以由不同的厂商提供，为大量企业参与接入设备市场的竞争提供了技术保证，有利于设备价格的下降。

③独立于各类通信业务（SN）的网络管理系统（TMN）。该网管系统通过标准化的接口连接网管系统（TMN），由 TMN 实施对接入网的操作、维护和管理。

以上对接入网的定义，既包括了窄带接入网又包括了宽带接入网。通常宽带与窄带的划分标准是用户网络接口上的速率，即将以分组交换方式为基础，把用户网络接口上的最大接入速率超过 2 Mb/s 的用户接入系统称为“宽带接入”。

5.1.2　接入网的接口与分类

接入网有三种主要接口，即业务节点接口、用户网络接口和维护管理接口三种。

1. 业务节点接口(SNI)

SNI 是接入网和 SN 之间的接口，可分为支持单一接入的 SNI 和综合接入的 SNI。目前支持单一接入的 SNI 主要有模拟 Z 接口和数字 V 接口两大类，其中 Z 接口对应于 UNI 的模拟 2 线音频接口，可提供模拟电话业务或模拟租用线业务；数字 V 接口主要包括 ITU-T 定义的 V1-V5，其中 V1、V3 和 V4 仅用于 N-ISDN，V2 接口虽然可以连接本地或远端的数字通信业务，但在具体的使用中其通路类型、通路分配方式和信令规范也难以达到标准化程度，影响了应用的经济性。支持综合接入的标准化接口目前有 V5 接口。

2. 用户网络接口(UNI)

UNI 在用户侧，接入网经由用户网络接口与用户宅用设备(CPE)或用户驻地网(CPN)相连。用户网络接口主要有传统的模拟电话 Z 接口、ISDN 基本速率接口、ISDN 基群速率接口、ATM 接口、E1 接口（即 PCM-2Mb/s）、以太网接口，以及其他接口。用户终端可以是计算机、普通电话机或其他电信终端设备。用户驻地网（CPN）可以是局域网或其他任何专用通信网。

3. 维护管理接口(Q3)

维护管理接口是电信管理网与电信网各部分的标准接口。接入网也是经 Q3 接口与电信管理网(TMN)相连，以方便 TMN 管理功能的实施。

4. 接入网的分类

根据宽带接入网采用的传输媒介和传输技术的不同，接入网可分为宽带有线接入网和宽带无线接入网两大类。

宽带有线接入网技术主要包括：基于双绞线的 xDSL 技术、基于 HFC 网（光纤和同轴电缆混合网）的 Cable Modem 技术、光纤接入网技术等。

宽带无线接入网技术主要包括：3.5 GHz 固定无线接入、LMDS 等。

5.1.3 V5 接口

1. V5 接口概述

V5 的概念最初由美国 Bellcore（贝尔实验室）提出，它是专为接入网的发展而提出的本地交换机(LE)和接入网之间的新型数字接口，属于 SNI 范畴。20 世纪 90 年代初，随着通信网的数字化，业务的综合化，以及光纤和数字用户传输系统大量引入，要求 LE 提供数字用户接入的能力。而 ITU-T 已经定义的 V1～V4 接口都不够标准化，很难满足应用中的实际需求。V5 接口正是为了适应接入网范围内多种传输媒介、多种接入配置、多种业务并存的情况而提出的，根据速率的不同，V5 接口分为 V5.1 和 V5.2 接口。

由于这一新接口规范的重要性和迫切性，ITU-T 第 13 组于 1994 年以加速程序分别通过了 V5.1 接口的 G.964 建议和 V5.2 接口的 G.965 建议。与 V5 接口相关的标准还涉及 V5.1 和 V5.2 接口的测试规范、具有 V5 接口的 AN/LE 设备的配置管理、故障管理和性能管理等方面。

我国则在 ITU-T 的 V5 接口技术规范基础上，于 1996 年完成了相应的 V5.1 和 V5.2 接口技术规范的制定，并根据我国电信网络的现状，明确了部分可选参数，指明了适用于我国的 PSTN 协议消息和协议数据单元，并提供适合我国国情的 V5 接口国内 PSTN 协议映射规范技术要求。

如果 AN-SNI 侧和 SN-SNI 侧不在同一地方，则可以使用 V5 接口来实现透明的远端连接。V5 接口协议规定了接入网和 LE 之间互联的信号物理标准、呼叫控制信息传递协议，使得 PSTN/ISDN 用户端口终止于接入网而不是 LE。通过 V5 接口接入网只需要完成对用户端业务的提供，呼叫控制功能仍然留给 LE 完成。这样就各司其职、独立发展，有助于不同网间互联。V5 接口主要的优点如下：

①支持接入网通过复用/分路手段实现对大量用户信令和业务流更有效的传输；

②支持通过 Q3 接口对接入网进行网络管理；

③支持对接入网的资源管理和维护；

④支持用户选择 LE；

⑤充分有效地利用网络带宽资源。

2. V5 接口支持的业务

V5 接口的现行标准有 V5.1 和 V5.2 两个，如图 5.4 所示，二者的区别如下：V5.1 接口由一条 2.048 Mb/s 的链路构成，一般在连接小规模的接入网时使用，时隙与业务端口一一对应，不支持集线功能，不支持用户端口的 ISDN 基群速率接入，也没有通信链路保护功能。

V5.2 接口按需可以由 1～16 个 2.048 Mb/s 链路构成，用于中大规模的接入网连接。它支持集线功能、时隙动态分配、用户端口的 ISDN 基群速率接入，可以使用大于 E1 速率的链路（最高 16 个 E1 速率）；V5.2 接口能使用承载通路连接(BCC)协议以允许 LE 向接入网发出请求，并完成接入网用户端口和 V5 接口指定时隙间的连接建立和释放，提供专门的保护协议进行通信链路保护。

V5.1 接口可以看成 V5.2 接口的子集，V5.1 接口可以升级为 V5.2 接口。

（1）PSTN 业务

V5 接口既支持单个模拟用户的接入，又支持用户小交换机（PABX）的接入，其中用户信令可以是双音多频信号也可以是线路状态信号，二者均对用户附加业务没有影响。在使用 PABX 的情况下，支持用户直接拨入功能。

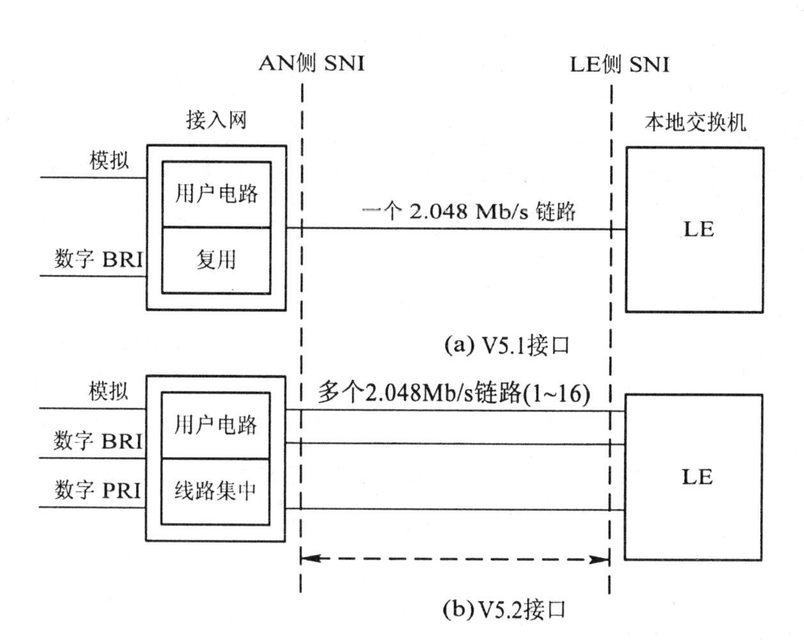

图 5.4 V5 接口连接示意图

（2）ISDN 业务

V5.1 接口支持 ISDN-BRI（2B+D，即 144kb/s 速度）接入，而 V5.2 接口既支持 ISDN-BRI 接入，又支持 ISDN-PRI（3B+D，即 2048kb/s 速度）接入。B 通道和 D 通道的承载业务、分组业务和补充业务均不受限制。但 V5 接口不直接支持低于 64 kb/s 的通道速率。

（3）专线业务

专线包括永久租用线、半永久租用线和永久线路(PL)，可以是模拟用户，也可以是数字用户。半永久租用线路通过 V5 接口，可以使用 ISDN 中的一个或两个 B 通道，而永久租用线和永久线路则旁路 V5 接口。

5.2 宽带铜线电缆接入技术

5.2.1 ADSL 接入网技术

1. 系统介绍

到目前为止，全球电信运营商的用户有 70%以上，仍然是通过双绞线电缆接入电信网络的，这部分的总投资达数千亿美元。在“光纤到户”技术（FTTH）短期内还无法完全实现的情况下，开发基于双绞线电缆的宽带接入技术，既可以延长原有双绞线铜缆的寿命，又可以降低接入网的系统建设成本，对电信运营商和用户都极有吸引力。习惯上将各种基于双绞线电缆的宽带接入技术统称为 xDSL，其中 ADSL 技术是目前最有活力的一种宽带接入技术，是大多数传统电信运营商从铜线接入到宽带光纤接入的首选过渡技术。

非对称数字用户线接入技术(ADSL：Asymmetric Digital Subscriber Line)的提出，最初是为了支持基于 ATM 的视频点播(VOD)业务。20 世纪 80 年代末，电信界内认为 VOD 是未来宽带网上的主要应用之一，当时电信网入户的线路资源主要是双绞线电缆，在这种条件下人们自然想到利用双绞线开发宽带接入技术。由于 VOD 信息流具有上下行不对称的特点，而普通电话双绞线的传输能力又毕竟有限，为了把这有限的传输能力尽可能地用于视频信号的传输，因此，这种服务于 VOD 的宽带接入技术，应具备上下行不对称的传输能力，即下行速率传输视频流远大于上行速率传输点播命令。自 20 世纪 80 年代末期 ADSL 技术出现后，曾经一度沉寂。

直到 20 世纪 90 年代中后期（我国是自 2000 年之后），互联网 Internet 的应用由专业领域走向大众化，并且戏剧性地飞速增长，彻底打乱了电信行业既定的“以 ATM 技术为主流”的发展方向；互联网上的信息量急剧膨胀，使得传统的窄带接入难以满足大量信息传送的要求，ADSL 作为一种宽带接入技术其传输特点恰好与个人用户和小型企事业用户信息流的特征一致，即下行的带宽远高于上行。这样借助于 Internet 互联网的发展，ADSL 技术不但起死回生，而且从此大规模走向市场，成为目前电信行业的一种主流的宽带接入技术，特别是随着新一代 ADSL（ADSL2+/VDSL2 接入技术）技术的开发应用，为该系列技术的应用打开了新的大门。

2. 工作原理及接入参考模型

ADSL 技术是一种以普通电话双绞线作为传输媒介，实现高速数据接入的一种技术。其最远传输距离可达 4～5 km，下行传输速率理论值最高可达 6～8 Mb/s，上行最高 768 kb/s，因而传输速度比传统的 56 kb/s 模拟调制解调器快 100 多倍，这也是传统的电信窄带 ISDN（传输速率 128 kb/s）接入系统所无法比拟的。为实现普通双绞线上互不干扰的同时执行电话业务与高速数据传输，ADSL 采用 FDM(频分复用)和离散多音调制(DMT：Discrete Multitone)技术。

传统电话通信目前仅利用了双绞线 20 kHz 以下的传输频带，20 kHz 以上频带的传输能力处于空闲状态。ADSL 采用频分复用（FDM）技术，将双绞线电缆上的可用频带划分为三部分：其中，上行信道频带为 25～138 kHz，主要用于发送数据和控制信息；下行信道频带为 138～1104 kHz；传统话音业务仍然占用 20 kHz 以下的低频段。就是采用这种方式，利用双绞线的空闲频带，ADSL 才实现了全双工数据通信，如图 5.5 所示。

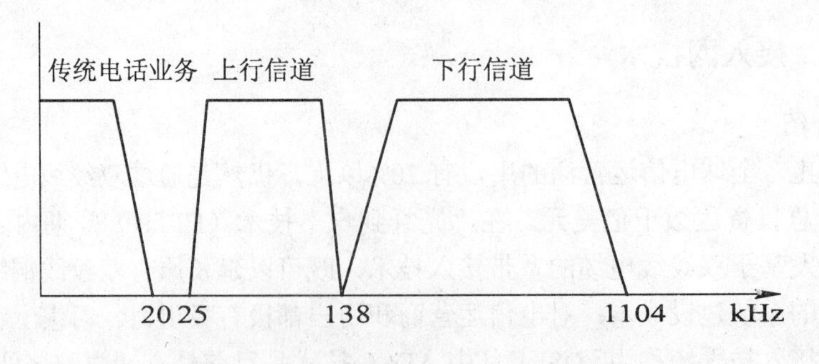

图 5.5　ADSL 频谱安排参考方案示意图

另外为提高频带利用率，ADSL 将这些可用频带又分为一个个子信道，每个子信道的频宽为 4.315 kHz。根据信道的性能，输入数据可以“自适应地”分配到每个子信道上。每个子信道上调制数据信号的效率由该子信道在双绞线中的传输效果决定，背景噪声低、串音小、衰耗低，调制效率就越高，传输效果越好，传输的比特数也就越多。反之调制效率越低、传输的比特数也就越少。这就是DMT调制技术。如果某个子信道上背景干扰或串音信号太强，ADSL系统则可以关掉这个子信道，因此ADSL有较强的适应性，可根据传输环境的好坏而改变传输速率。ADSL下行传输速率最高6～8 Mb/s，上行最高768 kb/s，这种最高传输速率只有在线路条件非常理想的情况下才能达到。在实际应用中，由于受到线路长度背景噪声和串音的影响，一般ADSL很难达到这个速率。

基于ADSL技术的宽带接入网，主要由局端设备和用户端设备组成：局端设备(DSLAM：DSL Access Multiplexer)、用户端设备、话音分离器、网管系统。局端设备与用户端设备完成ADSL频带内信号的传输、调制解调，局端设备还完成多路ADSL信号的复用，并与骨干网相连。如图5.6所示。话音分离器是无源器件，停电期间普通电话可照样工作，它由高通和低通滤波器组成，其作用是将ADSL频带信号与话音频带信号合路与分路。这样，ADSL的高速数据业务与话音业务就可以互不干扰。

3.　应用领域及不足

现在ADSL的应用领域主要是个人住宅用户的Internet接入，也可用于远端LAN、小型办公室/企业Internet接入等。其主要的缺点是：带宽（传输速率）仍嫌不够快。

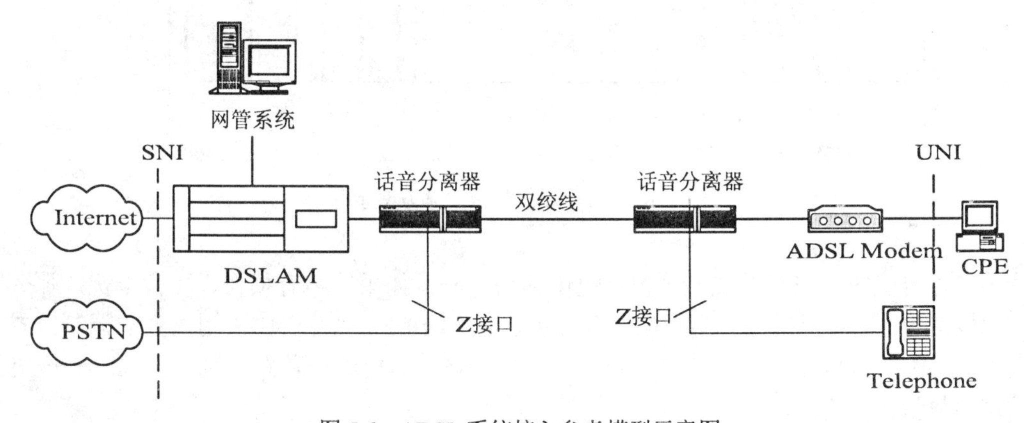

图5.6　ADSL系统接入参考模型示意图

5.2.2　新一代ADSL2+/VDSL2接入技术

1.　ADSL2+ 接入技术

随着ADSL技术在全球范围的大规模推广以及针对于DSL技术的应用和服务的不断推出，第二代ADSL技术标准由国际电信联盟（ITU-T）于2003年1月通过的“ADSL2＋（G.992.5）”推出，它在第一代ADSL（G.992.1）的标准基础上进行了全面的、较大的改进，主要是将频谱范围从1.1MHz扩展至2.2MHz，相应地，“最大子载波”数目也由256个增加至512个，如图5.7所示。它支持的净数据速率最小下行速率可达25Mb / s，上行速率可达800kb/s。ADSL2+技术打破了ADSL接入方式带宽限制的瓶颈，使其应用范围更加广阔。

ADSL2+技术的传送模式，在G.992.1标准规定的ATM（异步传送模式）和STM（同步传送模式）的基础上，增加了PTM（分组传送模式），能够更高效率地传送日益增长的以太网业务。ADSL2+技术标准中还增加了话音、全数字模式等方面的规范，即在没有 POTS 业务时用该话带传送数据，这样可增加 256kb 的上行带宽。ADSL2+技术标准还新设定了更灵活的帧结构,以支持四种延迟通道、四个承载信道，并支持对信号传输中，对“误码”和“时延”出现时的配置。

与 ADSL 技术相比，ADSL2+模式在技术和应用上都取得了突破。第一，传统的 ADSL 系统能提供的最大下行速率为 8M；而 ADSL2+通过频谱的扩展，实现从 26kHz 到 2.2MHz 的频率分布，实现 512 个子载频，最大下行速率至少可以达到 20Mb/s，可以在较宽松的距离内轻松提供如视频电话、VOD、视频会议等宽带业务。

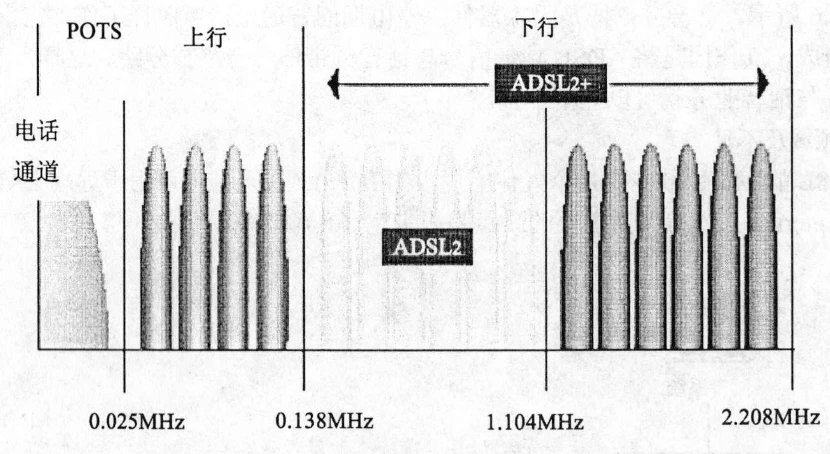

图 5.7　ADSL2+ 制式频谱安排方案示意图

第二，传统的 ADSL 系统最大覆盖范围约为 3km，如果线路有损伤、噪音干扰，那么覆盖的范围就更小，严重限制了用户的接入能力。而 ADSL2＋技术，则采用增强的调制方式和无缝速率适配，可以更好地降低线路噪声对信号的影响，可将覆盖距离延伸至 6km——能接入的用户数量大大提高。

第三，传统的 ADSL 系统在业务开通前或业务运行期间无法对线路的参数进行监测，对线路是否能开通 ADSL 业务或发生故障时判断故障点无能为力；而 ADSL2＋系统，具有强大的线路诊断能力，使得整个接入网系统的线路质量评测和故障定位功能，比从前有了很大提高，使 ADSL 接入网业务变得更加容易管理和维护。

相当一段时间内，ADSL 都将是宽带接入的主流方式，而 ADSL2＋凭借其技术上的领先性，必将延续 ADSL 的既有地位，成为市场应用主流。以下的案例也说明 ADSL2＋具有广泛的应用前景。

2004 年浙江杭州电信公司升级了 ADSL2+设备后，对于许多远距离无法接入的用户，都进行了覆盖。使 6 公里范围以内的用户，实现了稳定上网，在 3.9 公里的情况下，同步速率达到 3.5Mb/s；在 5.5 公里远的情况下，互联网信号速率超过 700kb/s。

同时，ADSL2+技术模式将设备使用的频带从 4 kb-1.1Mb 扩展到 4kb－2.2Mb，有效地减少了线间串扰，提高了综合出线率。2006 年以后的新一代 ADSL 设备均采用 ADSL2+模式接入用户。

2. VDSL2 接入技术

为了进一步推动宽带接入网的技术发展，ITU－T 于 2005 年 5 月推出了“VDSL2＋（G.993.2）”标准，VDSL2 是迄今为止最新、最先进的 xDSL 宽带铜线电缆通信标准；能够在短距离（350M）范围内提供高达 100Mb/s 的上下对称数据速率，也可以在 1.2~1.5 公里距离内提供全双工 30Mb/s 的超高速数据传输速率；因而 VDSL2 标准支持语音、视频、数据、HDTV 和互动游戏等三重(triple-play)业务的广泛部署，可以帮助通信公司逐步、灵活和节省成本地升级现有的 xDSL 基础架构。

通信业界首个与该标准完全兼容的，是“英飞凌半导体公司”的“VINAX”VDSL2 芯片组，于标准颁布的次日（2005-05-28）即宣布研发成功。VDSL2 仍使用 DMT 线路编码，与 ADSL 系列标准完全兼容，子载波数目也由 512 个增加至最大 4096 个；新的 VDSL2 解决方案既可以满足 VDSL2、也可以满足 ADSL 2+设备的要求。因此使用者只需使用一种技术就能平滑、逐步和高效地将现有网络升级到 VDSL2，并允许他们用单个网络覆盖所有 xDSL 业务应用；因而形成了接入系统在 0.6km 内使用 VDSL2 标准，在 1~3km 范围使用 ADSL2+标准，而在 3km 以上使用 ADSL 标准的铜线电缆接入网通信格局。同时用户仍可以继续使用 ADSL MODEM，想升级带宽，接收先进的通信三重业务时，只需简单地升级他们的用户端设备(CPE)就可以了。这样，就实现了更低的设施和维护成本，以及从 ADSL 到 ADSL2+，再到 VDSL2 这三种通信模式的无缝（软件）升级。

5.3　宽带光纤接入技术

5.3.1　光纤宽带接入技术概述

1. 系统介绍

光纤接入网指采用光纤传输技术的接入网，一般指本地交换机与用户之间采用光纤或部分采用光纤通信的接入系统。按照用户端的光网络单元(ONU)放置的位置不同又划分为 FTTC（光纤到路边）、FTTB（光纤到大楼）、FTTH（光纤到户）等。因此光纤接入网又称为 FTTx 接入网。

光纤接入网的产生，一方面是由于互联网的飞速发展催生了市场迫切的宽带需求，另一方面得益于光纤技术的成熟和设备成本的下降，这些因素使得光纤技术的应用从广域网延伸到接入网成为可能，目前基于 FTTx 的接入网已成为宽带接入网络的研究、开发和标准化的重点，并已成为主要的通信接入网推广技术。

进入 2011 年，中国通信业界开始布局“光纤到户”工程——为每位宽带用户提供 100Mb/s 的带宽的硬件基础，昭示着新一轮网络大发展的序幕，正徐徐拉开。

2. 光纤接入网的参考配置

光纤接入网一般由局端的光线路终端(OLT)、用户端的光网络单元(ONU)，以及光配线网(ODN)、光纤分光器（OBD）和单模光纤（G.652 型）组成，其结构如图 5.8 所示。

OLT：具有光电转换、传输复用、数字交叉连接及管理维护等功能，实现接入网到 SN 的连接。

ONU：具有光电转换、传输复用等功能，实现与用户端设备的连接。

ODN：具有光功率分配、复用/分路、滤波等功能，它为 OLT 和 ONU 提供传输手段。

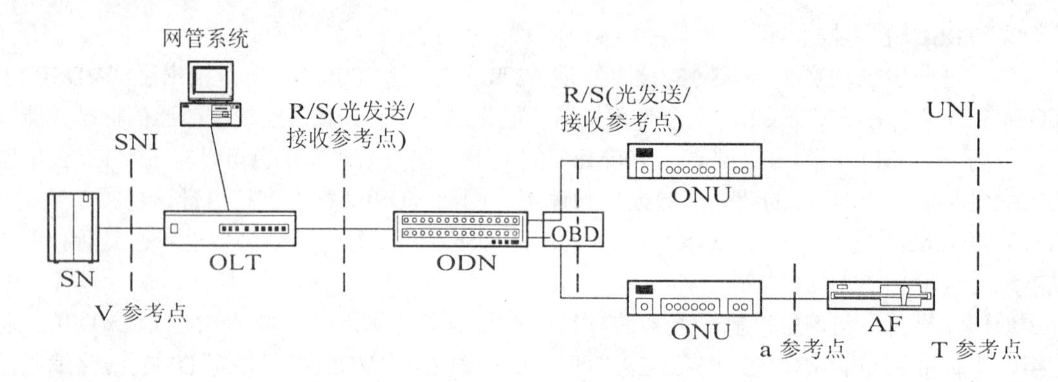

图 5.8　光纤接入网的参考配置示意图

OBD：具有信号的复用特征，将一条光纤“复用”成 32 或 64 条 100Mb/s 的光纤来使用。

3. 光接入网的类型

按照 ODN 采用的技术光网络可分为两类：有源光网络(AON：Active Optical Network)和无源光网络(PON：Passive Optical Network)。

有源光网络(AON)：指光配线网 ODN 含有有源器件(电子器件、电子电源)的光网络，该技术主要用于长途骨干传送网。

无源光网络(PON)接入技术：指 ODN 不含有任何电子器件及电子电源，ODN 全部由光分路器(Splitter)等无源器件组成，不需要贵重的有源电子设备。但在光纤接入网中，OLT 及 ONU 仍是有源的。由于 PON 具有可避免电磁和雷电影响，设备投资和维护成本低的优点，是目前以及将来光纤接入网的主要技术形式。如图 5.9 所示是 PON 网的一般结构。

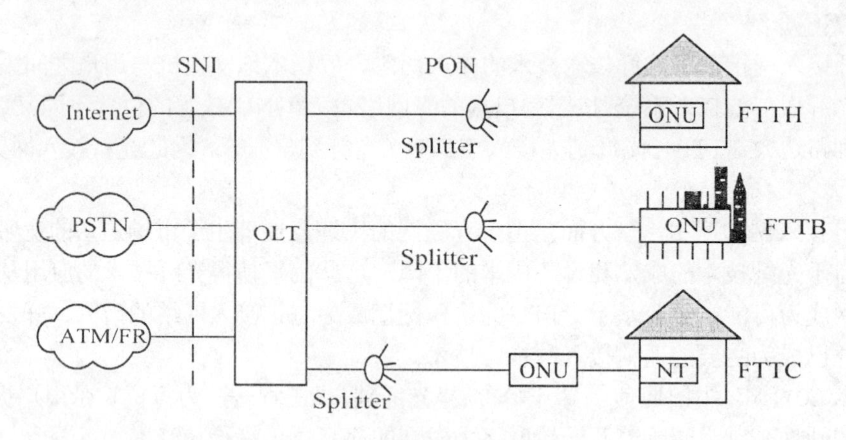

图 5.9　PON 的接入结构示意图

4. 光纤接入网的特点

光纤接入网具有容量大，损耗低，防电磁能力强等优点，随着技术的进步，其成本最终可以肯定也会低于铜线接入技术。但就目前而言，成本仍然是主要障碍，因此在光纤接入网实现中，ODN 设备主要采用无源光器件，网络结构主要采用点到多点方式，具体的实现技术主要有三种：基于 ATM 技术的 APON 和基于计算机局域网——千兆以太网（Ethernet）技术的 GEPON 和目前的新技术 GPON。

5.3.2　APON 接入技术

1. 系统介绍

ATM 与 PON 技术相结合的 APON 光纤接入技术，如图 5.10 所示，最初由 FSAN 集团(Full Service Access Network Group)于 1995 年提出，它被认为是一个理想的解决方案，因为 PON 可以提供理论上无限的带宽，并降低了接入设备的复杂度和成本，而 ATM 技术当时是公认的提供综合业务的最佳方式，并保证 QoS。APON 的 ITU-T 的相关标准是 G.983。

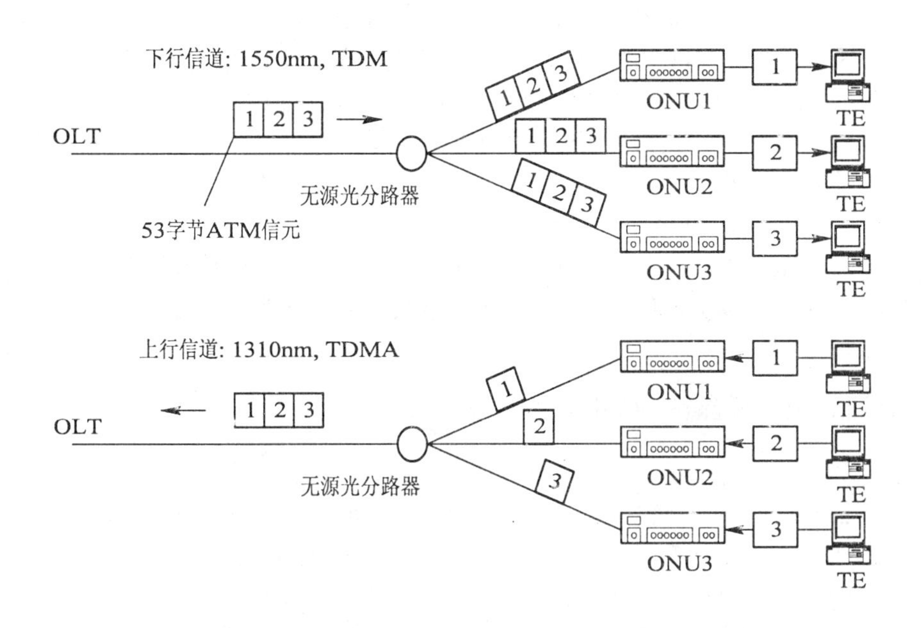

图 5.10　APON 工作原理示意图

基于 APON 的光纤接入网，是指在 OLT 与 ONU 之间的 ODN 中采用 ATM PON 技术。APON 的主要设备包括局端的 OLT、用户端的 ONU、位于 ODN 的无源光分路器，以及光纤。其结构上的主要特点是：

①无源光分路器与 ONU 之间构成点对多点的结构（目前典型的是 1:64），使得多个用户可以共享一根光纤的带宽，以降低接入成本和设备复杂度。

②采用 ATM 传输技术，即 OLT 与 ONU 之间通过 VPI/VCI，直接将 53 字节的 ATM 信元组，转换成光信号传递。

2. 工作原理

为在一根光纤上实现全双工通信，APON 的下行数据信道使用 1550 nm 波长，当来自外部网络的数据到达 OLT 时，OLT 采用“广播式-时分复用(TDM)”方式将数据交换至无源光“分路器”，后者简单地采用“广播方式”将下行的 ATM 信元传给每一个 ONU，每个 ONU 根据业务建立时 OLT 分配的 28 bit 的 VPI/VCI 进行 ATM 信元解码过滤，仅接收属于自己的信元。

APON 的上行数据信道使用 1310nm 波长，采用“传输时隙分配（TDMA）”方式实现多址接入。由于用户端 ONU 产生信号是“突发”模式，而不同 ONU 发出的信号是沿不同路径传输的，通常由 OLT 首先测试到 ONU 的距离，测距的目的是补偿 ONU 到 OLT 之间的距离不同而引起的传输时延差异，根据 ONU 到 OLT 的距离，OLT 为 ONU 分配一个合适的时隙，以保证 ONU 之间发送数据时相互不冲突，然后通过 PLOAM 信元分配一个特定的传输时隙，通知 ONU。随后 ONU 必须在指定的时隙内完成光信号的上传发送。

3. 技术应用

ATM 化的无源光网络/宽带无源光网络（APON/BPON）可以利用 ATM 的集中和统计复用功能，再结合无源分路器对光纤和光线路终端的共享作用，使性能价格比有很大改进，目前在美国和日本等国已经开始商用，在日本已经敷设了约 50 万线。

然而，目前实际 APON/BPON 的业务适配提供却很复杂，业务提供能力有限，数据传送速率和效率不高，成本较高，其市场前景由于 ATM 的衰落而变得很不确定。从长远的业务发展趋势看，APON 的可用带宽仍然不够。以 FTTC 为例，尽管典型主干下行速率可达 622 Mbit/s，但分路后实际可分到每个用户的带宽将大大减小。按 32 路计算，每一个分支的可用带宽仅剩 19.5 Mbit/s，再按 10 个用户共享计算，则每个用户仅能分到约 2 Mbit/s。显然，这样的性能价格比无法满足网络和业务的长远发展需要。由于我国高速互联网接入开展的时间较晚，该项技术主要是在欧美等信息技术发达国家使用，我国通信接入网领域基本未开展此项技术。

5.3.3 以太网无源光网络(EPON)接入技术

1. 系统介绍

EPON 是 Ethernet PON 的简写，它是在 ITU-T G. 983 APON 标准的基础上，由 IEEE 802.3ah 工作组制定的 Ethernet PON(EPON)标准。近年来，由于千兆比特 Ethernet 技术的成熟，和将来 10G 比特 Ethernet 标准的推出，以及 Ethernet 对 IP 天然的适应性，使得原来传统的局域网交换技术逐渐扩展到广域网和城域网中。目前越来越多的骨干网采用千兆比特 IP 路由交换机构建，另一方面，Ethernet 在宽带局域网（CPN）中也占据了绝对的统治地位，将 ATM 延伸到 PC 桌面已肯定不可能了。在这种背景下，接入网中采用 APON，其技术复杂、成本高，而且由于要在 WAN/LAN 之间进行 ATM 与 IP 协议的转换，实现的效率也不高。在接入网中用 Ethernet 取代 ATM，符合未来骨干网 IP 化的发展趋势，最终形成从骨干网、城域网、接入网到局域网全部基于 IP、WDM、Ethernet 来实现综合业务宽带网。

2. 工作原理

该模式的系统组成原理图，如图 5.11 所示。下行宽带信号，是通过“广播”的方式，OLT 将来自骨干网的数据转换成可变长的 IEEE 802.3 Ethernet 帧格式，发往 ODN，光分路器以广播方式将所有帧发给每一个 ONU，ONU 根据 Ethernet 信息流的帧头中 ONU 标识，通过“字头识别码”，“挑出”属于自己的信号。用户上行信号，则是按照“时分多路传输”的方式，OLT 为每个 ONU 分配一个时隙，周期是 2 ms。EPON 采用双波长方式实现单纤上的全双工通信，下行信道使用 1510 nm 波长，上行信道使用 1310 nm 波长。排序进入到“无源光分离器”中，形成完整的多路上行信息链。

EPON 技术与 APON 技术关键的区别在于：EPON 中数据传输采用 IEEE 802.3 Ethernet（以太网）的帧格式，其分组长度可变，最大为 1518 字节；APON 中采用标准的 ATM 53 字节的固定长分组格式。由于 IP 分组也是可变长的，最大长度为 65 535 字节，这就意味着 EPON 承载 IP 数据流的效率高、开销小。

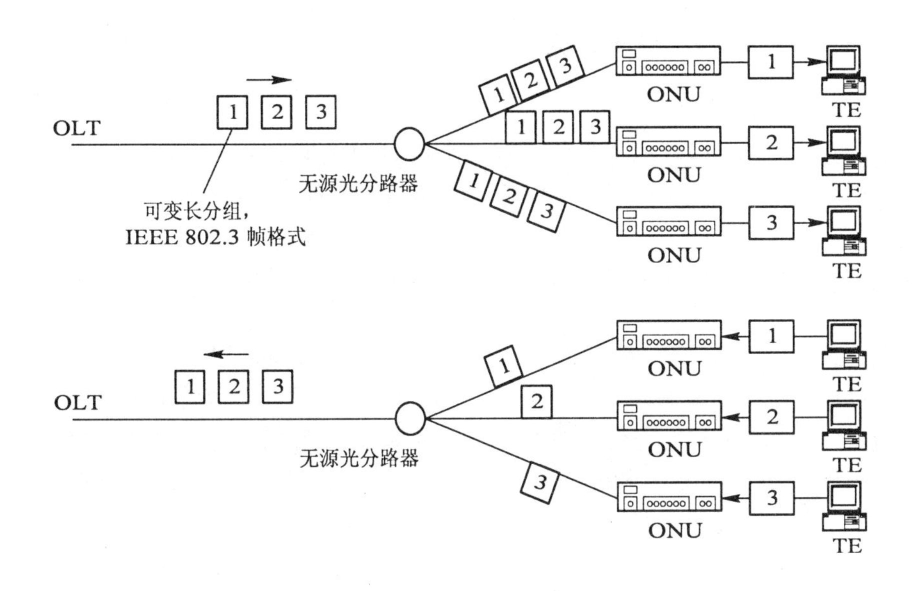

图 5.11　EPON 工作原理示意图

5.3.4　千兆无源光网络(GPON)接入技术

1. 系统介绍

GPON 技术是基于 ITU-TG.984.x 标准的最新一代宽带无源光综合接入标准，具有高带宽，高效率，大覆盖范围，用户接口丰富等众多优点，被大多数运营商视为实现接入网业务宽带化，综合化改造的理想技术。GPON(Gigabit-Capable PON) 最早由 FSAN 组织于 2002 年 9 月提出，ITU-T 在此基础上于 2003 年 3 月完成了 ITU-T G.984.1 和 G.984.2 的制定，2004 年 2 月和 6 月完成了 G.984.3 的标准化。从而最终形成了 GPON 的标准协议族。

基于 GPON 技术的设备基本结构与已有的无源光网络（PON）技术类似，也是由局端的 OLT（光线路终端），用户端的 ONT/ONU（光网络终端或称作光网络单元），连接前两种设备由单模光纤(SM fiber)和无源分光器(Splitter)组成的 ODN（光分配网络）以及网管系统组成。基本结构仍如图 5.12 所示。

2. 工作原理

对于其他的 PON 标准而言，GPON 标准提供了前所未有的高带宽，下行速率高达 2.5Gb/s，其非对称特性更能适应宽带数据业务市场。提供 QoS 的全业务保障，同时承载 ATM 信元和（或）GEM 帧，有很好的提供服务等级、支持 QoS 保证和全业务接入的能力。承载 GEM 帧时，可以将 TDM 业务映射到 GEM 帧中，使用标准的 8kHz(125μs)帧能够直接提供时分复用（TDMA）业务。作为电信级的技术标准，GPON 还规定了在接入网层面上的保护机制和完整的光传输监控管理(OAM)功能。

在 GPON 标准中，明确规定需要支持的业务类型包括数据业务(Ethernet 业务，包括 IP 业务和 MPEG 视频流)、PSTN 业务(POTS，ISDN 业务)、各类专线通信(T1，E1，DS3，E3 和 ATM)业务和视频业务(数字视频)。GPON 中的多业务映射到 ATM 信元或 GEM 帧中进行传送，对各种业务类型都能提供相应的 QoS 保证。GPON 技术允许运营商，根据各自的市场潜力和特定的管制环境，有针对性地提供用户。

5.3.5 光纤到户（F TTH）接入技术

1. 系统介绍

如前所述，光纤到户 FTTH 技术通信模式，是自 2011 年以来，通信部门主要推介的新一代通信模式，光纤到户（FTTH：Fiber To The Home），顾名思义就是一根光纤直接敷设到用户家庭。具体说，FTTH 是指将光网络单元(ONU)安装在住家用户或企业用户处。其内核，采用 EPON 和 GPON 两种制式，区别就是二者在传输速度方面的差异。后者传输速度更快，提供的带宽更大。

光纤到户（FTTH）的显著技术特点，一是为用户提供 100Mb/s 以上的更大的带宽，而且增强了网络对数据格式、速率、波长和协议的透明性，放宽了对环境条件和供电等要求，简化了维护和安装。二是通过新一代“综合性光网络单元（ONU）”，为用户提供宽带上网、电话业务、网络电视（IPTV）业务和家庭无线电话业务等一系列的综合性的通信服务。并且，随着“家庭医疗终端”、“家庭学习终端”、“家庭购物终端”等一系列面对家庭服务的各类“物联网终端”的不断涌现，用户坐在家中，通过光纤的强大的通信能力，就可以享受到越来越多的便利的通信网络的各种服务。

基于 EPON 技术内核的光纤到户 FTTH，通信各项传输指标，如表 5.1 所示。

表 5.1　EPON 型 FTTH 光传输指标一览表

FTTH 技术信道		EPON 指标
传输技术标准		IEEE 802.3ah
线路速率/光纤波长	下行	1250 Mbit/s / 1490nm，CATV 用 1550 nm
	上行	1250 Mbit/s / 1310nm
线路编码		8B/10B
线路编码效率		80%
PON MAC/TC 层效率		0～98%
可用带宽（Mbit/s）	下行	980
	上行	950

2. 光纤到户 FTTH 的组网原理

与通信全塑电话电缆的“交接配线方式”相类似，光纤到户（FTTH）光分配网(ODN)，分为主干光缆子系统、配线光缆子系统，以及入户光缆终端子系统。如图 5.12 所示。

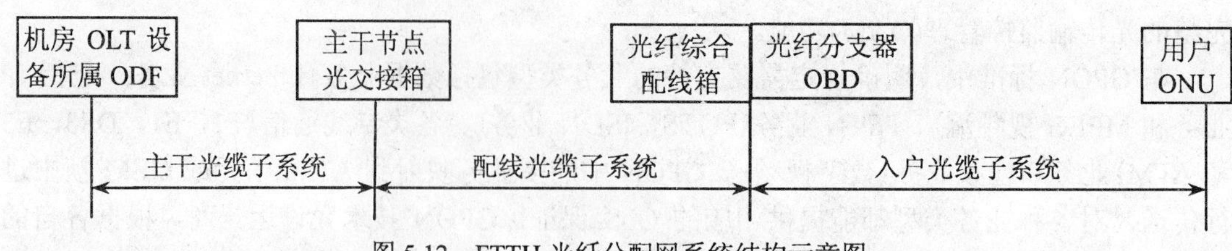

图 5.12　FTTH 光纤分配网系统结构示意图

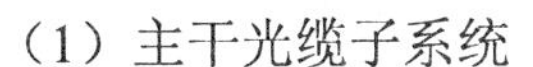

（1）主干光缆子系统

是指从连接光纤接入设备OLT的局端光分配机架ODF，连接到用户光缆交接箱之间的光缆分配系统。在这两端的光纤分配设备中，光缆以热熔的方式进行成端，相互之间以光缆尾纤进行跳接。

（2）配线光缆子系统

是指从光交接箱到用户建筑物内的“光纤综合配线箱”之间的光纤光缆。这是输入光缆与输出光缆“背靠背”直接连接的光配线盘，通常将分光器设备，也安置在其中。如图5.13（a）所示。

（a）带分光器楼宇光分配箱示意图（左图为快速直接头，右图为直熔）

（b）不带分光器楼道光分配箱示意图（左图为直熔，右图为跳接）

图5.13　两种“光纤综合配线箱”示意照片图

（3）分光器（ODB）

分光器是将一芯光缆的信道“复用”成多信道的“光纤复用装置”，通常的分线比为1∶16；1∶32和1∶64三种。在EPON模式的FTTH系统中，由于传输速率为1.2Gb/s，故为保证用户带宽达到30Mb/s以上，最常用的分线比（又称为“分光比”）为1∶32。

分光器（OBD）依据所安放的位置可考虑不同类型的分光器，主要有“盒式出纤型分光器”、“托盘式分光器”以及“插片式成端型分光器”三种；其光缆尾纤插头的型号，均为SC型“方头”光纤插头。如图5.14所示。

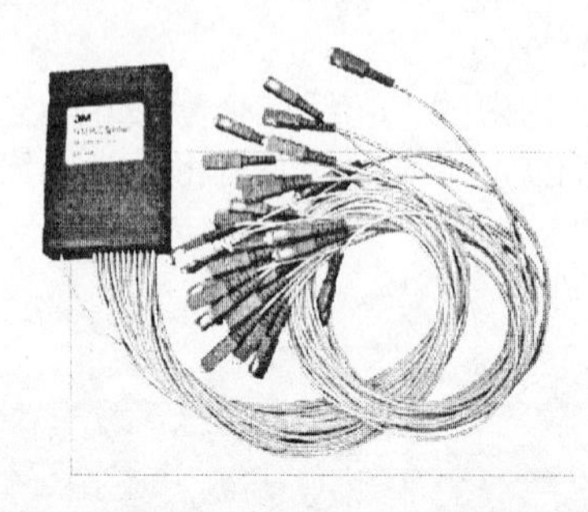

（a）盒式出纤型SC插头分光器

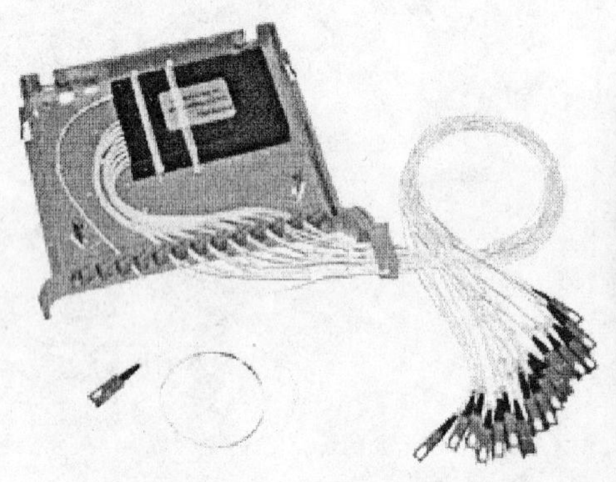

（b）托盘式SC插头分光器

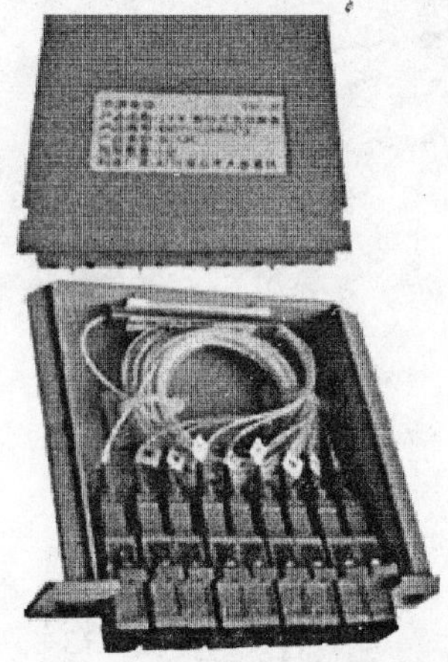

（c）插片式分光器

图5.14 三种分光器实物照片示意图

在 ODF 机架上，或是 19 英寸机架上，采用“托盘式分光器”，在其他环境中，可以采用其余两种分光器（ODB）。

（4）入户光缆终端子系统

是指从建筑物的“通信光纤用户单元”引出至用户家中，连接用户综合光电转换器 ONU 的“用户皮线光缆”及其敷设路由系统。进入到用户的光纤，都采用“蝶形皮线光缆”，其实物图，如图 5.15 所示。该类光纤光缆，根据敷设环境的不同，分为三种类型，即室内型、室外自承式型和管道型。

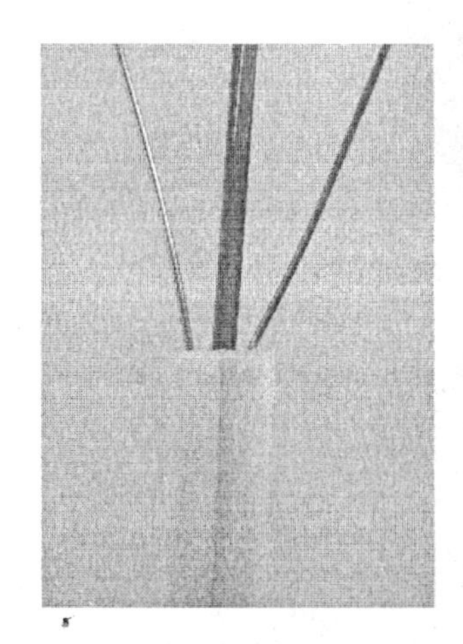

（a）室内蝶形皮线光缆

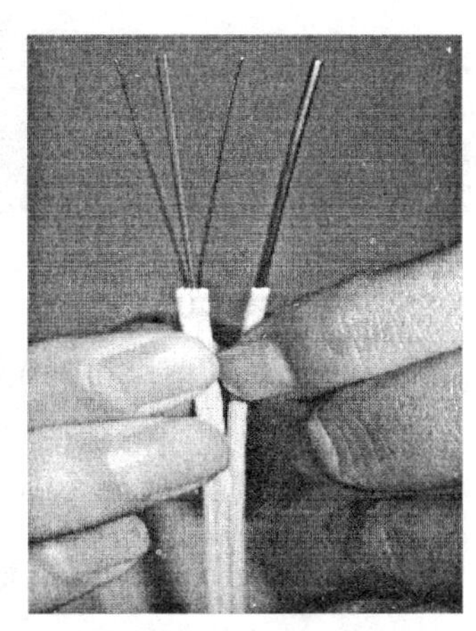

（b）自承式蝶形皮线光缆

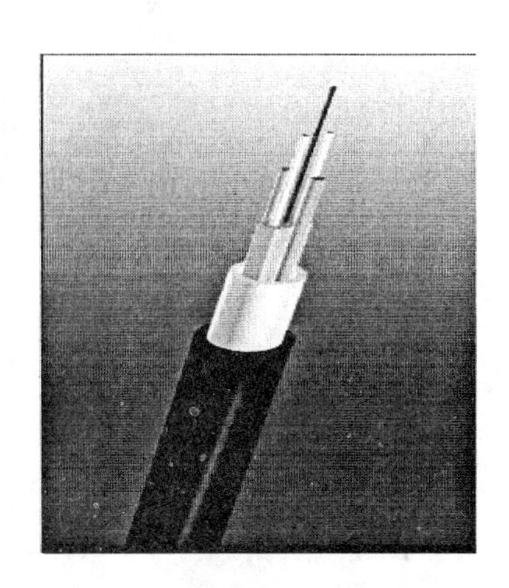

（c）管道蝶形皮线光缆

图 5.15　三种入户通信“蝶形皮线光缆”

大楼住户或商业用户入户光缆采用 GJX(F)V 或 GJX(F)H 型“室内蝶形皮线光缆”；架空入户的情况下，采用 GJYX(F)CH 型“自承式蝶形皮线光缆”；而别墅区等户型复杂的区域，由于位置比较独立，因此可能存在室内室外同时有布放线缆的需求，此时的入户光缆选用室内外两用“管道型皮线光缆”。

（5）用户光纤综合接入设备（ONU+IAD）

综合接入设备（IAD：Integrated Access Device）作为 VoIP/FoIP 媒体接入网关，应用于 NGN 交换机用户侧，完成模拟话音与 IP 包之间的转换，并通过包交换网络传送数据。同时可通过标准 MGCP（Media Gateway Control Protocol）和 SIP（Session Initiation Protocol）协议，软交换设备（SoftSwitch）配合组网，在“软交换设备”的控制下完成主被叫间的话路接续。

“e8-C 型家庭网关 ONU”：当前，最典型的用户侧综合网关 ONU，是深圳华为公司的“e8-C 型家庭网关 ONU”，这是电信公司向家庭用户提供的“家庭智能终端设备”，它支持有线/无线上网，并内置了 SIP 型的“IAD 模块”，向用户提供基于宽带、语音、IPTV 视频应用的“三网合一”（Trip-Play）业务，该设备还具有 DSL、LAN、PON 等多种上行方式。并支持 ITMS（综合终端管理系统）对语音业务的远程配置下发及管理。“e8-C 型家庭网关 ONU”的实物图，如图 5.16 所示。

该设备以“光纤接口”作为上联端口，可直接连到局端 OLT 设备，进行系统维护和管理监控。输出的端口，包括 4 个 LAN 接口、2 部电话接口、1 个家庭存储 USB 接口和无线上网 WLAN 接口。丰富的应用接口，为接入网实现综合业务通信，打下了良好的基础。

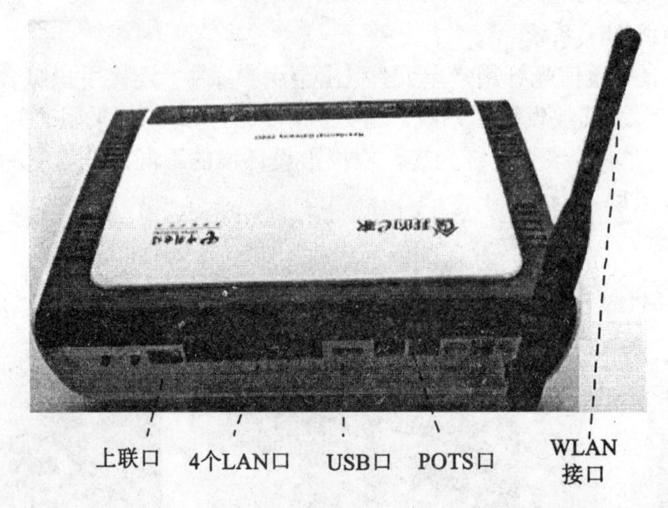

图 5.16　深圳华为公司“e8-C 型家庭网关 ONU”实物照片示意图

5.3.6　HFC 接入技术

1. 系统介绍

光纤和同轴电缆混合网(HFC：Hybrid Fiber/Coax)是从传统的有线电视网络发展而来的，进入 20 世纪 90 年代后，随着光传输技术的成熟和设备价格的下降，光传输技术逐步进入有线电视分配网，形成 HFC 网络，但 HFC 网络只用于模拟电视信号的广播分配业务，浪费了大量的空闲带宽资源。

20 世纪 90 年代中期以后全球电信业务经营市场的开放，以及 HFC 本身巨大的带宽和相对经济性，基于 HFC 网的 Cable Modem 技术对有线电视网络公司很具吸引力。1993 年初，Bellcore 最先提出在 HFC 上采用 Cable Modem 技术，同时传输模拟电视信号、数字信息、普通电话信息，即实现一个基于 HFC+Cable Modem 全业务接入网 FSAN。由于 CATV 在城市很普及，因此该技术是宽带接入技术中最先成熟和进入市场的。

所谓 Cable Modem 就是通过有线电视 HFC 网络实现高速数据访问的接入设备，Cable Modem 的通信和普通 Modem 一样，是数据信号在模拟信道上交互传输的过程，但也存在差异，普通 Modem 的传输介质在用户与访问服务器之间是点到点的连接，即用户独享传输介质，而 Cable Modem 的传输介质是 HFC 网，将数据信号调制到某个传输带宽与有线电视信号共享介质；另外，Cable Modem 的结构较普通 Modem 复杂，它由调制解调器、调谐器、加/解密模块、桥接器、网络接口卡、以太网集线器等组成，它的优点是无需拨号上网，不占用电话线，可提供随时在线连接的全天候服务。目前 Cable Modem 产品有欧、美两大标准体系，DOCSIS 是北美标准，DVB/DAVIC 是欧洲标准。

2. 工作原理及接入参考模型

在 HFC 上利用 Cable Modem 进行双向数据传输时，需对原有 CATV 网络进行双向改造，主要包括配线网络带宽要升级到 860 MHz 以上，网络中使用的信号放大器要换成双向放大器，同时光纤段和用户段也应增加相应设备用于话音和数据通信，如图 5.17 所示。

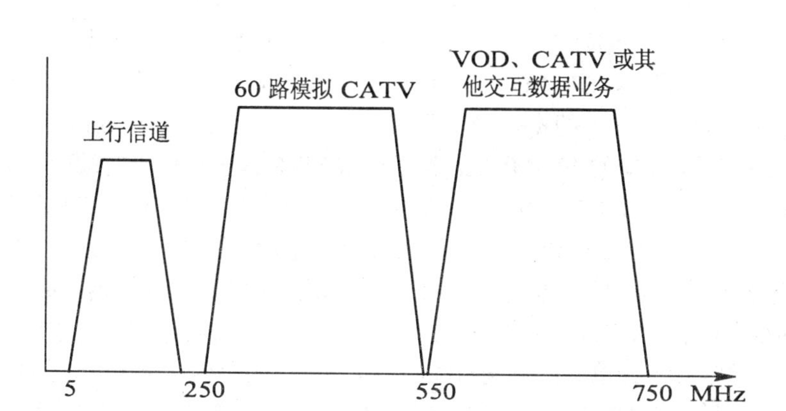

图 5.17　HFC 频谱安排参考方案示意图

Cable Modem 采用副载波频分复用方式将各种图像、数据、话音信号调制到相互区分的不同频段上，再经电光转换成光信号，经馈线网光纤传输，到服务区的光节点处，再光电转换成电信号，经同轴电缆传输后，送往相应的用户端 Cable Modem，以恢复成图像、数据、话音信号，反方向执行类似的信号调制解调的逆过程。

为支持双向数据通信，Cable Modem 将同轴带宽分为上行通道和下行通道，其中下行数据通道占用 50～750 MHz 之间的一个 6 MHz 的频段，一般采用 64/256 QAM 调制方式，速率可达 30～40 Mb/s；上行数据通道占用 5～42 MHz 之间的一个 200～3200 kHz 的频段，为了有效抑制上行噪音积累，一般采用抗噪声能力较强的 QPSK 调制方式，速率可达 320～10 Mb/s，HFC 频谱安排参考方案如图 5.18 所示。

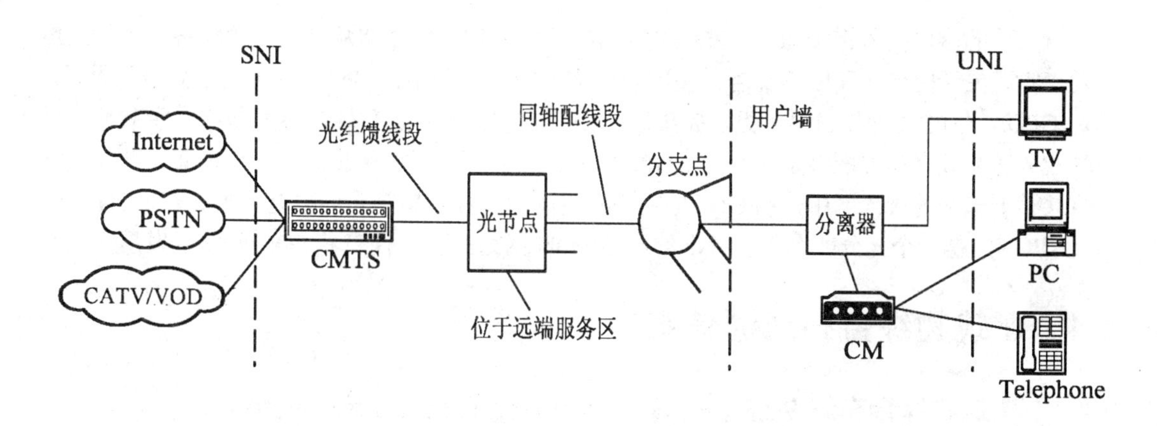

图 5.18　HFC 系统接入配置图

所谓 Cable Modem 就是通过有线电视 HFC 网络实现高速数据访问的接入设备，Cable Modem 的通信和普通 Modem 一样，是数据信号在模拟信道上交互传输的过程，但也存在差异，普通 Modem 的传输介质在用户与访问服务器之间是点到点的连接，即用户独享传输介质，而 Cable Modem 的传输介质是 HFC 网，将数据信号调制到某个传输带宽与有线电视信号共享介质；另外，Cable Modem 的结构较普通 Modem 复杂，它由调制解调器、调谐器、加/解密模块、桥接器、网络接口卡、以太网集线器等组成，它的优点是无需拨号上网，不占用电话线，可提供随时在线连接的全天候服务。目前 Cable Modem 产品有欧、美两大标准体系，DOCSIS 是北美标准，DVB/DAVIC 是欧洲标准。

采用 Cable Modem 技术的宽带接入网主要由前端设备 CMTS(Cable Modem Termination System)和用户端设备 CM(Cable Modem)构成。 CMTS 是一个位于前端的数据交换系统，它负责将来自用户 CM 的数据转发至不同的业务接口，同时，它也负责接收外部网络到用户群的数据，通过下行数据调制(调制到一个 6 MHz 带宽的信道上)后与有线电视模拟信号混合输出到 HFC 网络。用户端的 CM 的基本功能就是将用户上行数字信号调制成 5～42 MHz 的信号后以 TDMA 方式送入 HFC 网的上行通道，同时，CM 还将下行信号解调为数字信号送给用户计算机，通常 CM 加电后，首先自动搜索前端的下行频率，找到下行频率后，从下行数据中确定上行通道，与 CMTS 建立连接，并通过动态主机配置协议(DHCP)，从 DHCP 服务器上获得分配给它的 IP 地址。图 5.18 所示为 HFC 系统接入配置图。

3. 应用领域及缺点

基于 HFC 的 Cable Modem 技术主要依托有线电视网，目前提供的主要业务有 Internet 访问、IP 电话、视频会议、VOD、远程教育、网络游戏等。此外，电缆调制解调器没有 ADSL 技术的严格距离限制，采用 Cable Modem 在有线电视网上建立数据平台，已成为有线电视公司接入电信业务的首选。

Cable Modem 速率虽快，但也存在一些问题，比如 CMTS 与 CM 的连接是一种总线方式。Cable Modem 用户们是共享带宽的，当多个 Cable Modem 用户同时接入 Internet 时，数据带宽就由这些用户均分，从而速率会下降。另外由于共享总线式的接入方式，使得在进行交互式通信时必须要注意安全性和可靠性问题。

5.3.7 光纤接入网技术总结

就目前的国内接入市场而言 EPON 占一定的优势，EPON 能够从运营商的经济成本的角度出发，实现灵活的接入和网络部署，在国内诸多 FTTH 工程中，EPON 模式已成为中坚力量。但是 GPON 在技术上比 EPON 更加完善，GPON 在扰码效率、传输汇聚层效率、承载协议效率和业务适配效率等方面都是最高的，GPON 应该具有更广阔、更长远的应用前景。两种技术必将共存于未来的接入网中，EPON 和 GPON 发展的最佳策略是走向融合，下一代 PON 网络系统 xPON，是一个充分兼容现有标准的高速 PON 网络平台，代表着 PON 网络的发展方向。

5.4 建筑物综合布线通信系统

5.4.1 建筑物综合布线系统（PDS：Premises Distributed System）

1. 系统概述

是在原有通信接入网线缆系统的基础上，针对“用户信息点密集”特征的“综合办公大楼”等各类高层建筑和综合住宅小区专门设置的，集语音、宽带数据、图像、各类信息系统为一体的新一代“综合通信线缆多媒体”的线缆传输系统，这是一个结构化的信息综合传输系统，但不包括通信设备。其传输的信息，包含“建筑物设备自动化系统”（BAS：Building Automation System）、“建筑物办公自动化系统”（OAS：Office Automation System）和“建筑物通信自动化系统”（CAS：Communication Automation System）三个系统，即所谓 3A 系统；如果再加上智

能防火监控系统（FAS：Firie Automation System）、保安自动化系统（SAS：Safety Automation System），便构成了完整的建筑物5A信息系统；一般每栋建筑物单独组成一个线缆系统，其技术组成结构如图5.19所示。

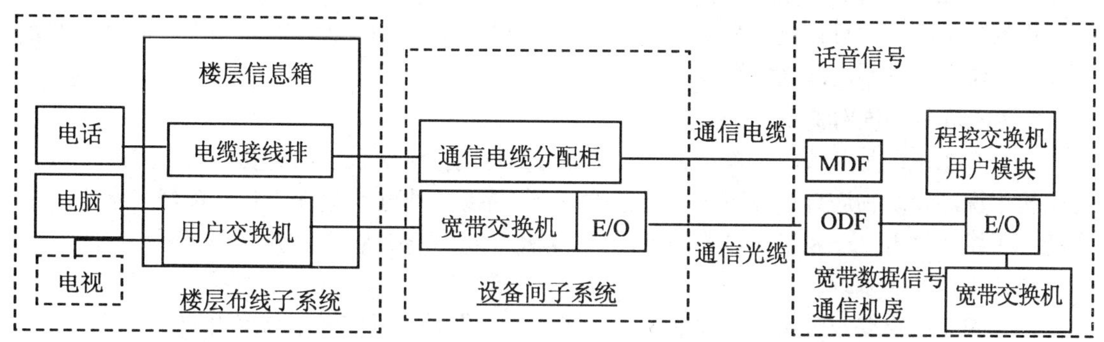

图5.19 “通信光电缆+LAN方式”的建筑物综合布线系统示意图

一般来讲，一座建筑物的生命周期要远远长于计算机、通信及网络技术的发展周期。因此，智能楼宇采用的通信设施及布线系统一定要有超前性，力求高标准，并且有很强的适应性、扩展性、可靠性和长远效益。综合布线的发展与建筑物自动化系统密切相关，传统布线如电话、计算机局域网都是各自独立的。各系统分别由不同的专业设计和安装，传统布线采用不同的线缆和不同的终端插座。而且，连接这些不同布线的插头、插座及配线架均无法互相兼容。办公布局及环境改变的情况是经常发生的，需要调整办公设备或随着新技术的发展，需要更换设备时，就必须更换布线。其改造不仅增加投资和影响日常工作，也影响建筑物整体环境。随着全球社会信息化与经济国际化的深入发展，人们对信息共享的需求日趋迫切，就需要一个适合信息时代的包含各类信息的综合布线方案。

建筑物综合布线系统 PDS，最早是由美国电话电报(AT&T)公司的贝尔实验室(Bellcore)的专家们经过多年的研究，在办公楼和工厂试验成功的基础上，于20世纪80年代末期率先推出 SYSTIMATMPDS(建筑与建筑群综合布线系统)，经过国际标准化机构的努力，现已推出全球范围的结构化布线系统标准SCS。

我国国家标准GB/T50311-2000，将建筑物综合布线命名为“综合布线系统GCS”(Generic cabling system)。综合布线是一种预布线，犹如智能大厦内的一条信息综合高速公路，我们可在建筑物的土建阶段就将连接5A的线缆置于综合布线建筑物内，至于楼内安装或增设什么系统，那么完全可以根据当时的需要、未来的发展和可能的技术来决定。因而能够适应较长一段时间的需求。

2. 综合布线系统的构成

综合布线系统是开放式结构，能支持电话及多种计算机数据系统,还能支持会议电视、监视电视等系统的需要。综合布线系统可划分成六个子系统，工作区子系统；配线（水平）子系统；干线（垂直）子系统；设备间子系统；管理子系统；建筑群子系统。

5.4.2 通信接入网综合布线系统

1. 概述

综合布线系统是建筑物或建筑群内的传输线缆网络，数据信号采用“宽带交换机+五类线接入”的方式为用户提供10M/100M带宽的共享接入端口，它能使语音和数据通信设备、交换设备和其他信息管理系统彼此相连接，包括建筑物到外部网络或电话局线路上的连接点与工作区的语音，或数据终端之间的所有电缆及相关联的布线部件。综合布线的结构采用模块化设计和分层星形拓扑结构。可用广泛的建筑与建筑群结合布线系统(PDS)结构。不仅易于实施，而且能随需求的变化而平稳升级。

根据建筑物的信息化使用需求，综合布线系统的用户类型分为“基本型”、“增强型”和“综合型”三种不同的服务等级。

2. 综合布线系统构成

综合布线系统是开放式结构，能各类信息通信与监控传输系统的需要（3A 或 5A）。从纵向结构来说，建筑物综合布线系统可划分成六个子系统，即工作区子系统；配线（水平）子系统；干线（垂直）子系统；设备间子系统；综合管理子系统；以及建筑群子系统。

（1）工作区子系统

一个独立的需要设置用户终端的区域，即一个工作区，工作区子系统由配线(水平)布线系统的信息插座，延伸到工作站终端设备处的连接电缆及适配器组成。一个工作区的服务面积可按 5～10m^2 估算，每个工作区设置一个电话机或计算机终端设备，或按用户要求设置。

综合布线系统的信息插座通常应按下列原则选用：

①单个连接的 8 芯插座宜用于基本型系统；

②双个连接的 8 芯插座宜用于增强型系统；

③信息插座应在内部做固定线连接；

④一个给定的综合布线系统设计可采用多种类型的信息插座。

工作区的每一个信息插座均支持电话机、数据终端、计算机、电视机及监视器等终端的设置和安装。工作区的通信电缆长度应在 10M 以内。

（2）配线（水平）子系统

配线子系统由工作区的信息插座，每层配线设备至信息插座的配线电缆、楼层配线设备和跳线等组成。配线子系统的线缆一般宜选用普通型铜芯双绞线电缆，线缆敷设长度范围是 90m 以内；用户数量应控制在 200 户以内；实际的配置过程中，应根据下列要求进行设计：

①根据工程提出近期和远期的终端设备要求；

②每层需要安装的信息插座数量及其位置；

③终端将来可能产生移动、修改和重新安排的详细情况；

④一次性建设与分期建设的方案比较。

配线子系统应采用 4 对双绞电缆，配线子系统在有高速率应用的场合，应采用光缆。配线子系统根据整个综合布线系统的要求，应在二级交接间、交接间或设备间的配线设备上进行连接,以构成电话、数据、电视系统并进行管理。

（3）干线（垂直）子系统

干线子系统应由设备间的配线设备和跳线以及设备间至各楼层配线间的连接电缆组成。在确定干线子系统所需要的电缆总对数之前，必须确定电缆话音和数据信号的共享原则。对于基本型每个工作区可选定 1 对，对于增强型每个工作区可选定 2 对双绞线，对于综合型每个工作区可在基本型和增强型的基础上增设光缆系统。

选择干线电缆最短、最安全和最经济的路由，选择带门的封闭型通道敷设干线电缆。干线电缆可采用点对点端接，也可采用分支递减端接以及电缆直接连接的方法。如果设备间与计算机机房处于不同的地点，而且需要把话音电缆连至设备间，把数据电缆连至计算机房，则宜在设计中选取不同的干线电缆或干线电缆的不同部分来分别满足不同路由干线（垂直）子系统话音和数据的需要。当需要时，也可采用光缆系统予以满足。

（4）设备间子系统

设备间是在每一幢大楼的适当地点设置进线设备、进行网络管理以及管理人员值班的场所。设备间子系统由综合布线系统的建筑物进线设备、电话、数据、计算机等各种配线成端设备及其保安配线设备等组成。设备间内的所有进线终端应采用色标区别各类用途的配线区，设备间位置及大小根据设备的数量、规模、最佳网络中心等内容，综合考虑确定。综合布线系统的设备间通常与整栋大楼的通信或监控系统设备间合设在一处，以便综合管理与配置。

（5）管理子系统

管理子系统是指整个综合布线系统的布线路由、敷设方式、线对数量与种类、线对成端情况与各类跳线情况的各种文字记录（系统）和实物标记（标签）的总和，通过它，管理人员能够完全掌握整个综合布线系统情况，从而能更好地使用和管理整个系统布线。管理子系统的重点工作是配置各交接间的配线设备，输入/输出设备等，以及设备间子系统的配线等。管理子系统应采用单点管理双交接。交接场的结构取决于工作区、综合布线系统规模和选用的硬件。在管理规模大、复杂、有二级交接间时，才设置双点管理双交接。在管理点,根据应用环境用标记插入条来标出各个端接场。

交接区应有良好的标记系统，如建筑物名称、建筑物位置、区号、起始点和功能等标志。交接间及二级交接间的配线设备宜采用色标区别各类用途的配线区。交接设备连接方式的选用宜符合下列规定：

①对楼层上的线路进行较少修改、移位或重新组合时,宜使用夹接线方式；

②在经常需要重组线路时应使用插接线方式。

③在交接配线区之间应留出空间，以便容纳未来扩充的交接配线硬件设施。

（6）建筑群子系统

建筑群子系统由两个及两个以上建筑物的电话、数据、电视系统组成一个建筑群综合布线系统，包括连接各建筑物之间的缆线和配线设备(CD),组成建筑群子系统。建筑群子系统宜采用地下管道敷设方式，管道内敷设的铜缆或光缆应遵循电话管道和入孔的各项设计规定。此外安装时至少应预留1～2个备用管孔，以供扩充之用。建筑群子系统采用直埋沟内敷设时，如果在同一沟内埋入了其他的图像、监控电缆,应设立明显的共用标志。电话局引入的电缆应进入一个阻燃接头箱，再接至保护装置。

（7）光缆传输系统

当综合布线系统需要在一个建筑群之间敷设较长距离的线路，或者在建筑物内信息系统要求组成高速率网络，或者与外界其他网络特别与电力电缆网络一起敷设有抗电磁干扰要求时,应采用光缆作为传输媒体。光缆传输系统应能满足建筑与建筑群环境对电话、数据、计算机、电视等综合传输要求，目前宜采用单模光缆。

综合布线系统的交接硬件采用光缆部件时，设备间可作为光缆主交接场的设置地点。干线光缆从这个集中的端接和进出口点出发延伸到其他楼层，在各楼层经过光缆级连接装置沿水平方向分布光缆。

3. 综合布线系统的特点

综合布线技术是从“市话通信全塑电缆配线技术”发展起来的，新一代通信接入网布线系统，经历了非结构化布线系统到结构化布线系统的过程。作为各类智能化建筑物的基础配套设施，综合布线系统是必不可少的，它可以满足建筑物内部及建筑物之间的所有计算机、通信以及建筑物自动化系统设备的配线要求。综合布线同传统的布线相比较，有着许多优越性是传统布线所无法相比的。其特点主要表现在它具有兼容性、开放性、灵活性、可靠性、先进性和经济性。而且在设计、施工和维护方面也给人们带来了许多方便。

（1）综合性、兼容性好

传统的专业布线方式需要使用不同的电缆、电线、接续设备和其他器材，技术性能差别极大，难以互相通用，彼此不能兼容。综合布线系统具有综合所有系统和互相兼容的特点，采用光缆或高质量的模块化系统布线部件和连接硬件，能满足不同生产厂家终端设备传输信号的需要。

（2）灵活性、适应性强

采用传统的专业布线系统时，如需改变终端设备的位置和数量，必须敷设新的缆线和安装新的设备，且在施工中有可能发生传送信号中断或质量下降，增加工程投资和施工时间，因此，传统的专业布线系统的灵活性和适应性差。在综合布线系统中任何信息点都能连接不同类型的终端设备，当设备数量和位置发生变化时，只需采用简单的插接工序，实用方便，其灵活性和适应性都强、且节省工程投资。

（3）便于今后扩建和维护管理

综合布线系统的网络结构一般采用星形结构，各条线路自成独立系统，在改建或扩建时互相不会影响。综合布线系统的所有布线部件采用积木式的标准件和模块化设计。因此，部件容易更换，便于排除障碍，且采用集中管理方式，有利于分析、检查、测试和维修，节约维护费用和提高工作效率。

（4）技术经济合理

综合布线系统各个部分都采用高质量材料和标准化部件，并按照标准施工和严格检测，保证系统技术性能优良可靠，满足目前和今后通信需要，且在维护管理中减少维修工作，节省管理费用。采用综合布线系统虽然初次投资较多，但从总体上看是符合技术先进、经济合理的要求的。

5.5 现代用户通信系统

5.5.1 现代用户通信网络概述

“用户通信网络”是近几年发展起来的通信概念，特别是各通信运营商都开始了以“为用户提供全方位的通信服务”为己任的向“通信综合服务商”的角色转换；和以“光纤到户（FTTH）”为导向的通信技术的不断发展，对家庭用户网络单元为代表的“用户通信网络”的技术业务的开发越来越受到重视。

“用户通信网络”一般分为六种类型：“国有大中型企事业单位”、“中小型企业与商店用户”、“家庭住宅用户”、“学生与职工集体宿舍”、“农村住宅用户”以及“宽带网吧与公共电话群（俗称“话吧”）用户”。其中，第一种“国有大中型企事业单位”原有规模较大的用户通信网络，今后的发展情况有限，而后几种用户，特别是数量庞大的“中小型企业与商店用户”、“农村住宅用户”与“家庭住宅用户”，则是未来发展的重点。

传统的用户网络的组成比较简单，并且是各自分散的：对有线电视而言，一个“视频信

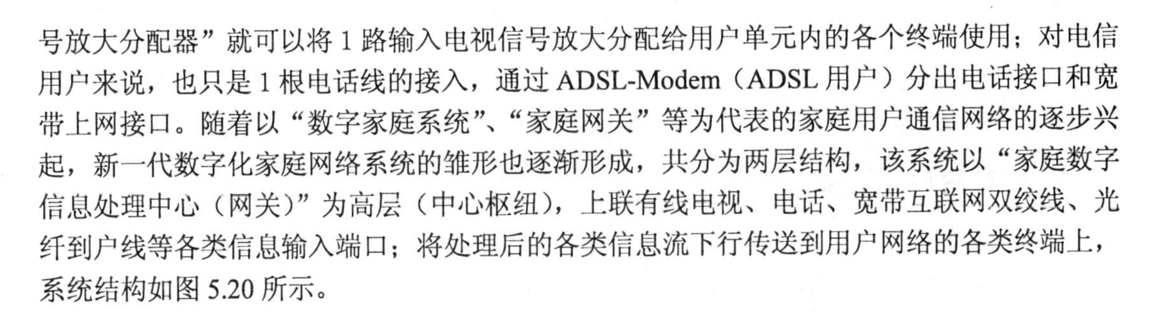

号放大分配器”就可以将1路输入电视信号放大分配给用户单元内的各个终端使用；对电信用户来说，也只是1根电话线的接入，通过ADSL-Modem（ADSL用户）分出电话接口和宽带上网接口。随着以“数字家庭系统”、“家庭网关”等为代表的家庭用户通信网络的逐步兴起，新一代数字化家庭网络系统的雏形也逐渐形成，共分为两层结构，该系统以“家庭数字信息处理中心（网关）”为高层（中心枢纽），上联有线电视、电话、宽带互联网双绞线、光纤到户线等各类信息输入端口；将处理后的各类信息流下行传送到用户网络的各类终端上，系统结构如图5.20所示。

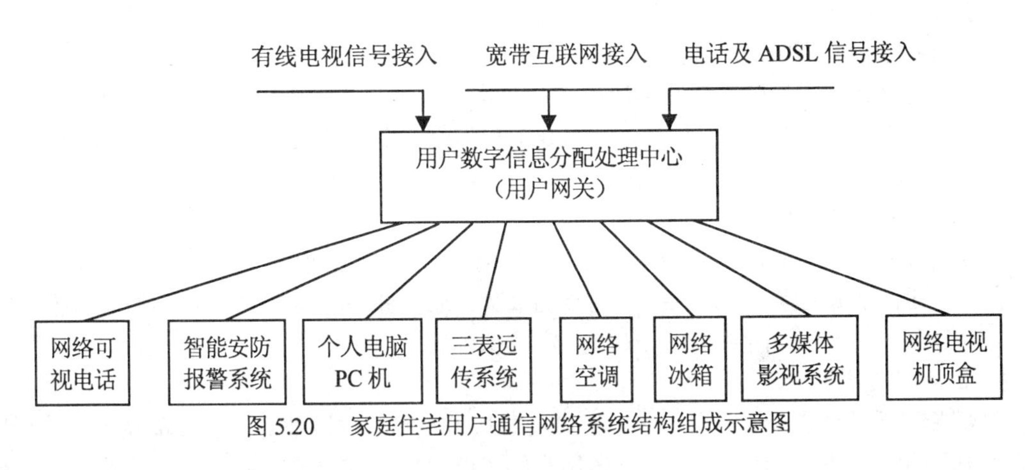

图5.20 家庭住宅用户通信网络系统结构组成示意图

以上是未来的“家庭住宅用户通信网络系统结构组成示意图”，也是未来信息化数字家庭的前景图，目前的“用户网关”还只是一个“输入信息分配单元”：将输入的各类信号放大处理后，分配给各终端使用。

5.5.2 住宅用户通信网络

原有的典型家庭通信终端是电话机和计算机宽带网络接口，随着以“数字家庭系统”、“家庭网关”等为代表的家庭用户通信网络的逐步兴起，新一代数字化家庭网络系统的雏形也逐渐形成，该系统以“家庭数字信息中心（网关）”为中心枢纽，以光纤到户（FTTH）、有线电视接入等各类信息化接入为关口，实现“多媒体影视中心”、“电视网络机顶盒”、“网络空调”、“网络冰箱”、“安防报警系统”、“智能监控系统”、“医疗健康系统”、“电子相框”、“网络可视电话”、“三表收费信息远传”等各子系统的合成信息系统和其它多种产品的集成，我们身临其中将可体验未来家庭生活的简约和高品质——这就是基于各类用户终端的“物联网”的“用户终端网络”。

目前的“物联网型的家庭用户网关”，还只是一个“输入信息分配单元”：将输入的有线电视信号放大分配；将ADSL综合信号分离出来，分别形成“宽带互联网信号”和“电话信号”，经过“家庭综合布线系统”，到达各个墙壁插座，分配给各种终端使用。

未来的“家庭用户网关”应成为“家庭综合信息转换”与“家庭信息调度分配”中心，除了具有现有的电话信息接入与分配、宽带信息接入分配，以及电视信息接入分配功能外，还应具有“家庭安全三防（防火、防盗与防水等）信息监测与告警”、“家庭医疗自动检查”、“家庭空气与温湿度检测及自动调节”、“家庭银行与理财系统”等各类家庭综合信息系统的枢纽中心，能够为我们的以家庭为中心的现代化工作、学习和生活带来充分的便捷和乐趣。甚至大学学习都可以在“家庭远程学习系统”中完成，根据自己的时间与精力，灵活地开始和完成大学学业，取得“电子注册”式的毕业证书。

5.5.3 城市用户通信系统

城市用户主要指“中小型企业与商店用户”、“家庭住宅用户”、“学生与职工集体宿舍”，以及“宽带网吧与公共电话群（俗称“话吧”）用户” 四种。除家庭住宅用户外，其余三种用户的组网情况比较简单，下面分别进行分析介绍。

1. 中小型企业与商店用户

主要指具有 2~4 间办公室或临街店面的中小型企业用户，由于场地和规模较小，通信业务主要为有线电话、宽带上网、传真，及有线电视信号，用户网关起简单的“通信业务分配”的作用。典型的配置为：“（1~2 部电话线）+（1~10Mb/s 宽带上网端口）”。

2. 大学生与职工集体宿舍用户

主要指 2~6 人/间的大学生或单身职工宿舍用户，该类用户以宿舍为单元，通信业务主要为有线电话、宽带上网，用户网关起简单的“宽带通信业务分配”的作用。典型的配置为：“（1 部电话线）+（2~6 个共 2~10Mb/s 宽带上网端口）”。

3. 宽带网吧用户

主要指经营性宽带网吧用户，该类用户主要从事电脑互联网业务，通过单模光纤专线提供 100~1000 Mb/s 宽带上网端口，通过该用户的“路由器”或“代理服务器”接入，用户网关只是一个“光电转换器”，起简单的“宽带互联网连接”的作用。典型的配置为：“（1~2 部电话线）+（100~1000Mb/s 宽带上网端口）”。

4. 公共电话群（俗称“话吧” ）用户

这是一个新的用户种群，是电信企业联合社会力量，在电话业务比较集中的地方，设置的经营性集中电话（特别是 IP 长途电话）用户，一般是通过简单的“电缆分线盒”接入，起简单的“电话机分配”的作用。典型的配置为：“5~20 部电话线”。有时，该类用户也和网吧业务共同设置。

5.5.4 农村用户通信系统

为缩小城乡差别，近几年，我国掀起了大力发展农村通信的高潮，力争达到“村村通电话和宽带”的目标；农村通信，主要是以自然村为单元，设立通信节点，通过光纤传输系统，形成农村通信网络的格局。在自然村内，主要以“通信电缆+ADSL”的模式，将电话和宽带互联网综合业务传送到农户家中，将 ADSL 综合信号分离出来，分别形成“宽带互联网信号”和“电话信号”，分配给各种通信终端使用。

5.6 本章小结

宽带接入网是使用最广泛,发展技术较快的重要通信技术,代表着通信网络的主要组成部分。本章叙述了宽带互联接入网的主流组网技术和发展的新标准，共分为四个部分：第 1 节概述了通信宽带互联网组网概念与国际规范；第 2 节简述了通信宽带铜线接入技术；第 3 节简述了通信网宽带光纤接入技术；第 4 节简述了以家庭用户为特征的用户综合通信网技术；

其中第2~4节均牵涉到目前最新的通信接入网技术的发展成果；整章内容构成了通信接入网络的基础理论要点，具有很强的实用性。

第1节宽带互联网组网技术概论，详细介绍了通信接入网的概念、主要功能和协议参考模型、接口与分类以及重要的V接口系统情况；使读者对通信接入网的概念及其工作原理建立完整的认识。要求掌握通信接入网的概念，认识通信接入网的主要功能和协议参考模型、接口与分类以及重要的V接口系统情况。

第2节宽带铜线电缆接入技术，详细介绍了两种ADSL通信电缆接入网技术的系统工作原理，使读者对目前各种通信电缆接入网技术建立基本的认识。要求掌握ADSL/ADSL2+通信电缆接入网技术的系统工作原理；认识VDSL2通信电缆接入网技术组成情况。

第3节宽带光纤接入技术，系统阐述了APON/EPON（含GEPON）/GPON/HFC等光纤接入网的基本概念、系统组成和工作原理；使读者对光纤数字通信接入网信号传输技术有一个全面的基本的认识。要求掌握EPON、GPON等光纤数字接入网系统组成结构与工作原理。认识APON、HFC等光纤接入网系统组成结构与工作原理。

第4节建筑物综合布线通信系统，系统阐述了建筑物综合布线通信系统的基本概念、系统组成、工作原理和特点；使读者对建筑物综合布线通信系统有一个全面的基本的认识。要求掌握建筑物综合布线通信系统的概念、系统组成与分类情况。认识建筑物综合布线通信系统的特点与工作原理。

第5节现代用户通信系统，详细介绍了以家庭用户为代表的三种现代用户通信系统组成与工作原理，并分析了其未来的技术发展情况；使读者对现代用户通信系统组成与工作原理有一个全面的基本的认识。要求掌握以家庭用户为代表的三种现代用户通信系统组成与工作原理。认识家庭用户通信接入网的未来技术发展情况。

◎ 作业与思考题

1. 简述通信接入网的概念、结构，并简述通信接入网的主要功能和协议参考模型。
2. 试论通信接入网的接口与分类，并分析V5接口的组成与作用。
3. 试论ADSL接入网的技术原理与组网情况。
4. 试述新一代ADSL2+接入技术的技术原理与组网特点。
5. 试述新一代VDSL2接入技术的技术原理与组成情况。
6. 试论光纤接入网的参考配置、技术原理与组网情况。
7. 试论APON接入技术的原理与组网情况。
8. 试论以太网无源光网络(EPON/ GEPON)接入技术的工作原理与组网情况。
9. 试论千兆无源光网络(GPON)接入技术的工作原理与未来发展情况。
10. 试论HFC接入技术的工作原理与组网情况。
11. 简述建筑物综合布线通信系统的概念和系统组成，并介绍其用户服务等级情况。
12. 简述建筑物综合布线通信系统的特点。
13. 试论现代家庭用户通信网络的组成、工作原理与今后的发展情况。
14. 试论现代城市用户通信网络的组成、种类和工作原理，以及今后的发展情况。
15. 试论现代农村用户通信网络的组成、种类和工作原理，以及今后的发展情况。

16．根据书中所讲内容，按照“内容、组成（或结构）、作用和特点”四个方面，解释下列名词。

（1）城市二级组网格局（2）通信接入网协议（3）ADSL（4）ADSL2+（5）VDSL2（6）FTTB（7）FTTH（8）EPON（9）GPON（10）ODN（11）OBD（12）HFC（13）建筑物5A信息系统（14）GCS（PDS）（15）工作区子系统（16）配线(水平)子系统（17）干线(垂直)子系统（18）设备间子系统（19）管理子系统（20）建筑群子系统（21）用户通信网络（22）住宅用户网络（23）城市用户通信系统（24）家庭用户网关。

第二篇　现代通信工程设计技术与实践

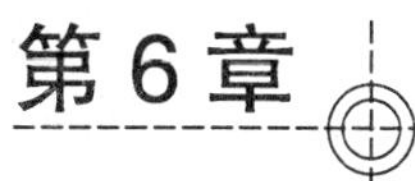

第6章　网络工程设计的现场勘查

本章详细讲解了“现代通信工程规划设计与集成”中最重要的第一步内容——工程设计的现场勘测调查——这是组成“工程设计内容四步曲”的基本的工作环节，也是本课程的核心内容之一，要求学生一定要认真掌握本章的内容和实施方法——也是工程建设的基本工作技能之一。

本章学习的重点内容:

1. 网络通信工程设计现场勘测的前期准备;
2. 网络通信设计的四个重点勘查内容及图、表和文字记录形式的勘测报告撰写;
3. 计算机网络通信工程技术设计;
4. 网络通信设计的勘查报告纪要文件的总结与撰写。

计算机通信工程设计的实质，就是根据“设计任务书”所规定的目标任务、设计范围、技术系统要求和其他要求，在充分调查工程范围内的各类用户情况（种类、数量、区域分布情况等）的前提下，用最合适的专业技术，以建设通信管线和设备系统的方式，形成新的通信能力的过程。

工程设计的过程，分为“现场勘查”、“技术（方案）设计”、“工程（绘图）设计”、“工程概预算编制”和“设计会审”五个主要的步骤。以“设计文件”的形式反映出设计成果。所以工程设计的主要内容，就是现场勘测、工程技术设计和工程概预算编制及设计文件的编制四个内容——通常称为“工程设计内容四步曲”。

6.1　网络工程设计的现场勘测概述

6.1.1　网络工程设计的现场勘测

计算机网络工程设计的现场勘测工作，是工程设计工作的第一步，就是在工程建设单位的配合下，由工程设计部门或是“工程投标单位”，根据“设计任务书”或是“工程招标书”所规定的工程目标任务、设计范围、技术系统要求和其他相关要求，对工程现场进行通信用户（种类、数量、区域分布情况等）、通信路由、节点机房等组网设计的现场信息，进行充分的勘测调查与现场考证；并对工程设计的设备选购、器材价格等其他因素进行全面调查整理，然后提出初步的工程设计方案（工程现场勘测报告纪要文件），并与工程建设单位达成初步共识的过程。

所以，工程现场勘查的过程，以及形成的现场勘查报告，是形成实际的网络工程设计的依据和首要步骤；是开展后续通信网络工程设计的基础数据和关键步骤。

6.1.2 网络工程设计的现场勘测的工作步骤

工程现场勘查的步骤，分为以下三个步骤。

第一，是勘查前的专业准备。勘查人员必须是工程设计的技术专家——充分了解和掌握现行的通信设计规范、现行采用的网络设计主流技术种类。他应该根据已掌握的“设计任务书”或是“工程招标书”所规定的工程目标任务、设计范围、技术系统要求和其他相关要求，形成并提出对该网络工程的初步的组网技术方案：组网设备结构、合适的组网技术方案、合适的中继方式以及合适的通信组网路由方式。并提出现场勘测调查的内容调查表，以便在实际的勘查过程中，逐条开展勘查工作。

第二，是实地现场勘测。实际的勘查工作，是针对“通信用户、通信路由、通信节点机房”三个通信设计元素而展开的。通信用户调查，就是调查清楚本次工程设计范围内的所有用户情况（种类、数量、区域分布情况等）；通信路由，就是具体调查本次工程中，通信线缆敷设所经历的路由通道的情况（长度、建筑物情况、道路情况、原有的相关通信路由情况）；通信节点机房调查，就是实地调查本期通信工程所要采用的通信机房情况（是否有机房？是否需要新建机房？新建机房的选址与基本要求等）。

第三，就是勘查单位在认真分析汇总了勘查资料后，用最合适的专业技术，以建设通信管线和设备系统的方式，得出的工程组网设计的初步结论，并与工程建设单位共同确认的相关勘查信息，作为后续工程设计依据内容，双方共同形成的“现场勘测报告纪要文件”。这是勘测工作的成果，也是后续设计工作的依据信息文件。

6.2 网络工程设计现场勘测的前期准备

6.2.1 网络工程设计的市场开拓

俗话说“万事开头难”，当前的工程设计市场，竞争激烈，大家都遵循“招投标”的正规竞争途径，去尽力获取工程设计委托书或是工程建设项目的投标工作，这就要求工程设计部门，要尽力开拓自己的专业设计市场，努力争取更多的工程设计任务或是设计投标的机会，一旦获得争取设计项目的机会，就要认真做好实际的设计工作——用高质量、专业化、高效率的优质工作，去努力争取自己的设计“生存空间”。

6.2.2 网络工程设计现场勘测的前期准备

如上所述，工程设计的现场勘测调查工作十分重要，所以，做好现场勘查的前期准备工作，就显得尤为重要。具体来说，前期准备工作，分为以下三个内容。

第一，组成专业的设计勘测主要责任人和勘测设计队伍，对获得的“设计任务书”或是“工程招标书”的内容，进行认真的、专业的分析，预先设计出该项目的工程组网设计方案、组网结构和实际用户的情况分析——进行工程的前期设计预案，做到工程设计方案“胸中有数”。这就要求设计勘测人员具有丰富的专业设计和勘测知识与经验，对现行的工程设计与技术规范十分熟悉，对当前所采用的技术方案具有深刻的理解和丰富的应用经验。

第二，在以上设计预案完成的基础上，列出现场设计工作清单，主要分为“用户、路由、机房、主要设备与器材、工程技术方案、工程施工计划”六个方面的具体勘查与信息调查清单，分工到人，逐条落实，保证工程现场勘查工作的全面性、完整性。

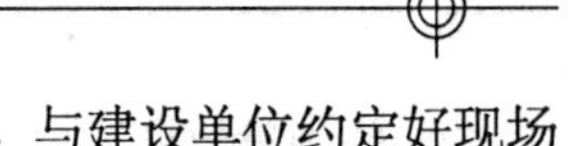

第三，要与建设单位保持良好的沟通关系，必须取得他们的认可，与建设单位约定好现场勘测调查的时间安排，尽可能地得到他们的指导与帮助，这是取得勘测调查工作顺利完成的关键所在。

6.3　网络工程设计的现场勘测

6.3.1　计算机网络设计的现场勘查工作的开展

计算机网络设计的现场勘查工作，就是根据“设计任务书”所规定的要求，现场实地勘查各类设计元素（用户情况、技术方案情况等），从而制定设计方案的过程，因而应从以下六个方面开展工作：

①认真分析“设计任务书”所规定的目标任务、设计范围、技术要求和其他要求，制定初步的现场勘测、调查方案和设计方案——勘测工作的准备。

②实地调查通信设计范围内用户种类、分布情况，并设计用户接入技术系统——用户调查（图、表）。

③实地勘测确定通信外线光电缆的种类、数量、建设方式、路由走向、终端设备和配套的通信管道的建设情况与建设要求——路由调查（图）。

④实地勘测确定通信节点机房的位置、内部系统设计——机房调查（图）。

⑤现场调查设备器材使用和工程概预算情况、业务配置要求和建设单位提供的其他（概预算等）基础资料和要求，作出初步的设计方案和设计草图。

⑥与建设单位进行现场交流后，以“工程勘查纪要（文件）”的方式，总结确定现场初步设计方案，并作为后续工程设计的依据。

6.3.2　计算机网络设计的重点勘查内容

计算机网络设计的重点勘查，指下列四个方面的勘测调查内容。

1. 通信用户的情况现场调查与勘查

可以以表格的方式，也可以用图示的方式，现场勘查统计出本期工程的“通信用户”的种类、数量、在建筑物内的分布情况、对通信接入业务需求、拟采用的通信接入终端与接入线路和技术等勘查信息。

2. 通信用户网络的线路路由走向情况勘查

连接通信线路的通道，一般分为“建筑物内的通信槽道、钉固式走线槽”和“沿现有道路建设的通信管道”两种方式。这两种方式，都应通过现场勘测，绘制成“通信线路路由草图”、“配套的通信管道系统设计草图”等绘图的方式，形成通信接入网的通道建设项目。其中的新建通信管道项目，应实地采用“水准仪”和 50 米测量皮尺等仪器，测量出沿途的距离和对应的高程差，以便设计出“通信管道设计二视图”。

3. 网络汇聚业务的通信机房情况勘查

应该现场勘测了解接入的通信机房情况，此时分为两种情况，第一种是利用已有的机房，则应进入到该机房内，仔细勘测，绘制出“通信机房设备安排设计平面草图”。第二种是需要新建机房，此时就要现场勘测比较，提出最优化的机房选址地点，和机房的最小面积要求、地面承重要求等基本数据。

4. 概预算信息

向当地建设单位咨询如下信息：工程主要设备、器材的生产厂商、设备规格、价格，以及当地相关材料、劳动力单价等概预算信息。以表格的方式加以统计汇总。

6.4 计算机网络工程的技术设计

6.4.1 计算机网络工程的技术设计

计算机网络工程的技术设计，就是指利用现有的规范化生产出的各类宽带交换机、路由器、网线或其他网络硬件和依据现场勘测报告而专门设计打造的计算机网络的硬件结构和软件组成。

按照计算机网络的结构分层原理，组成的技术方案主要有三点，分别是：第一，基于具体企事业单位的用户和对应的交换机、路由器与各类服务器形成的专用计算机网络结构；第二，对交换机和接入互联网的路由器等的组网的结构与功能的计划与设计；第三，对该局域网的服务器的配置；第四，对该局域网的动态网站的设计与建设。本教材只对以上三个部分进行具体的讲述与要求，关于网站建设，由专门的其他课程进行讲解和学习。

6.4.2 计算机网络的用户终端与组网布局设计

计算机网络工程的技术设计，首先要对设计目标单位的用户进行具体的分析，确定各类用户的网络带宽、网络分组的需求，从而确定网络中的用户带宽、用户 VLAN 分组，以及用户电脑或其他用户终端（如多媒体教室里的“终端显示系统”）的设置。常用的是采用“用户调查与终端设计表”的方式进行统计。实际的“针对某高校学生宿舍的计算机宽带组网工程设计”的用户调查分析案例如下：

本期设计中，主要是对新建的第 7 栋学生集体宿舍配置宽带接入网系统的综合布线。该大楼为新建 5 层楼学生集体宿舍，每层楼 10 间学生集体宿舍，每间住户 6 人，每个用户配置 6Mb/s 带宽。根据现场的勘测，用户网线（电缆）平均敷设长度为 30 米。具体的设计情况，如表 6.1 所示。

表 6.1

<table>
<tr><th colspan="4">用户调查与统计</th><th colspan="4">配线组网系统设计</th></tr>
<tr><th>楼栋</th><th>楼层</th><th>用户种类</th><th>数量</th><th>配线设计</th><th>VLAN-IP 配置</th><th colspan="2">组网设计</th></tr>
<tr><td rowspan="6">7 栋</td><td>1 楼</td><td rowspan="6">集体住户每层楼 10 户每户 6 个学生每位学生 1 个 6M 宽带端口</td><td>10×6×6Mb/s</td><td rowspan="7">1 综合布线 25 对三类网线电缆到用户。
2 大楼 15 台用户交换机，通过 2 台汇聚交换机，上联光纤直通机房。
3 每端口设 IP 地址</td><td rowspan="7">7#大楼：
192.168.1.0-64
192.168.2.0-64
192.168.3.0-64
192.168.4.0-64
192.168.5.0-64
192.168.6.0-64</td><td>组网分层</td><td>·3 层组网</td></tr>
<tr><td>2 楼</td><td>10×6×6Mb/s</td><td rowspan="4">交换机综合配置</td><td rowspan="4">用户 24 口；2 口 100M 上联，共 144Mb/s；汇聚交换机 2 台</td></tr>
<tr><td>3 楼</td><td>10×6×6Mb/s</td></tr>
<tr><td>4 楼</td><td>10×6×6Mb/s</td></tr>
<tr><td>5 楼</td><td>10×6×6Mb/s</td></tr>
<tr><td>6 楼</td><td>50×6×6Mb/s</td><td rowspan="2">大楼汇聚点</td><td rowspan="2">1 台落地式 2.0m 标准机柜</td></tr>
<tr><td>合计</td><td colspan="2">1 种用户，360 户</td><td>50×6×6Mb/s</td></tr>
</table>

设计调查分析说明：

（1）用户分析：用户分为1类。共360个用户，均为6Mb/s网速。

（2）组网设计：按照每栋大楼为单位，配置1个接入网单元：其中配置13台24口用户交换机，通过1台汇聚交换机，应用2个1Gb/s上联端口，上联电信机房。每位学生用户配置1个VLAN，1个IP局域网地址。

（3）在7#楼底层中间位置，设置1个大楼通信设施汇聚机房：设计2个2.0m落地式标准机柜，内设置15台思科-2950用户级宽带交换机、2台24口汇聚式交换机和15条24口110接线排。采用上联口绑定技术，形成统一的上联端口光纤传输系统。

…………

如上所述，针对用户的实际需求的分析，就逐渐展开了“组网的用户交换机的配置”，进而开展了“网络结构组成”的系统结构设计方案。用户终端的设计内容如下：

（1）用户调查与终端分析

用表格的方式，开展对所有用户的种类、数量的汇总，并分析其网络的“网速需求”、“终端电脑及其他终端设备”的需求。并且确定用户的身份鉴定方式：是采用局域网IP鉴定，还是采用“用户编号+用户密码”的方式鉴定。同时，分配给每个用户一个局域网内使用的IP地址，并做好IP地址的规划与分配，包括交换机、路由器出口端的地址转换与分配。

（2）组网技术设计

针对用户在建筑物内的密集程度，设计采用两种接入方式：用户密集者，可采用“网线电缆+EPON（FTTB）”的方式，即“光纤到大楼+网线到用户”的接入方式——这是专门针对用户密集的建筑物内的综合布线方式。也可直接采用“光纤到户FTTH”的接入方式——这是当前电信运营商采用的针对各类用户不太密集的普通区域的互联网接入方式，这类方式中，通常将用户视为各自独立的、互不相关的关系，采用每个用户分配一个交换机VLAN的方式，便于形成单独的通信信道。

（3）通信线路的路由硬件设计

根据以上具体的组网光电缆在建筑物内的使用情况，选择“建筑物内的通信路由”与“建筑物外道路上的通信管道路由建设” 的系统配置。针对技术及通信局域网工程而言，通信线缆的通道建设，具体仅为建筑物内和建筑物外两种情况。建筑物内仅为“通信槽道式路由通道”，而建筑物外现在仅为通信管道式的路由可供选择。

6.4.3　计算机网络的设备配置设计

本单元主要是对网络设备，包括宽带网络交换机、路由器和各类服务器的组网配置设计。

1. 宽带交换机与路由器

根据具体的组网情况，选择“用户交换机”与“核心交换机” 的功能配置、具体为“用户端口的绑定与VLAN配置”、“用户交换机上联端口的汇聚”、“路由器的NET转换方式选择”等，确定交换机、路由器的设备功能与型号选择。

2. 网络服务器

根据具体的组网情况，通常选择“域服务器”、“DNS服务器”、“单位内FTP服务器”、“单位内E-mail服务器”、“单位内网站数据库服务器” 等功能服务器的配置。采用一台或数台“机架式服务器”的形式，安装在单位中心机房内，配置好IP地址，连接到“核心交换机”和“出口路由器”上。

6.4.4 企业的动态网站结构功能设计

通常根据企业对外宣传的需要，设置若干个网站页面，并设置互联网 IP 地址，形成一个“动态企业网站”的形式。还可设置与外界访问者的各类“点播”交流活动功能，如书店的网上售书、医院的网上挂号、网上咨询等。网络设计者，通常根据企业的需要，合理地设置动态网站的功能和结构，由网络建设公司完成该动态网站的建设和维护。

6.5 计算机网络工程的勘查总结与纪要文件

6.5.1 计算机网络设计的勘查总结

勘查设计单位在勘查活动结束后，应提出书面“勘查设计技术总结报告”，并与工程建设单位的主管代表，就设计方案和相关技术问题、概预算问题进行会商，明确双方都认可的相关内容。对于双方确认的问题和有争议的问题，提出切实有效的解决方法，形成双方认可的“工程勘查纪要”文件，用以指导后期的设计工作的开展。

6.5.2 计算机网络设计的勘查报告

计算机网络设计的勘查报告，应包含下列六个方面的勘查调查内容。

1. 必要的勘查说明和勘查计划

明确勘查范围、目标、要解决的问题、勘查人员及器材组成，以及勘查计划时间等内容。

2. 工程范围总体布局图

明确通信局址、本期通信用户范围与布局情况一览图，可以标示出主要通信路由示意情况等信息。

3. 用户情况调查资料

可以以表格的方式，也可以用图示的方式，统计出用户种类、数量、通信接入业务需求、拟采用的通信接入技术等勘查信息。

4. 具体的通信勘查设计方案草图

即通信系统技术方式图、通信线路路由草图、通信线缆分配计划草图、配套的通信管道系统设计草图、通信机房设备安排设计平面草图、用户单元线缆分配设计草图等。最好能绘制成标准的 Auto-CAD 工程电脑设计图。

5. 计算机网络的技术组网方案

计算机网络的二层 VLAN 划分方案、交换机端口配置与二层配置方案、三层交换机的 IP 配置计划、NET 转换方式计划、服务器配置计划、动态网站的设置方案、监控软件、防火墙设置方案等计算机组网的实际技术方案。

6. 概预算信息

工程主要设备、器材的生产厂商、设备规格、价格，以及当地相关材料、劳动力单价等概预算信息。

6.6 本章小结

本章是工程设计的开篇之作——工程设计的现场勘测与技术设计。整个工程设计工作的

好坏，现场勘测和与建设单位的协调工作十分关键。本章的工作环节是“事先的分析研究”、“现场的精心调查与专业测量”、“网络专业的技术设计方案”和“勘测设计纪要的签署”等。必须认真完成每个环节的工作，才能为整个设计工作，提供基础信息和优良的质量保证。

◎ 作业与思考题

1. 网络工程现场勘测需要准备的内容是什么？

2. 网络工程现场勘测的主要内容是什么？工程勘测的报告文件的内容是什么？

3. 网络工程现场勘测纪要文件的主要内容是什么？其目的是什么？

4. 用A4图幅，绘制LAN方式计算机网络系统中继方式图（自己教室楼至假设的通信节点机房）。

5. 用A4图幅，绘制上题中，大楼内通信线槽路由系统设计图和对应的通信线路配线系统设计图，在配线图中列出工程量统计表。

6. 绘制学生住所的宿舍

（1）网络用户接入网路有系统组成图（用A4的坐标纸绘制）、图形、说明等内容。要求每位学生1个10Mb/s的端口。配线采用三类线电缆（100、200、400对）。

（2）绘制配套的网络配线组成系统图，A4图幅，绘图、统计网络电缆（200、100对三类线）、48端口交换机的堆叠组网方式等。

（3）绘制组网技术系统图。

以上共三张图。

7. 设计绘图综合作业：

（1）设计绘图（50分）

某通信接入网工程设计小组对“丽水市莲花新村通信接入网规划设计”项目进行了前期工程勘测，勘测报告内容见附页，设计绘图要求如下：

①（15分）绘制“通信接入网中继方式图”，技术为ADSL / ADSL2+方式；要求用A4标准图幅绘出“机房设备配置”与“3种用户终端配置”，并说明用户种类、接入技术和电缆的配线方式等情况（提示：“电脑机房”的用户，可采用每20台PC机汇聚于1台24端口宽带交换机，上联2条ADSL2+数据接入线的方式组网，形成“2Mbps / PC机”的速率）。

②（15分）绘制“通信接入网电缆配线系统图”，线缆为HYA100-2×0.4mm，和50/30/20/10对通信电缆；路由采用“通信管道与沿墙钉固”方式；要求用A4标准图幅绘出“节点机房引出成端”、电缆路由分支（接头）长度与种类，以及“电缆分线盒终端（位置与编号等标准画法）”，并列表汇总：电缆种类、长度、电缆分支（接头）数量、分线盒数量和ADSL终端数量等情况。

③（20分）绘制“通信管道平面设计图”，采用4孔塑管，上覆土厚0.4m，管材为2层，厚0.2m（如图所示）；E点路面为参考零点，采用“2#手孔”（深1M）方式；要求管道坡度统一为5‰。；用A4标准图绘出“D-E-F-G-H段”管道平-剖面标准设计二视图。

（2）工程量统计（50分）

根据以上设计情况，统计下列表格内容：

④通信管道及人手孔土方工作量统计表（22分）

项目		工作量	破路面（m^2）	挖土方（m^3）	回填土方（m^3）	清运余土（m^3）
敷设4孔塑管	单位值					
	工程量值					
敷设2#手孔	单位值					
	工程量值					

⑤通信管线工程量统计表（共28分）

序号	项目	单位	通信电缆单项	配套管道单项
1	施工测量线缆路由	百米		——
2	敷设管道电缆	百米		——
3	敷设楼内钉固电缆	百米		——
4	布放总配线架成端电缆	百对		
5	封焊热可缩套管	个		
6	电缆芯线接续	百对		
7	配线电缆全程测试	百对		
8	施工测量管道路由	百米		
9	开挖水泥路面	平方米	——	
10	开挖土方	立方米	——	
11	回填土方	立方米	——	
12	清运余土	立方米	——	
13	敷设4孔塑管管道	百米	——	
14	砖砌2# 手孔	个	——	

通信工程设计实地勘测报告

组别：　A　组长：　甲某　组员：　乙、丙、丁　勘测时间：2006-12-18

通信设计项目：丽水市莲花新村通信接入网设计　勘测项目：莲花新村A、B、C建筑现场勘测

勘测器具：50M皮尺、水准仪1台　　　　　　　勘测精度：皮尺0.01M；水准仪0.01M

勘测原理与步骤：（1）莲花新村 A、B、C 建筑为新建住房，本期设计，从节点机房设计线缆接入。

（2）经现场勘查，以ADSL接入方式，布放通信电缆，主干沿新建管道敷设，配线以墙壁钉固方式敷设，成端于新设分线盒中；新设4孔通信塑管管道。

（3）通信草图绘制如下（楼层层高3M；楼宽40M；纵深长20M)），勘查资料统计如下表。

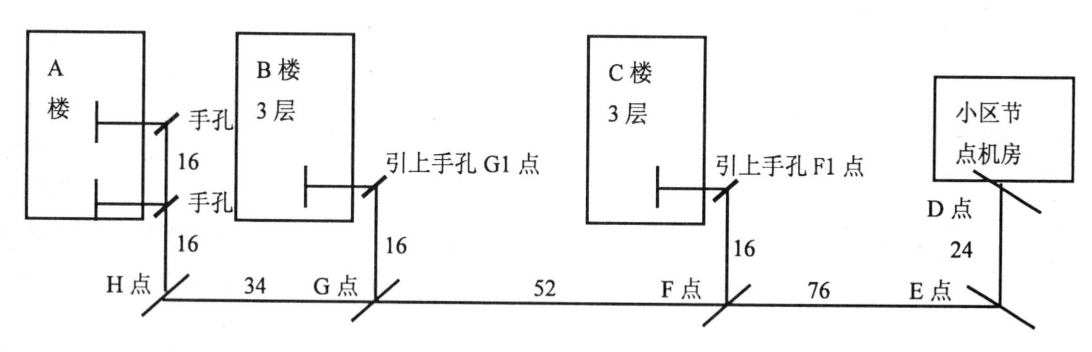

混凝土路面　小区道路（硬土土质）

（4）用户调查与接入技术设计表如下表。

用户调查					用户接入系统设计					备注
序号	栋号	单元（楼层）	用户种类	用户数量	接入方式	线种	线缆数量	线缆线序	终端设计	
1	A	1D	1住宅	12	ADSL	电缆	15		分线盒	公话2部
2		2D	1住宅	12	ADSL		15		分线盒	
3	B	（1层）	2集体宿舍	8户×4人/户	ADSL		10		分线盒	公话2部
4		（2层）			ADSL		10		分线盒	
5		（3层）			ADSL		10		分线盒	
6	C	（1层）	3多媒体教室	6	ADSL		10		分线盒	公话2部
7		（2层）	4单独办公室	8	ADSL		10		分线盒	
8		（3层）	5电脑机房	4室×40台	ADSL2+		20		分线盒	1M/PC机
9	合计	单元数：8个分线盒　通信电缆：100对　用户终端种类：6种 用户终端数量：76个（ADSL 62个；ADSL2+　8个；公话6个）							8个	

（5）通信管道路由勘测记录表如下表。

项目		D	E		F		G		H
高程测量	读数 M	1.62	1.50	2.43	2.20	1.21	0.90	1.13	0.90
	高差 M								
两点距离 M		24		76		52		34	
要求坡度（‰）		5 ‰							
自然坡度（‰）									
施工措施									
现场方位测量		正 常 方 位							

第7章 网络设计的工程绘图

本章详细讲解了通信工程中重要的内容和基本技能要素——网络通信工程设计的工程绘图原理，这是工程设计四部曲中重要的工作环节，也是本课程的核心内容之一，要求学生一定要认真掌握本章的内容和实施方法，也是工程建设的基本工作技能。

本章学习的重点内容：

1. 设计图纸的内容与规范化；
2. 通信宽带局域网的设计概要（4条）；
3. 通信宽带接入网工程设计的（6种）绘图内容；
4. 通信宽带接入工程设计图的（2种）主要工作量统计。

7.1 通信网设计的工程绘图概述

7.1.1 工程设计图的内容

通信工程图纸的设计，是指在“规范化的图框”范围内，按照专业化的设计要求，绘制出专业化的内容图形，反映出所设计的系统方案和具体量化值等内容。通信网设计的工程绘图，就是根据前期工程勘测报告与勘测纪要等规定的设计内容，用工程设计图的形式，具体地、形象化地绘制出工程建设的具体实施内容，并通过图中的每个工程内容的设计，具体反映（统计）出每个工程细节的具体实施数量，从而形成该工程的总体情况。

工程绘图的过程，依据前期的工程勘测文件，分为“绘制工程草图”和“绘制工程 AutoCAD 设计图”以及“工程量统计（表）”三个主要的步骤。工程绘图的内容，是以每个工程子项目为单位，绘制“工程系统（总体）设计图”和“工程具体设计图”的方式实现的。

7.1.2 工程设计图的规范化

一张完整的工程设计图纸，应包括“设计图形”、“必要的统计表格”、“必要的图纸说明”，以及规范化的图例图标等内容；应采用 AutoCAD 软件绘制工程设计图纸。所以图纸设计具有 2 个方面的特征：一是“内容的专业化”，二是“格式的规范化”，具体要求如下：

（1）内容的专业化

按照图纸的设计内容要求，完成“设计内容”、“相应的统计表格”和“相应的说明”三部分，通信工程设计图纸的核心是反映通信设施的内容。

（2）格式的规范化

指“标准图框”、“规范化的图形符号”和“相应的图形格式”三类元素；设计图纸应该安排在标准的幅面尺寸图框内，按照规范化的绘图格式和符号绘制，常用的“设计图纸幅面尺寸要求表”如表 7.1 所示。

表 7.1　设计图纸幅面尺寸规范汇总表

图纸代号	图纸幅面尺寸（mm）	图框尺寸（mm）	使用情况
A0	841×1189	821×1154	
A1	594×841	574×806	
A2	420×594	400×559	常用
A3	297×420	287×390	最常用
A4	297×210	287×180	最常用
A3×3	420×891	400×856	常用
A4×4	420×841	287×811	常用
备 注	上列规格中的图框外留边尺寸如下： 1.装订边（一般为左边）宽度一律为 25mm 2.其余三边：A0、A1、A2、A3×3 图框为 10mm；A3、A4、A4×4 图框为 5mm		

具体的设计图纸，采用 Auto-CAD 软件绘制设计图纸，其示意图如图 7.1 所示。

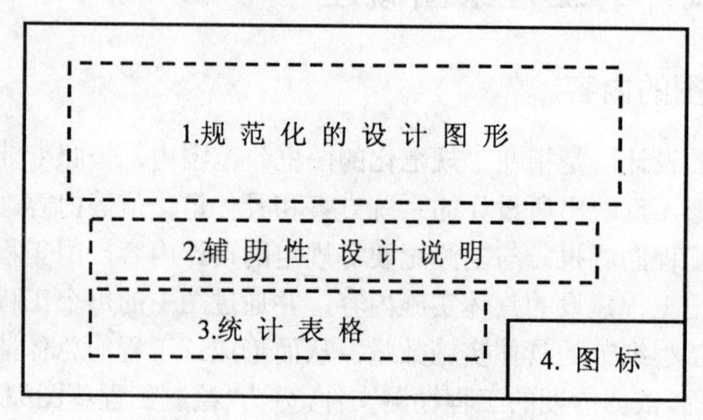

图 7.1　工程设计图纸格式示意图

设计图纸的“图标”如表 7.2 所示，安排在图纸正面的右下角，如图 7.1 所示。

表 7.2　设计图纸的“图标”内容安排表

设计主管	（手写签字）	设计阶段		（设计单位名称）	
设计总负责	（手写签字）	校　核	（手写签字）		
审　核	（手写签字）	制　图	（手写签字）	（设计图纸名称）	
单项负责	（手写签字）	单位比例			
图纸设计	（手写签字）	设计日期		图号	

所以，设计图纸的四要素就是：图纸内容、图纸说明、统计表格和图标信息。有些图纸可能没有说明或统计表，只有图形内容和图标，一般是根据设计图纸的需要，合理配置的。

7.2　计算机局域网设计的工程绘图

7.2.1　计算机局域网的设计概要

一般而言，计算机网络工程中，网络设计的原则有以下四条，下面分别加以叙述。

1. 建筑物内通信用户的“归纳组网原则”

是指在建筑物内，将所有的通信用户，都“归纳”到通信集中节点上，进行各类业务（这里主要是宽带业务）的通信组网建设——形成一个星型通信网络。根据“通信互联网的综合布线系统”的原理：在实际的通信网络工程规划设计中，凡是 5~6 层楼以下的建筑物内，都只设置 1 个集中的节点机房为宜。

2. 通信业务最佳集中点（通信节点）选择原则

在一栋建筑物内，通信汇聚节点机房的最佳位置，以底楼中间位置的房间为好——除了便于向两边敷设通信线缆，也便于直接设置通信管道的出入。

3. 通信节点机房选点设计原则

在建筑物内设置通信节点机房，首先要注意安全：必须设置在“城市暴雨内涝水位线”以上，不得因暴雨将机房淹没在水中，直接造成通信中断或故障。在此原则下，第二个条件就是设置在建筑物的底楼为佳；第三，机房的地面承重，应保持在 1000 公斤/平方米以上。所以，通信机房以设置在建筑物的底楼为宜。

4. 通信节点机房的地线系统设计原则

通信系统的“地线”应设置成“综合地线”：地线电阻保证在 1 欧姆以下；一般是连接到该建筑物的钢筋混凝网地线上。

另外，计算机局域网的工程设计项目，通常只涉及“通信机房-通信光电缆路由-计算机网络用户单元”三个部分，所以，工程图纸通常可归纳为以下五大类：

（1）计算机网络-总体技术方式设计图（1 张）

（2）计算机网络-用户分布与线路设计图（1~3 张）

（3）专业通信管道设计图（3~4 张）

（4）计算机网络-机房系统设计图（1~2 张）

（5）计算机网络-用户单元设计图（1 张）

7.2.2　通信接入网工程设计绘图

通信接入网工程的图纸设计，分为以下五个部分的图纸设计：

（1）计算机网络-总体技术方式设计图（1 张）

（2）计算机网络-用户分布与线路设计图（2~3 张）

（3）计算机网络-机房系统设计图（1~2 张）

（4）计算机网络-用户单元设计图（1~2 张）

（5）配套的通信管道设计图（3~4 张）

下面分别予以讲述。

1. 通信系统结构设计图

该图是通信系统的第一张“系统组成图”，完整地表示了通信信号从节点机房内的交换设备、经光电转换设备、通信线路系统、到达建筑物内的用户通信系统的“整体系统结构”，形成“通信系统结构设计图”（又称为“中继方式图”），反映出“系统总体设计与形成”的特征。如设计图实例1所示。

2. 通信用户的分布与通信路由设计图

按照现场自然区域，形成“通信路由设计图”，包含通信用户的分布情况、特别是反映了“通信缆线的路由走向与敷设方式”，以及通信节点的位置优选等元素，反映出“工程现场通信路由设计”的特征。如设计图实例2所示。

3. 通信用户的分布与通信线路配线设计图

这是通信工程设计的专业设计图之一，主要反映了“通信电缆（或光缆）”从各个通信用户到建筑物业务集中汇聚点，以及通信节点机房的“通信线路安排与成端情况的设计图”，如设计图实例3所示，该图是在“通信线路路由设计图”的基础上，“提炼出”通信光电缆的具体排布情况，直观地反映出通信线缆的敷设情况的设计图。由于它突出表示了线路的配置情况（配线情况），故通常命名为光（电）缆配线系统图。如设计图实例3所示。

4. 计算机网络-用户单元设计图

根据用户的种类，设计“用户网关（如ADSL-modem模块+有线电视放大器）”、用户终端（电话、电脑、电视）及接口布线等内容——工作区综合布线端口设计图。

5. 通信节点的机房设备配置设计图

根据以上通信节点的优选位置与实际环境情况，选定通信节点的实际位置和机房内的系统综合设计等内容，形成“通信机房设备综合配置设计”的特征。如设计图实例4所示。

6. 通信管道的网络配置设计图

根据用户分布与通信缆线路由需要，设计配套的通信管道系统，从管道的平面、纵剖面和横切面三个角度和人手孔的标准化设计，形成“配套通信管道系统设计”的特征。故通信管道设计应绘制下列图纸：

（1）通信管道总平面系统图；如设计图实例5所示。

（2）通信管道平面-纵剖面系统设计图；如设计图实例6所示。

（3）通信管道横断面设计图；如设计图实例7所示。

（4）人手孔标准示意图（可复制），如设计图实例所示。

7.2.3 计算机通信工程设计图纸设计内容

一张完整的设计图纸，应包括“设计图形”、“必要的统计表格”、“必要的图纸说明”，以及规范化的图例图标等内容，应采用AutoCAD软件绘制设计图纸。具体的图纸内容如表7.3所示。

表7.3　　通信技术设计图纸分类绘制一览表

类别	设计项目	
系统技术设计	图名1	通信系统技术结构设计图（中继方式图）
	内容	包括用户类别（住宅用户、校园宿舍用户、单位用户等）、通信线路种类和长度、局端（或接入机房）接入设备的系统组成框图，以及上级通信系统的组成等元素的整体网络组织情况
	图名2	通信区域位置分布图
	内容	表示所设计的区域在整个城市通信区块所处的位置，和上级局、周围局所的位置分布，以及上级通信线缆的路由敷设情况

续表

类别	设计项目	
通信线缆路由设计	图名 3	通信线缆（光、电缆）路由设计图
	内 容	根据所勘察的设计现场的具体用户分布情况，绘制“通信路由设计图”，包含通信用户（建筑物）的分布位置、通信管线的路由走向与建设方式（管道、架空或直埋、墙壁钉固等）设计，以及通信节点的位置和优选设计等元素的系统管线路由总体组网情况；特别是要做出“用户种类、数量与终端情况统计表”，反映出“现场用户与管线路由设计”的特征。该图的关键是路由的建设方式以及具体长度的标注值
	图名 4	通信配线系统设计图
	内 容	根据以上系统设计、用户分布与通信管线路由设计等情况，设计通信线缆（光、电缆）的规模（容量）、种类与配线方式（直接/交接配线），并确定配线设备（配线架、交接箱、分线盒等）的容量和具体的线缆成端图，特别是要做出“主要工程量与器材统计表”。本图反映出通信线缆的“规模（容量）和配置方式设计”的特征
配套通信管道设计	图名 5	通信管道系统设计二视图
	内 容	根据以上用户分布与通信线缆的路由设计等情况，设计配套的通信管道的路由、管孔数量、管材的选择、人手孔的具体位置与规模等诸元素，注意要保证每段管道的斜率在 3‰与 5‰之间。该图的特点就是反映管道路由的平面与纵剖面二视图的运用，以及相关设计表格的配套使用；本图反映出“配套通信管道的路由、规模和配置方式设计”的特征
	图名 6	通信管孔断面系统示意图
	内 容	根据以上“通信管道设计图”和现场勘察情况，设计所用到的管孔的建筑断面、管材的选用、基础设计、包封情况、回填土的方式等设计元素，特别要做出“单位长度（每米）工程量与器材使用统计表”，此表包括破路、挖填土的工作量；以及各类材料（水泥、砂、碎石、管材等）的单位用量
	图名 7	通信管道人（手）孔建设标准图
	内 容	根据以上“通信管道设计图”所需人手孔规格，将相关的行业标准的人手孔建筑图复制后，列为设计图纸
设备机房系统设计	图名 8	通信机房设备系统配置设计图
	内 容	根据以上通信节点的优选位置与实际环境情况，在反复勘察比较，并与建设单位人员协商后，选定通信节点的实际位置和机房内通信设备的安排、机房进线方式、电源系统与机房空调、监控设备等环境的设计等，形成“机房系统配置设计图”
用户终端设计	图名 9	用户单元系统设计图
	内 容	根据用户的种类，设计“用户网关（如 ADSL-modem 模块+有线电视放大器）”、用户终端（电话、电脑、电视）及接口布线等内容
其他配套项目	图名 10	其他专项设计
	内 容	视具体情况，进行系统设计

7.3 计算机局域网设计绘图实例

7.3.1 设计图纸的分类

一般而言，计算机网络工程中，只涉及“通信机房-通信光电缆路由-计算机网络用户单元”

三个部分，所以，工程图纸通常可归纳为以下五大类：

（1）计算机网络-总体技术方式设计图（1 张）

（2）计算机网络-用户分布与线路设计图（2~3 张）

（3）专业通信管道设计图（3~4 张）

（4）计算机网络-机房系统设计图（1~2 张）

（5）计算机网络-用户单元设计图（1 张）

7.3.2 计算机接入网工程设计工作量的统计

计算机通信接入网工程设计工作量，分为以下两个部分的表格，分别统计各自项目的工作量。

（1）计算机网络工程设计工作量表

序号	工程项目	单位	数量	备 注
1	工程现场复测各类通信线路路由	百米		
2	用户终端设备配置	个		
3	用户大楼内水平通信槽道设置	百米		
4	用户大楼内垂直通信槽道设置	百米		
5	用户通信线缆敷设、用户单端成端	百米条		
6	用户通信线缆 110 接线排成端	户		
7	通信机柜立架、固定	架		
8	通信交换机、路由器设备安装	架		
9	通信理线架、110 接线排安装	架		
10	机房地线系统安装设置	套		
11	光传输设备安装	架		
12	光传输设备加电调测	系统		
13	通信宽带交换机加电设置	架		
14	通信宽带路由器加电设置	架		
15	通信宽带服务器加电设置	架		

（2）配套的通信管道设计工作量表

序号	工程项目	单 位	数量	备 注
1	工程现场复测各类通信管道路由	百米		
2	工程现场开挖各类道路路面	平方米		
3	工程现场挖掘土石方	立方米		
4	工程现场敷设各类塑料通信管道	百米		
5	工程现场砖砌制作各类人手孔	个		
6	工程现场回填土石方	立方米		
7	工程现场恢复路面	平方米		
8	工程现场制作安装引上钢管	处		
9	工程现场清运余土	立方米		

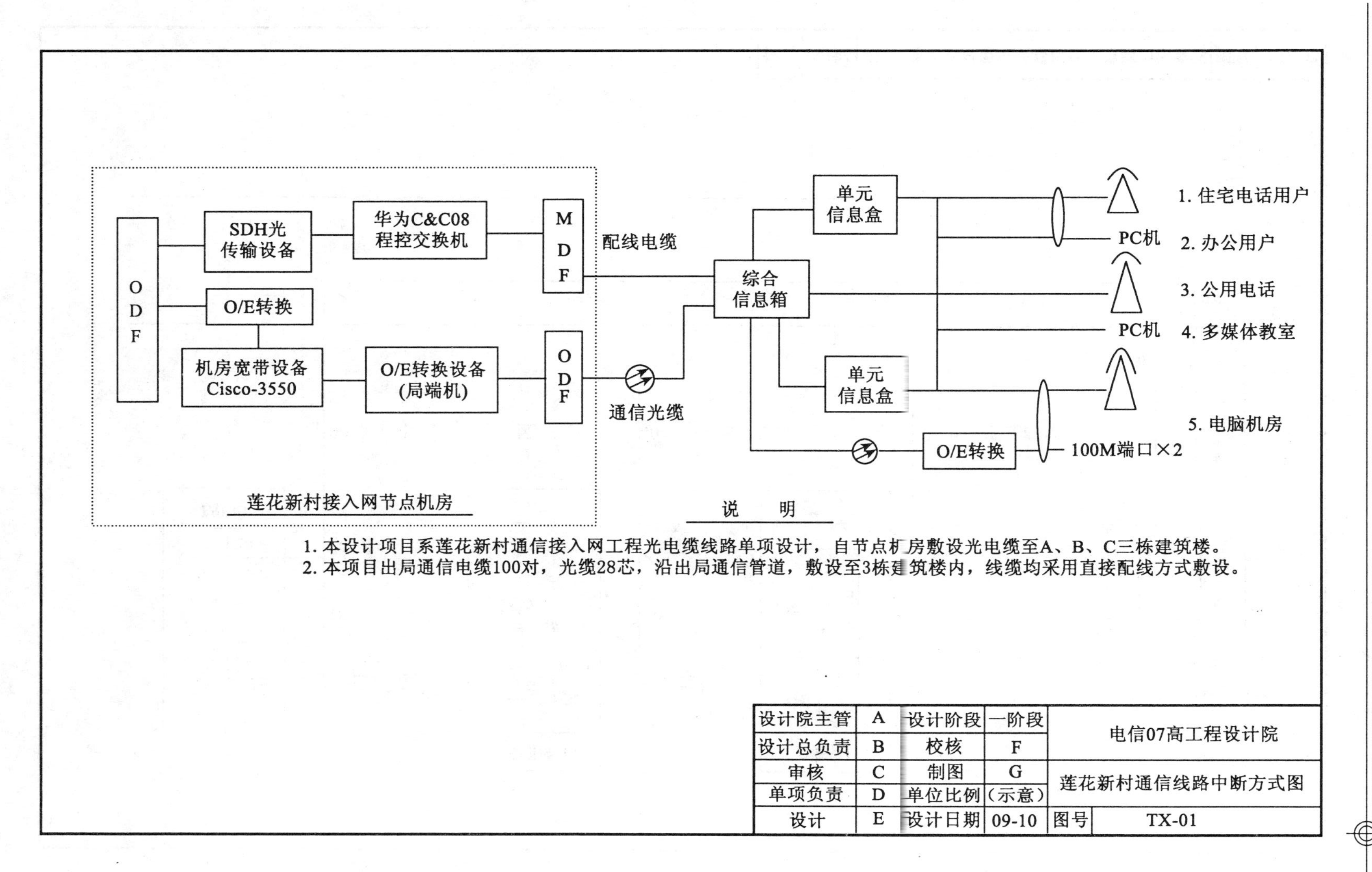
ODF
SDH光传输设备
华为C&C08程控交换机
MDF
O/E转换
机房宽带设备 Cisco-3550
O/E转换设备(局端机)
ODF
莲花新村接入网节点机房
配线电缆
通信光缆
综合信息箱
单元信息盒
单元信息盒
O/E转换
100M端口×2
PC机
PC机
1. 住宅电话用户
2. 办公用户
3. 公用电话
4. 多媒体教室
5. 电脑机房
说　明
1. 本设计项目系莲花新村通信接入网工程光电缆线路单项设计，自节点机房敷设光电缆至A、B、C三栋建筑楼。
2. 本项目出局通信电缆100对，光缆28芯，沿出局通信管道，敷设至3栋建筑楼内，线缆均采用直接配线方式敷设。
设计院主管　A　设计阶段　一阶段
设计总负责　B　校核　F
审核　C　制图　G
单项负责　D　单位比例　(示意)
设计　E　设计日期　09-10　图号　TX-01
电信07高工程设计院
莲花新村通信线路中断方式图

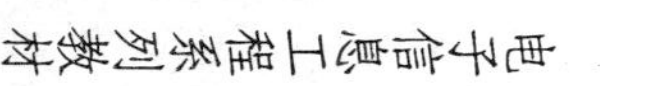

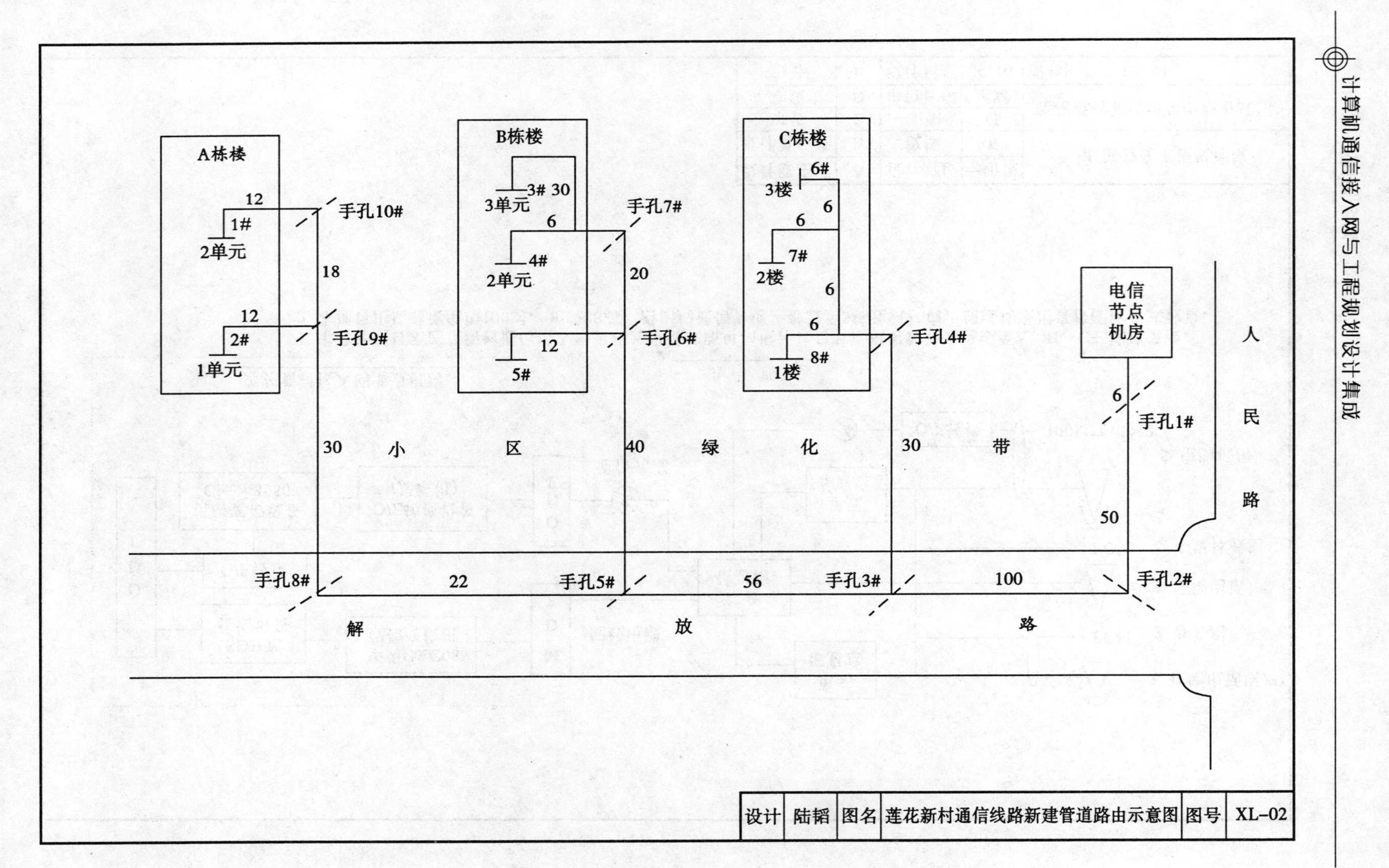
A栋楼
12
1#
2单元
12
2#
1单元
B栋楼
3# 30
3单元
6
4#
2单元
12
5#
C栋楼
6#
3楼
6
6
7#
2楼
6
6
8#
1楼
手孔10#
18
手孔9#
手孔7#
20
手孔6#
手孔4#
电信
节点
机房
6
手孔1#
人
民
路
30
小
区
40
绿
化
30
带
50
手孔8#
22
手孔5#
56
手孔3#
100
手孔2#
解
放
路
设计
陆韬
图名
莲花新村通信线路新建管道路由示意图
图号
XL-02

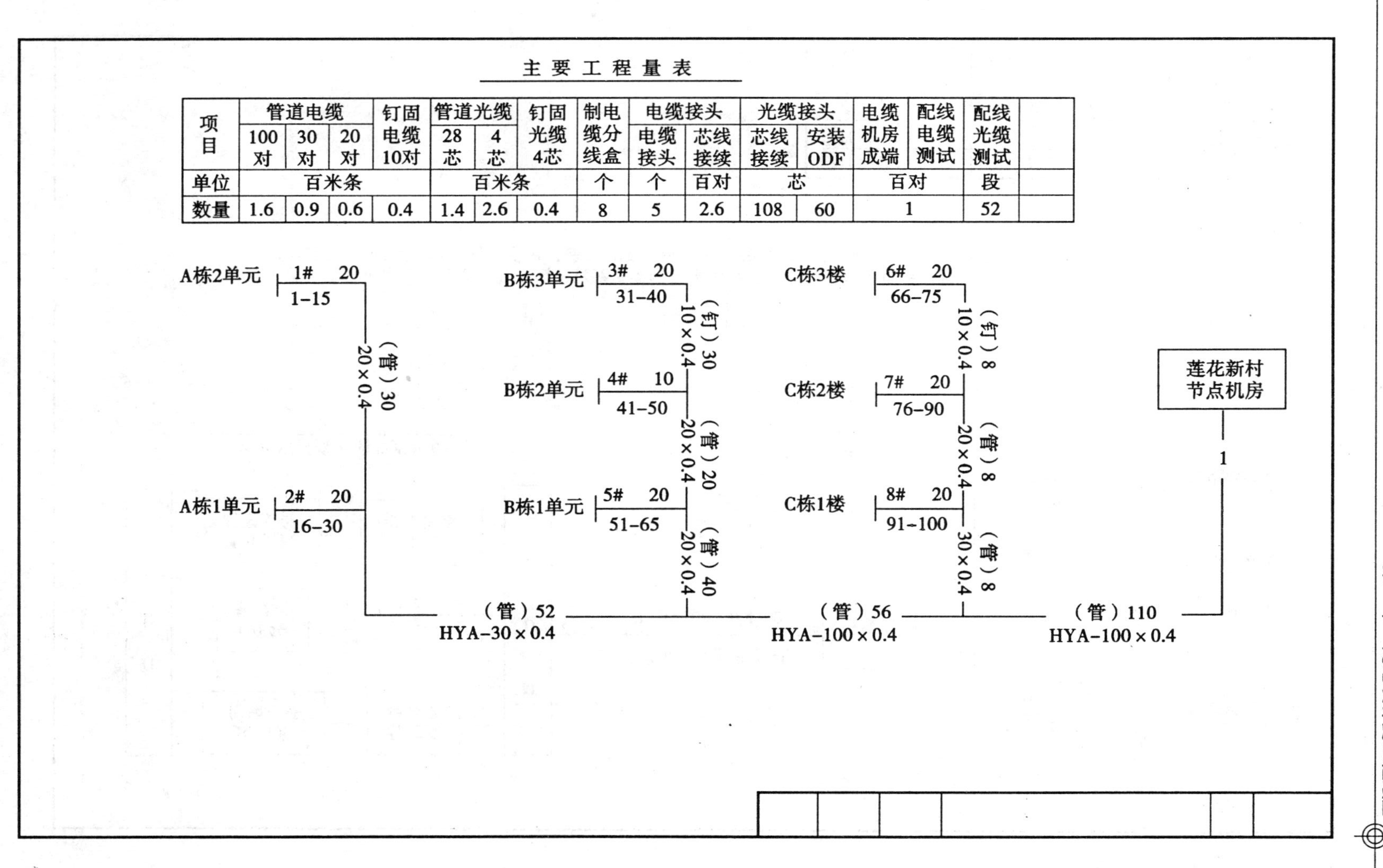

主要工程量表

项目	管道电缆			钉固电缆	管道光缆		钉固光缆	制电缆分线盒	电缆接头		光缆接头		电缆机房成端	配线电缆测试	配线光缆测试	
	100对	30对	20对	10对	28芯	4芯	4芯		电缆接头	芯线接续	芯线接续	安装ODF				
单位	百米条				百米条			个	个	百对	芯		百对		段	
数量	1.6	0.9	0.6	0.4	1.4	2.6	0.4	8	5	2.6	108	60	1		52	

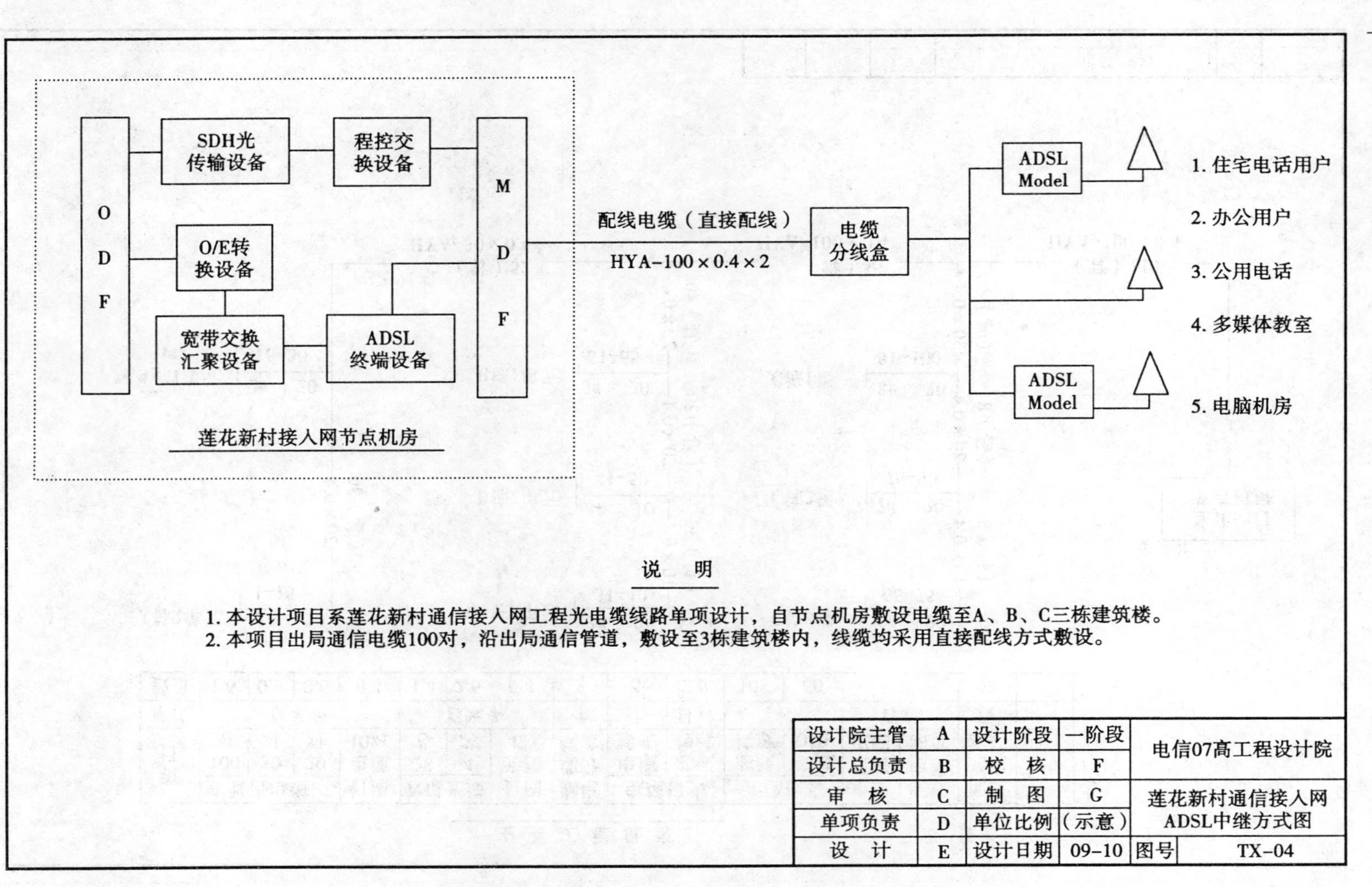

说　明

1. 本设计项目系莲花新村通信接入网工程光电缆线路单项设计，自节点机房敷设电缆至A、B、C三栋建筑楼。
2. 本项目出局通信电缆100对，沿出局通信管道，敷设至3栋建筑楼内，线缆均采用直接配线方式敷设。

设计院主管	A	设计阶段	一阶段	电信07高工程设计院	
设计总负责	B	校　核	F		
审　核	C	制　图	G	莲花新村通信接入网 ADSL中继方式图	
单项负责	D	单位比例	（示意）		
设　计	E	设计日期	09-10	图号	TX-04

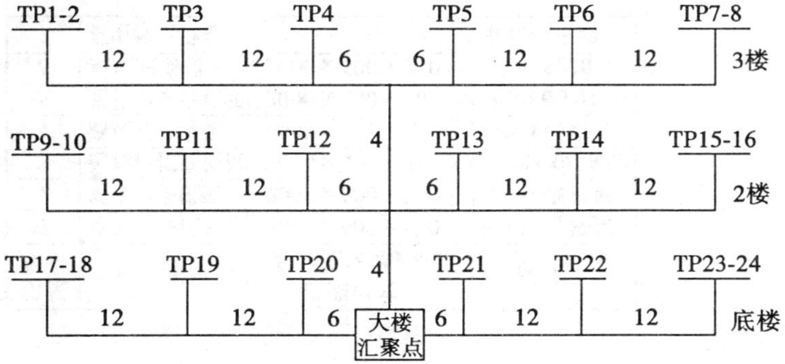

TP1-2 12 TP3 12 TP4 6 6 TP5 12 TP6 12 TP7-8 3楼

TP9-10 12 TP11 12 TP12 6 4 6 TP13 12 TP14 12 TP15-16 2楼

TP17-18 12 TP19 12 TP20 6 4 大楼汇聚点 6 TP21 12 TP22 12 TP23-24 底楼

C栋楼配线设计汇总表

用户信息		线路设计					系统统计
用户编号	房间号	接线排端口	槽道长度m	用户端长度m	设计总长度m	线路种类	各类参数汇总统计
TP1-2	301	1-1、2	38	20	58	单根三类网线	信息点24个
TP3	302	1-3	26	20	46		
TP4	303	1-4	14	20	34		信息点最远长度58m
TP5	304	1-5	14	20	34		
TP6	305	1-6	26	20	46		信息点平均长度32m
TP7-8	306	1-7、8	38	20	58		
TP9-10	201	1-9、10	34	20	54		网线需要量3箱
TP11	202	1-11	22	20	42		
TP12	203	1-12	10	20	30		110接线排2根
TP13	204	2-1	10	20	30		
TP14	205	2-2	22	20	42		用户交换机1台
TP15-16	206	2-3、4	34	20	54		
TP17-18	101	2-5、6	30	20	50		上联带宽240Mb/s
TP19	102	2-7	18	20	38		
TP20	103	2-8	6	20	26		组网格局2层组网
TP21	104	2-9	6	20	26		
TP22	105	2-10	18	20	38		用户终端模块24套
TP23-24	106	2-11、12	30	20	50		
合计	信息点24个		188m	网线长度757m			9项参数

说　　明

1. 本图为莲花新村C栋三层楼内的宽带互联网业务的综合布线路由与配线系统设计图，共配置信息点24个，大楼内走线槽道共188米。其中，每层楼设置水平走线槽60米；大楼中部设置垂直走线槽8米。

2. 本图内，在底楼设置“大楼汇聚点”1处，设置墙挂式0.6米标准机柜1台，内设110接线排2根、用户交换机1台，理线架2根。

设计	陆韬	图名	莲花新村C楼综合布线路由配线系统设计图	图号	XL-05

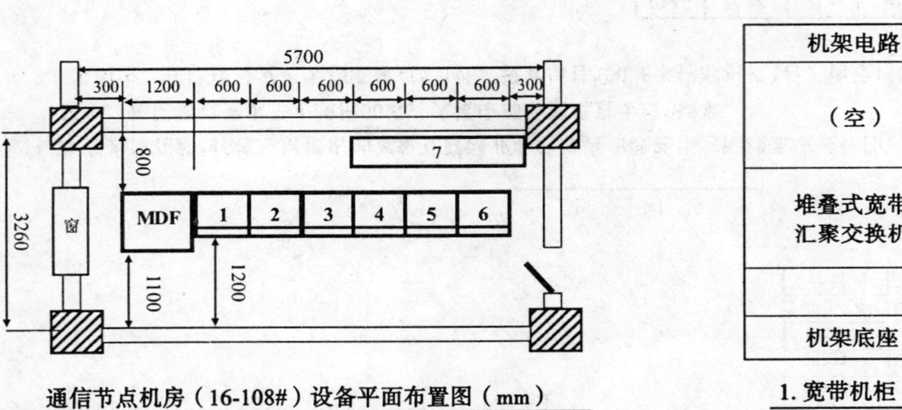

通信节点机房（16-108#）设备平面布置图（mm）

机房设备规格汇总表

机架序号	机架名称	机架尺寸（高×宽×厚mm）	备 注
1	宽带设备机架	2000×600×800	标准综合机架
2	宽带设备机架	2000×600×800	标准综合机架
3	远端程控交换机	2000×900×780	华为C&C08-RSA
4	高频开关电源	2000×600×700	直流-48V转换
5	光传输综合机架	2000×600×600	华为Metro-1000
6	ASSL设备机架	2000×600×780	中兴8220
7	蓄电池组设备	——	400Ah一组

说　　明

1. 通信接入电源为交流220V，转换后为直流-48V；
2. 程控交换机容量为1216户，宽带用户实装600户。

1. 宽带机柜
机架电路
（空）
堆叠式宽带汇聚交换机
机架底座

2. 宽带机柜
机架电路
VDSL电路
光电转换器
Cisco-3550
光电转换器
VDSL电路
机架底座

3. 华为程控交换RSA
机架电路
（空）
RSA_3电路（304户）
RSA_2电路（304户）
传输电路系统
RSA_1电路（304户）
RSA_0电路（304户）
机架底座

4. 开关电源机架			
交流电源分配单元			
电源显示单元			
电源转换单元			
1#	2#	（空）	4#
机架底座			

5. 光传输机架
PCM电缆分配单元 DDF
华为公司-光传输电路 SDH-Metro-1000
光缆分配单元 ODF
机架底座

6. ADSL机架
机架电路
第一代ADSL单元 DSLAM-中兴8220
（空机位）
机架底座

设计	陆韬	图名	东区通信节点机房设备平面布置图	图号	TJ-06

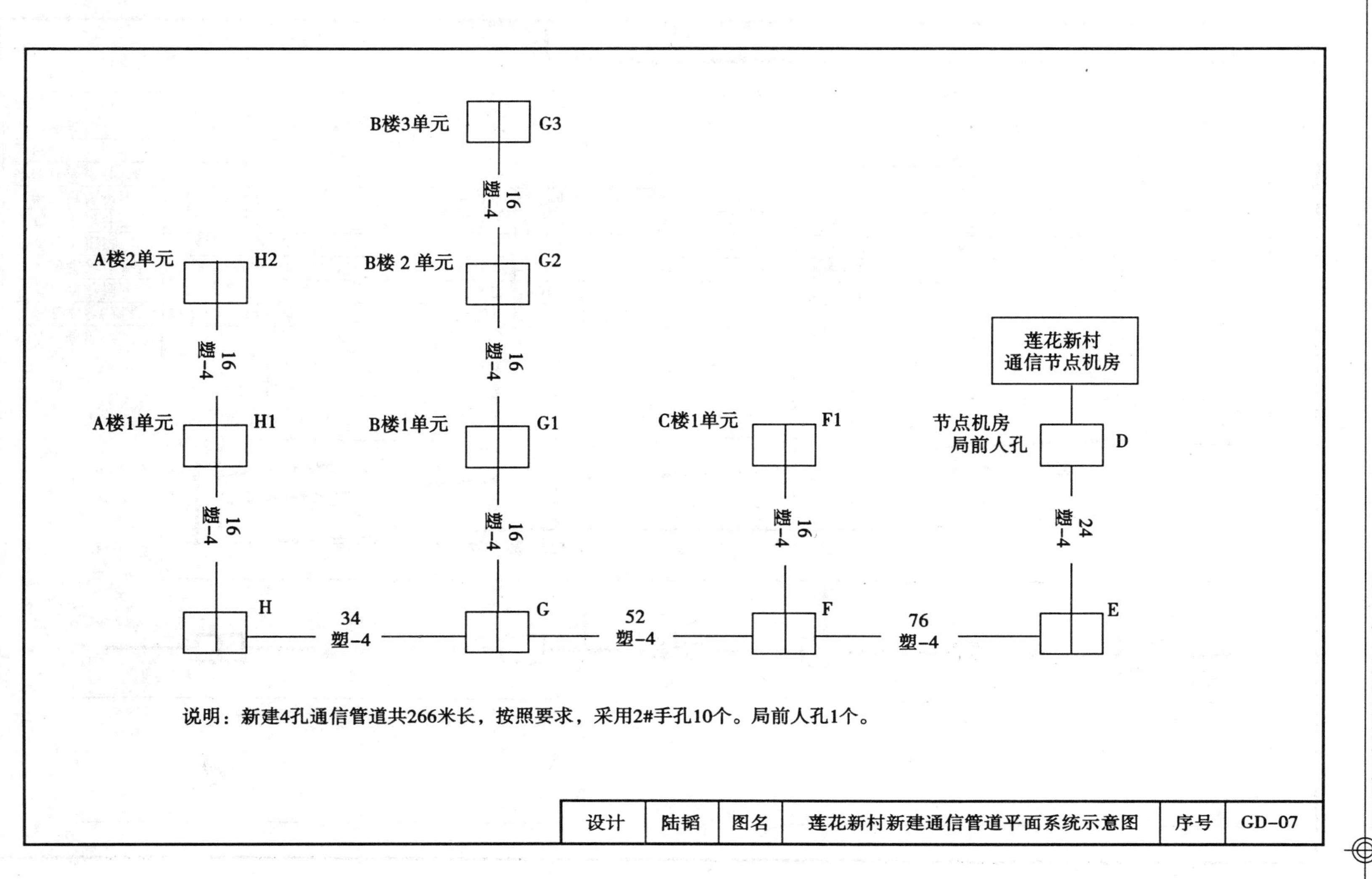

B楼3单元
G3
16
塑-4
A楼2单元
H2
B楼 2 单元
G2
莲花新村
通信节点机房
16
塑-4
16
塑-4
A楼1单元
H1
B楼1单元
G1
C楼1单元
F1
节点机房
局前人孔
D
16
塑-4
16
塑-4
16
塑-4
24
塑-4
H
G
F
E
34
塑-4
52
塑-4
76
塑-4
说明：新建4孔通信管道共266米长，按照要求，采用2#手孔10个。局前人孔1个。
设计
陆韬
图名
莲花新村新建通信管道平面系统示意图
序号
GD-07

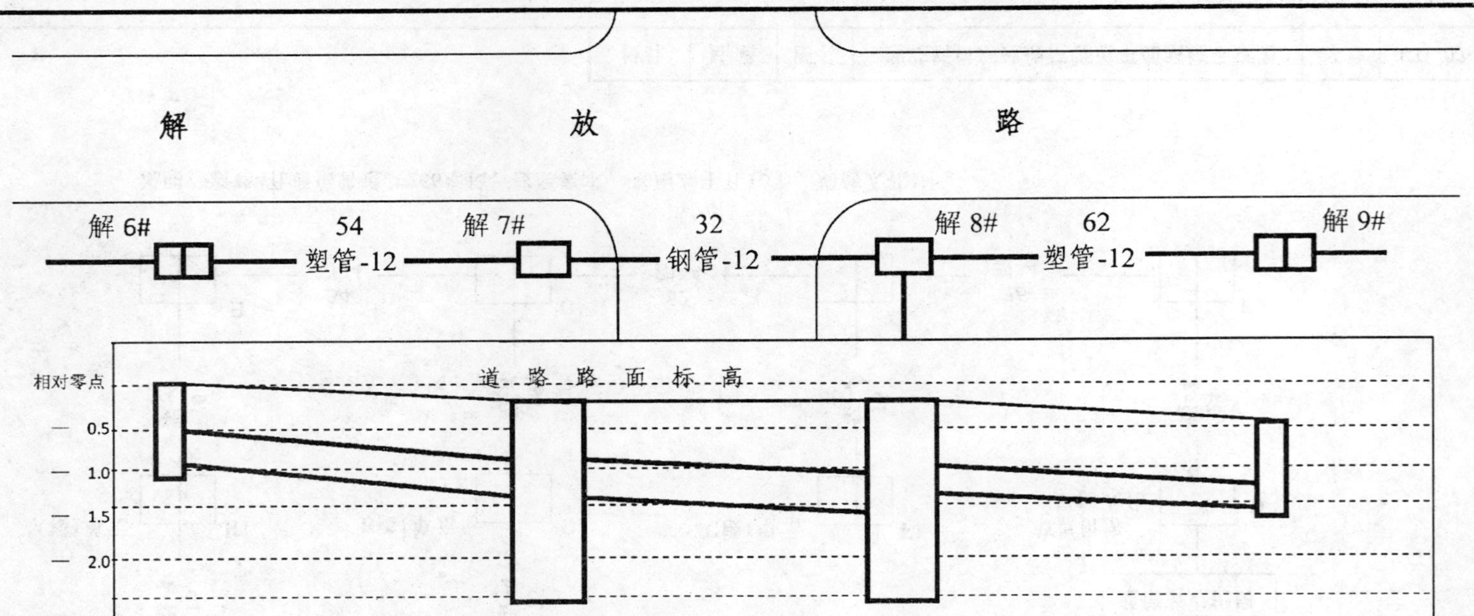

解　　放　　路

解 6#　54 塑管-12　解 7#　32 钢管-12　解 8#　62 塑管-12　解 9#

道　路　路　面　标　高

相对零点

— 0.5

— 1.0

— 1.5

— 2.0

相对标高设计

人手孔编号(规格)	解 6#	(3#手孔)	解 7#人孔	(小号直通人孔)	解 8#人孔	(小号三通人孔)	解 9#手孔	(三号手孔)
人手孔相对标高		0	— 0.2	−0.2	— 0.3	−0.3	— 0.5	
管道沟底设计高程		−0.9	— 1.1	−1.1	— 1.2	−1.2	— 1.4	
管道沟底挖深		−0.9	— 1.1	−1.1	— 1.2	−1.2	— 1.4	
人孔坑底设计高程		−1.0	— 2.4	−2.4	— 2.5	−2.5	— 1.5	
人手孔坑底挖深		−1.0	— 2.4	−2.4	— 2.5	−2.5	— 1.5	
管道坡度设计 %		0.37		0.31		0.32		
土质		砂 砾 土		砂 砾 土		砂 砾 土		
路面程式		混凝土砌块		250mm 厚混凝土路面		混凝土砌块		
施工方式、流程		坡路、挖沟、做基础、敷管、管道加固、做人手孔成端、回填土、恢复路面等						

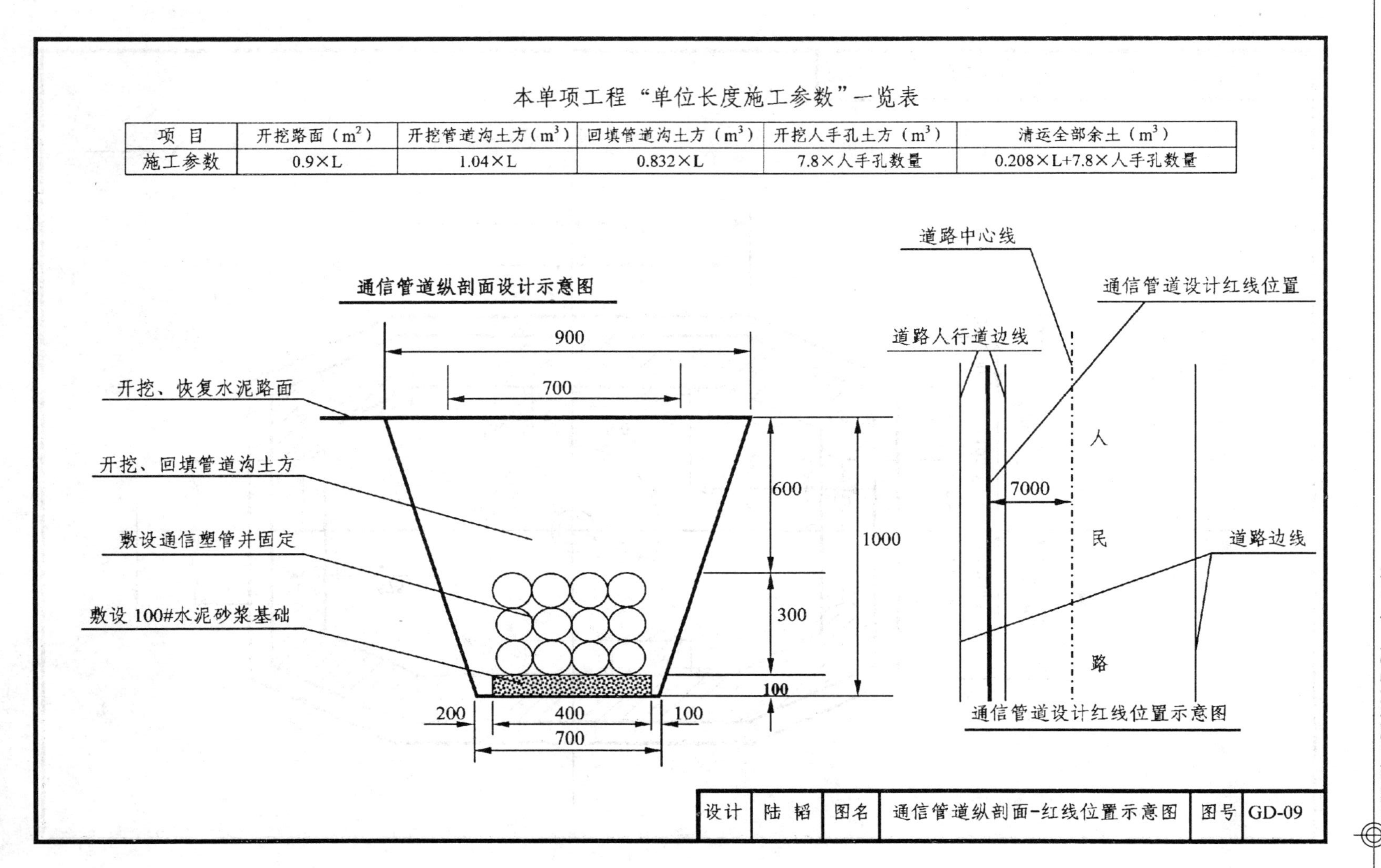

本单项工程“单位长度施工参数”一览表

项 目	开挖路面（m^2）	开挖管道沟土方（m^3）	回填管道沟土方（m^3）	开挖人手孔土方（m^3）	清运全部余土（m^3）
施工参数	0.9×L	1.04×L	0.832×L	7.8×人手孔数量	0.208×L+7.8×人手孔数量

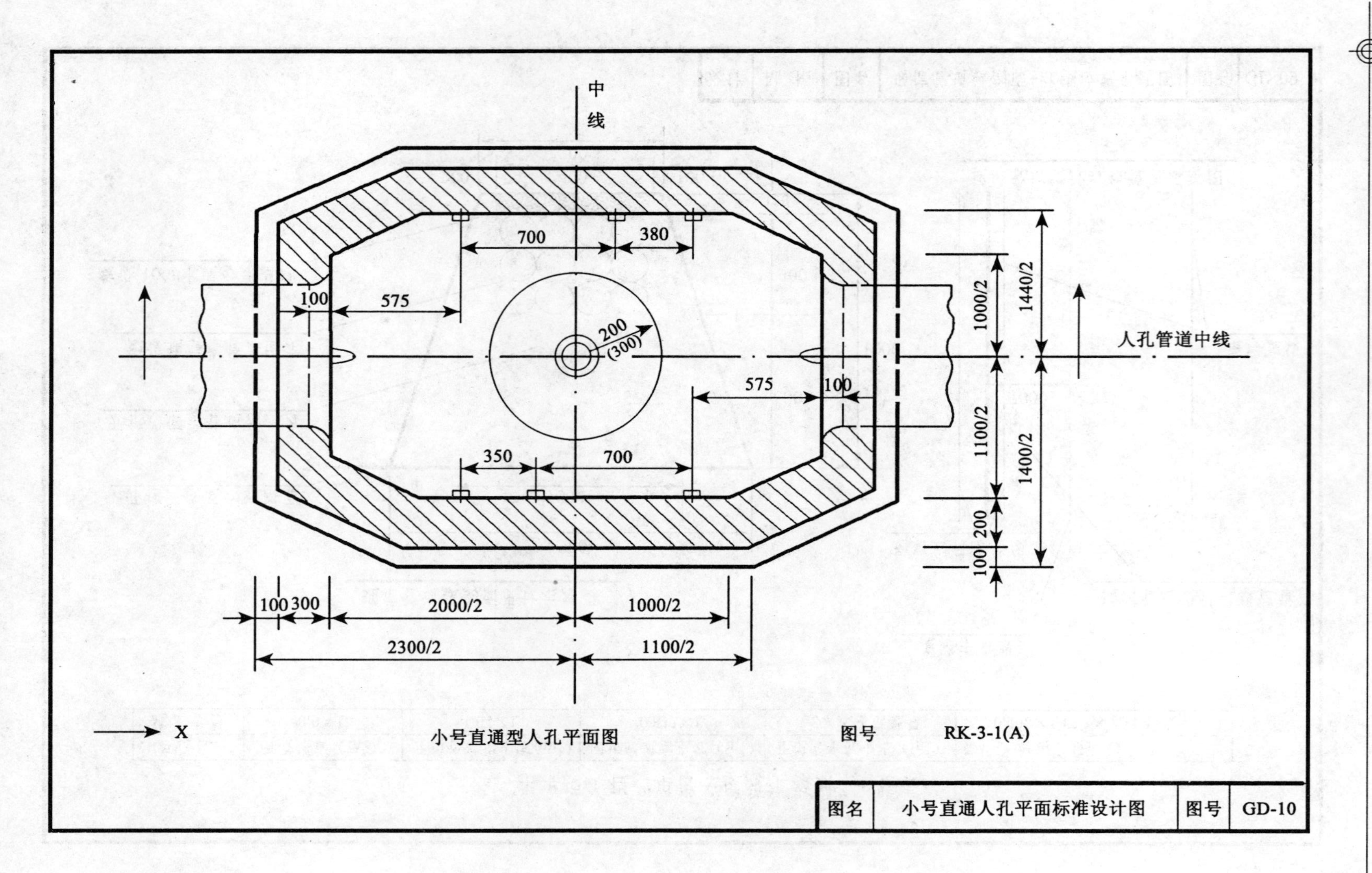
中
线
700
380
100
575
200
(300)
1000/2
1440/2
人孔管道中线
575
100
350
700
1100/2
1400/2
200
100
100
300
2000/2
1000/2
2300/2
1100/2
X
小号直通型人孔平面图
图号
RK-3-1(A)
图名
小号直通人孔平面标准设计图
图号
GD-10

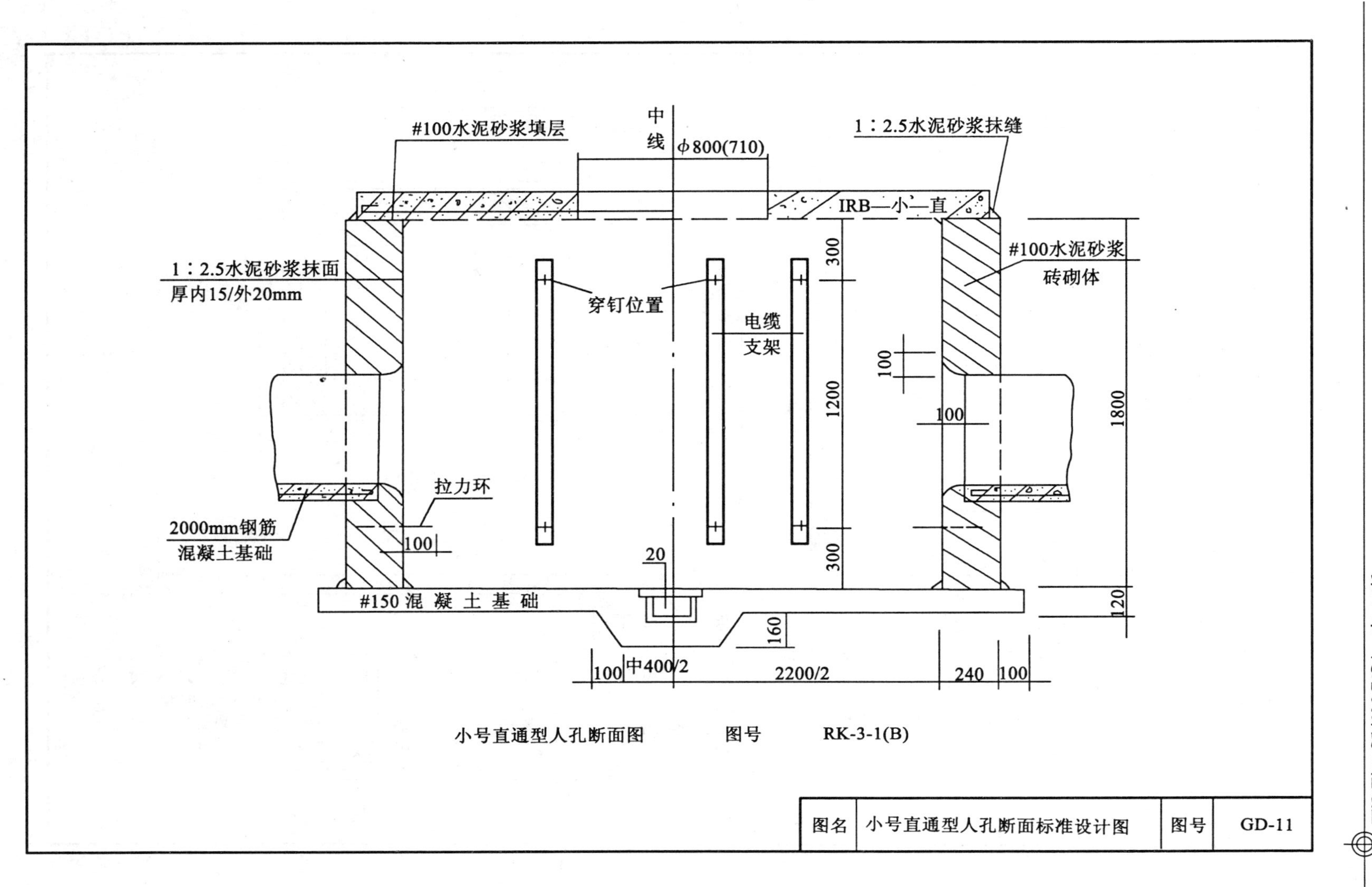
#100水泥砂浆填层
中线
φ800(710)
1：2.5水泥砂浆抹缝
IRB—小—直
1：2.5水泥砂浆抹面
厚内15/外20mm
穿钉位置
#100水泥砂浆
砖砌体
电缆
支架
300
100
1200
100
1800
拉力环
2000mm钢筋
混凝土基础
100
20
300
#150 混 凝 土 基 础
120
160
100
中400/2
2200/2
240
100
小号直通型人孔断面图
图号
RK-3-1(B)
图名
小号直通型人孔断面标准设计图
图号
GD-11

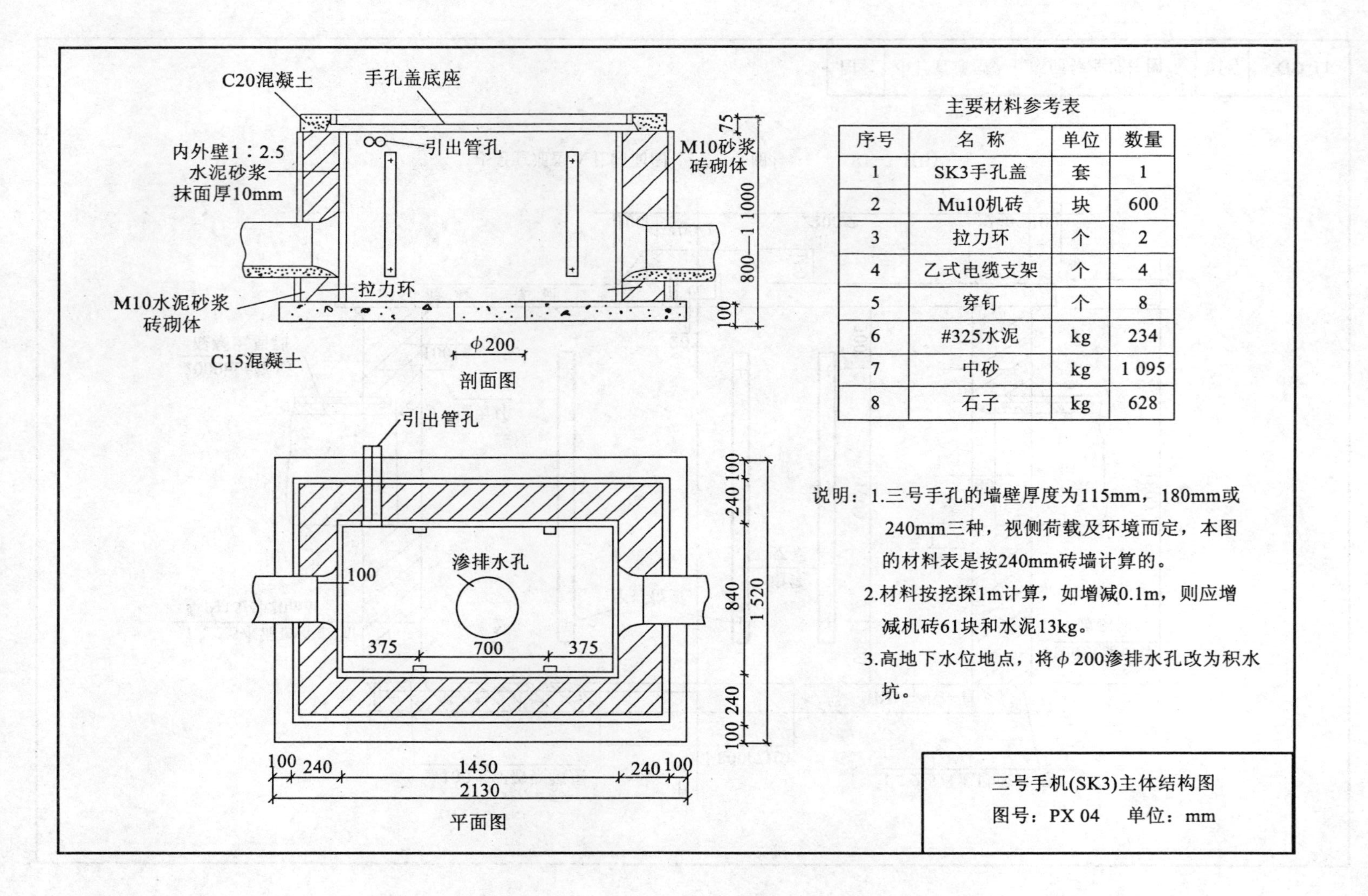

主要材料参考表

序号	名　称	单位	数量
1	SK3手孔盖	套	1
2	Mu10机砖	块	600
3	拉力环	个	2
4	乙式电缆支架	个	4
5	穿钉	个	8
6	#325水泥	kg	234
7	中砂	kg	1 095
8	石子	kg	628

说明：1.三号手孔的墙壁厚度为115mm，180mm或240mm三种，视侧荷载及环境而定，本图的材料表是按240mm砖墙计算的。

2.材料按挖深1m计算，如增减0.1m，则应增减机砖61块和水泥13kg。

3.高地下水位地点，将φ200渗排水孔改为积水坑。

三号手机(SK3)主体结构图

图号：PX 04　单位：mm

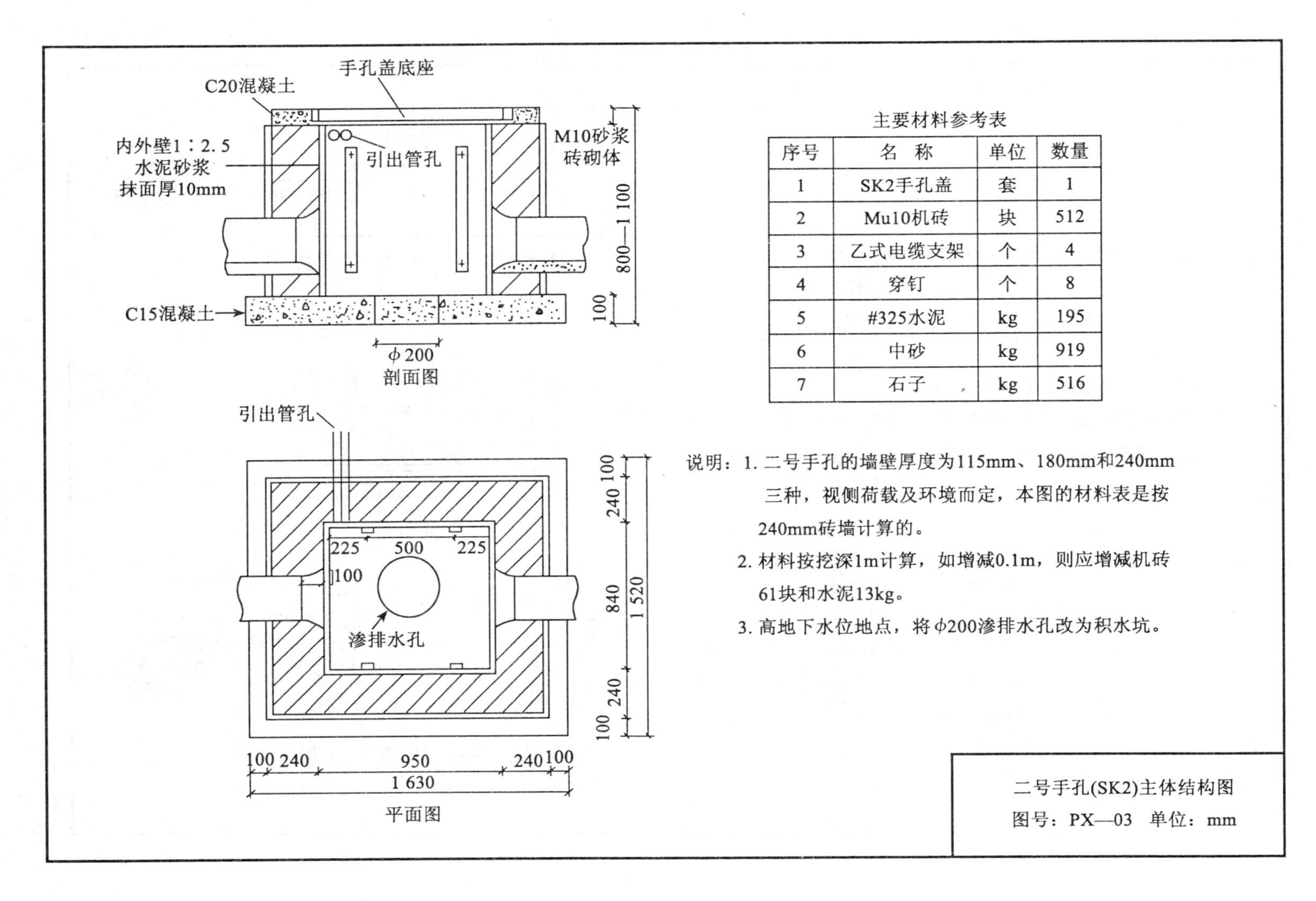

主要材料参考表

序号	名　称	单位	数量
1	SK2手孔盖	套	1
2	Mu10机砖	块	512
3	乙式电缆支架	个	4
4	穿钉	个	8
5	#325水泥	kg	195
6	中砂	kg	919
7	石子	kg	516

说明：1. 二号手孔的墙壁厚度为115mm、180mm和240mm三种，视侧荷载及环境而定，本图的材料表是按240mm砖墙计算的。

2. 材料按挖深1m计算，如增减0.1m，则应增减机砖61块和水泥13kg。

3. 高地下水位地点，将ϕ200渗排水孔改为积水坑。

二号手孔(SK2)主体结构图

图号：PX—03　单位：mm

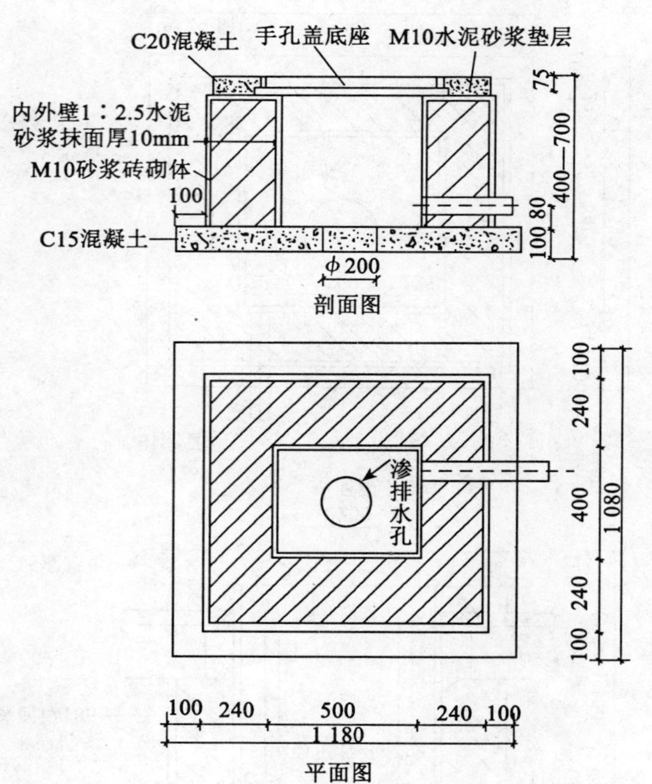

主要材料参考表

序号	名 称	单位	数量
1	小手孔外盖	套	1
2	Mu10机砖	块	151
3	#325水泥	kg	71
4	中砂	kg	317
5	石子	kg	225

说明：1. 小手孔作为墙壁电缆引上或架空电缆引上之用。

2. 小手孔的墙壁厚度为115mm，180mm或240mm三种，视侧荷载及环境而定，本图的材料表是按240mm砖墙计算的。

3. 定额按挖深0.6m计算，如增减0.1m，则应增减机砖24块和水泥5kg。

4. 高地下水位地点，将φ200渗排水孔改为积水坑。

小手孔(SSK)主体结构图

图号：PX—01(1) 单位：mm

7.4　本章小结

本章是对通信工程设计绘图的全面、详细的讲述。首先介绍了工程绘图的四要素：图的内容、表格、说明以及图标。然后根据工程项目的需要，将图分为“工程系统示意图”、“工程线缆路由示意图”、“工程配线系统图”的方式，由系统到详细，再到各类标准图的绘制与选择，形成完整的工程设计图绘制系列。要求读者在实践中，循序渐进地加以体会和理解，并掌握绘图要领，形成“用工程图说话”的目的。

◎ 作业与思考题

1．思考“用户通道层设计”中，有哪两种用户网络布线设计方式？它们分别适用于什么场合，才能最大限度地发挥其组网特性？

2．在用户通道层设计中，论述“建筑物内用户分布与路由设计图”、“用户配线设计图”和“通信管道设计系列图”的作用。

3．在“局域网硬件层设计”内容中，分别简述“中继方式图”、“用户配线系统设计图”和“机房设备配置平面图”各自的作用和绘制方法。

4．说明通信工程设计的实质、通信工程设计图纸的分类和设计的三个内容。

5．用 A4 图幅，绘制 LAN 方式计算机网络系统中继方式图（自己学生宿舍至学校通信机房）。

6．用 A4 图幅，绘制上题中，大楼内通信线槽路由系统设计图和对应的通信线路配线系统设计图，在配线图中列出工程量统计表。

7．用 A4 图幅，绘制通信管道路由系统设计二视图和对应的通信管道系统断面设计图，在管道系统断面设计图中列出工程量统计表。

8．绘制学生住所的宿舍：

（1）网络用户接入网路由系统组成图，用 A4 的坐标纸绘制，图形、说明等内容。要求每位学生 1 个 10Mb/s 的端口。配线，采用三类线电缆（25、50、100 对）。

（2）绘制配套的网络配线组成系统图，A4 图幅，绘图、统计网络电缆（25、50 对三类线）、24 端口交换机的堆叠组网方式等。

（3）绘制组网技术系统图。

以上共三张图。

9．设计绘图综合作业：

（1）设计绘图（50 分）

某通信接入网工程设计小组对“丽水市莲花新村通信接入网规划设计”项目进行了前期工程勘测，勘测报告内容如下，设计绘图要求如下：

①（15 分）绘制“通信接入网中继方式图”，技术为 FTTB+LAN 方式；要求用 A4 标准图幅绘出“机房设备配置”与“3 种用户终端配置”，并说明用户种类、接入技术和电缆的配线方式等情况（提示：“电脑机房”的用户，可采用每 20 台 PC 机汇聚于 1 台 24 端口宽带交换机，上联 2 条 LAN 数据接入线的方式组网，形成“10Mbps / PC 机”的速率）。

②（15 分）绘制“通信接入网光电缆配线系统图”，光缆为 GYDTA48 芯单模光缆，和 50/25/

单根网线电缆；路由采用“通信管道与建筑物内专用通信槽道”方式；要求用A4标准图幅绘出“节点机房引出成端”、光电缆路由分支长度与种类，以及LAN 终端宽带用户数量等情况。

③（20分）绘制“通信管道平面设计图”，采用4孔塑管，上覆土厚0.4m，管材为2层，厚 0.2m（如图所示）； E 点路面为参考零点，采用“2#手孔”（深 1M）方式；要求管道坡度统一为5‰。；用A4标准图绘出“D-E-F-G-H段”管道平-剖面标准设计二视图。

（2）工程量统计（50分）

根据以上设计情况，统计下列表格内容：

④通信管道及人手孔土方工作量统计表（共22分）

项　目		工作量	破路面（m^2）	挖土方（m^3）	回填土方（m^3）	清运余土（m^3）
敷设4孔塑管	单位值					
	工程量值					
敷设2#手孔	单位值					
	工程量值					

⑤通信管线工程量统计表（共28分）

序号	项　目	单位	通信电缆单项	配套管道单项
1	施工测量线缆路由	百米		——
2	敷设管道电缆	百米		——
3	敷设楼内钉固电缆	百米		——
4	布放总配线架成端电缆	百对		——
5	封焊热可缩套管	个		——
6	电缆芯线接续	百对		——
7	配线电缆全程测试	百对		——
8	施工测量管道路由	百米	——	
9	开挖水泥路面	平方米	——	
10	开挖土方	立方米	——	
11	回填土方	立方米	——	
12	清运余土	立方米	——	
13	敷设4孔塑管管道	百米	——	
14	砖砌2# 手孔	个	——	

通信工程设计实地勘测报告

组别：　A　组长：　甲某　组员：　乙、丙、丁　勘测时间：2006-12-18

通信设计项目：丽水市莲花新村通信接入网设计　勘测项目：莲花新村 A、B、C 建筑现场勘测

勘测器具：50m 皮尺、水准仪 1 台　　　　　　　　勘测精度：皮尺 0.01m；水准仪 0.01m

勘测原理与步骤：（1）莲花新村 A、B、C 建筑为新建住房，本期设计，从节点机房设计线缆接入。

（2）经现场勘察，以 ADSL 接入方式，布放通信电缆，主干沿新建管道敷设，配线以墙壁钉固方式敷设，成端于新设分线盒中；新设 4 孔通信塑管管道。

（3）通信草图绘制如下（楼层层高 3m；楼宽 40m；纵深长 20m），勘察资料统计如下表。

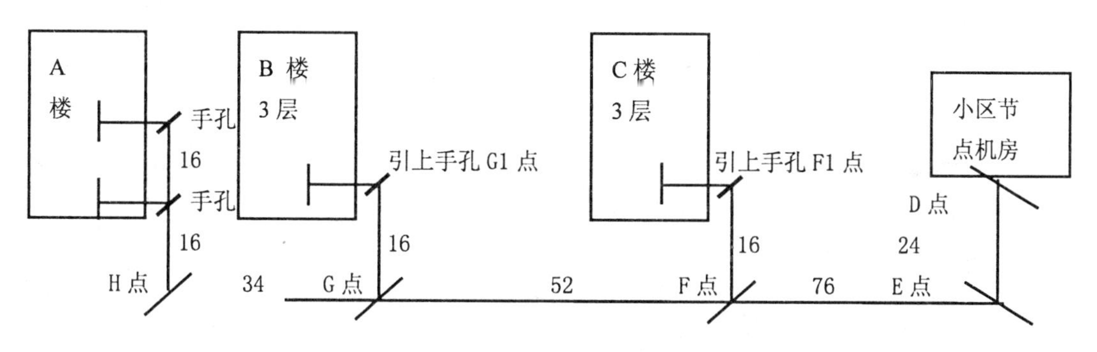

混凝土路面　小区道路（硬土土质）

（4）用户调查与接入技术设计表如下表。

用户调查					用户接入系统设计					备注
序号	栋号	单元（楼层）	用户种类	用户数量	接入方式	线种	线缆数量	线缆线序	终端设计	
1	A	1D	1 住宅	12	ADSL	电缆	15		分线盒	公话 2 部
2		2D	1 住宅	12	ADSL		15		分线盒	
3	B	（1 层）	2 集体宿舍	8 户×4 人/户	ADSL		10		分线盒	公话 2 部
4		（2 层）			ADSL		10		分线盒	
5		（3 层）			ADSL		10		分线盒	
6	C	（1 层）	3 多媒体教室	6	ADSL		10		分线盒	公话 2 部
7		（2 层）	4 单独办公室	8	ADSL		10		分线盒	
8		（3 层）	5 电脑机房	4 室×40 台	ADSL2+		20		分线盒	1M/PC 机
9	合计	单元数：8 个分线盒　通信电缆：100 对　用户终端种类：6 种 用户终端数量：76 个（ADSL 62 个；ADSL2+　8 个；公话 6 个）							8 个	

（5）通信管道路由勘测记录表如下表。

项目		D	E		F		G		H
高程测量	读数 m	1.62	1.50	2.43	2.20	1.21	0.90	1.13	0.90
	高差 m								
两点距离 m		24		76		52		34	
要求坡度（‰）		5 ‰							
自然坡度（‰）									
施工措施									
现场方位测量		正 常 方 位							

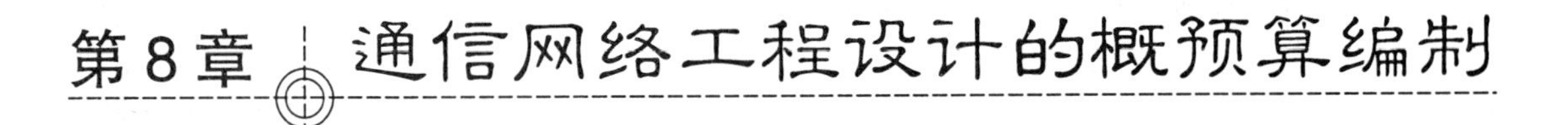

第8章　通信网络工程设计的概预算编制

本章详细讲解了通信工程中最重要的内容和基本技能要素——工程设计的概预算编制，这是工程设计三部曲中的第三个主要的、专业的工作环节，也是本课程的核心内容之一，要求学生一定要认真掌握本章的内容和实施方法，同时还是工程建设的基本工作技能。

本章学习的重点内容：

1. 通信工程设计的概预算内容与作用；
2. 工程概预算使用的定额；
3. 工程量的统计与形成工作量概预算表；
4. 全套概预算表的制作与使用。

8.1　通信工程的概预算原理

8.1.1　概预算的概述

概预算，是指预先根据具体的工作量和相应的计算办法，对某一项工程、或是某单位的一个年度工程项目所需经费，进行预先计划估算，从而得出预定工作经费总值和工作时间值的过程。每一项工程的设计中，这是必不可少的一项工作，也是科学计划和控制工程总造价、工程时间长短和单项工程投资额的重要指标。

工程量的统计与概预算项目，是工程设计中十分重要的组成部分，是对整个工程项目总费用的准确、科学的统计计算，是控制工程造价的基础数据。其实施的过程，是在工程设计图纸的基础上，如实统计出（该图的）实际工作量，然后，依据国家工程专业管理部门制定的“工程概预算定额”所规定的每项“工程量子项”的工日数量和器材数量，用专用的表格，进行“人工工日（表三）”与相应“设备、工程器材（表四）”的汇总统计计算，得出该工程项目的“人工劳动力价值”和“设备、器材价值”以及“其他必须支出的费用价值”等工程价值的总和。

通信工程概预算，应由持有“通信工程概预算编制资格证”的专业人员，按照相关文件和专业定额，进行规范化的工程概预算。下列基本文件，是常用的概预算编制文件：

（原）邮电部邮部〔1995〕626号文附件。

1．通信建设工程概算、预算编制办法及费用定额

2．通信建设工程预算定额，包括以下三类定额：

①电信设备安装工程；②通信线路工程；③全国统一机械施工台班定额。

以及其他相关文件与补充定额，共同组成概预算编制的依据。

要说明的是，为了“工作量统计”与“概预算编制”工作的顺利接轨，设计图纸中的“工

作量统计表”，宜按照相应定额中的工程子目进行分类编制和统计。

8.1.2 工程概预算的基本概念

1. 工程概预算的概念

工程的概预算项目是由具有相关“工程概预算编制资格”的专业人员，在工程设计图纸的基础上，如实统计出（该图的）实际工程各子目的工作量，然后，依据国家工程专业管理部门制定的“工程概预算定额”所规定的每项“工程量子项”的劳动力“工日数量”和施工所用的“器材数量”，用专用的表格，统计得出该工程项目的“人工劳动力价值”和“设备、器材价值”以及“其他必须支出的费用价值”等工程价值的总和的过程。是对整个工程项目总费用的准确、科学的统计计算，也是控制该工程造价的基础数据。

通信工程概预算，由“概预算说明”和“概预算表格”两部分组成，其中的概预算表格是主要部分。每个单项工程，应单独编制该项目的概预算，一个综合工程项目包含若干个单项工程的，应编制一张“综合工程汇总表”；文件对概预算表格的形式和作用也作了明确规定，共有“五类八张表格”，如表 8.1 所示。

表 8.1　　　　通信概预算标准分类表格汇总表

表格编号	表 格 名 称	表 格 作 用
表一	概、预算总表	编制建设项目总费用或单项工程总费用
表二	建筑安装工程费用概、预算总表	编制建筑安装工程费使用
表三（甲）	建筑安装工程量概、预算总表	编制建筑安装工程量使用
表三（乙）	建筑安装工程施工机械使用费概、预算总表	编制工程机械台班费使用
表四（甲）	器材概、预算总表	编制设备、材料、仪表、工具和施工图材料清单使用
表四（乙）	引进工程器材概、预算总表	引进工程专用
表五（甲）	工程建设其他费概、预算总表	工程建设其他费使用
表五（乙）	引进工程其他费概、预算总表	引进工程专用

2. 工程定额的概念

是指完成某项专业工程项目，所需要花费的社会平均专业劳动力（工日数×每工日单价）价值、专业机械使用的台班价值和所需要的专业设备、器材消耗量价值，它是以某单位工程量作为基本单位量。不同的专（行）业工程项目，具有不同的工程定额；在同一个专业内，则必须使用相同的专业定额和相同的概预算表格，如图 8.1 所述。在每一个定额项目中，都列出该项目的实施所需要的劳动力“工日数量”、完成该工程所需的专业汽车、机械设备的“台班工作日数量”，和“专业设备与材料的使用种类与消耗量”。其中，劳动力工日数量与机械台班数量是不可改变的，而使用的器材种类和数量，可能会随着技术规范的进步和现场情况的不同、甚至设计方案的不同而有所变化，是可变化的工程量。

3. 通信建设工程预算定额简介

（1）通信设备安装工程定额

是指“通信专业室内设备安装”所使用的工程标准定额，每个项目分为“人工工日数量”、“主要材料种类数量”和“机械台班数量”三个部分。该定额共分为下列九章：

①安装通信电源设备；　②安装（机房）铁架及其他；　③布放设备电缆及导线；
④安装程控电话交换设备；⑤安装光纤通信数字设备；　⑥安装非话通信设备；
⑦安装移动通信设备（2000年9月信产部作过修改）；　⑧安装微波通信设备；
⑨安装卫星通信地球站设备。

安装室内通信设备和布放室内各种通信线缆时，应该使用上述对应的通信定额项目，作为统计工程量和概预算的计算依据。

（2）通信线路工程定额

是室外通信设施安装使用的工程标准定额，每个项目也分为“人工工日数量”、“主要材料种类数量”和“机械台班数量”三个部分。该定额共分为下列八章：

①开挖、回填土石方；
②通信管道：包括各种通信管道建设和人手孔建设项目；
③通信杆路：主要指架设各类电杆，建立“架空吊线”光电缆路由项目；
④敷设光电缆：指敷设管道、吊线（钢绞线）、钉固和槽道等方式的各类光电缆项目；
⑤光（电）缆接续与测试；
⑥安装通信线路设备；
⑦光电缆保护与防护；
⑧建筑与建筑群综合布线系统（2000年9月信产部新增项目）。

安装室外通信设备和布放室外各种通信线缆（光缆、电缆）时，应该选择使用上述对应的通信定额项目，作为统计工程量和概预算的计算依据。

例：通信线路工程中，“立水泥电杆”的工程量定额，内容如图8.1所示。

立水泥电杆

工作内容：打洞、清理、立杆、装H杆腰梁、回填夯实、号杆等。

项目类别	项目说明	项目举例
定额编号	章-编号	TX3-001
项目名称	该子项目名称	立9m以下水泥杆（综合土）
计量单位	该项目单位	根
定额工作量	技工、普工工日	技工0.61；普工0.61工日
完成项目各类材料	各类材料名称、数量	水泥电杆1.003根；水泥0.2公斤
机械台班使用情况	机械种类、台班数量	汽车起重机（5T以下）0.04台班

图8.1　通信工程定额内容举例示意图

该定额中，规定了“立9米以下水泥电杆”1根时，需要消耗的劳动力工日是“技工0.61个工日，普工0.61个工日”、器材是“水泥电杆1.003根；水泥0.2公斤”；机械台班是“5吨以下的汽车起重机0.04个工作台班”三种工程参数，工程概预算表，就是从这三个方面来累计工程的各个单项子目的工作量，汇总计算出该工程的总的价值。

（3）全国统一机械施工台班定额

8.1.3 通信工程设计的工程量统计与概预算原理

1. 通信工程设计的工程量统计

就是在相关专业定额的划分子目指导下，根据设计图纸所反映出来的工作量情况，用表格的方式列出该工程项目的所有组成子目和对应的工程数量，以及每个工程子目所需要的设备材料数量。如上一章中所载的计算机网络综合布线工程的“工作量与主要设备统计表”。该表格一般以专业定额的划分子目为对应子目，形成与之配套的工作量统计表。该表中的工程量参数，取自于工程设计图纸的各项目汇总值，是进行工程概预算的基础数据。

2. 工程概预算的分类与应用

工程项目的概预算分为“工程概算”、“ 工程预算”、和“工程决算”三个部分，“工程概算”是初步设计阶段，对工程方案的统计计算的过程；是工程项目投资贷款和项目招投标的依据文件，“工程预算”是施工图设计阶段，对工程具体施工设计的统计计算的过程；是预付工程款项的依据文件；“工程决算”是施工单位完工之后，对实际的用工情况和实际器材消耗的统计计算的过程，是支付工程款项（尾款）的依据文件。

工程设计的概预算计算，是围绕着表一至表五这五个表的制作展开的，共分为以下三个步骤。首先，应根据“工程量统计表”的内容，参考相应的专业工程定额，计算出项目的劳动力和专业工程机械使用情况（汇总到“表三”中）和相应的设备、器材使用情况（汇总到“表四”中）；第二步，就是将劳动力总的工作量（总的工日数）、工程机械台班的工作量（也是工日数）和设备器材“总价值”这三个最重要的工程参数，汇总到“工程费用概、预算总表（表二）”中，加上其他施工费、各种管理费等费用，在表二中加权形成本单项工程的总费用。第三步计算“工程建设其他费概、预算总表（表五）”，最后汇总到“概、预算总表（表一）”中，得出该项目的总投资情况。并进行必要的单价、取费说明。

8.2 通信工程的工作量与设备材料概预算原理

8.2.1 通信工程的分类与工作量计算

1. 通信工程概预算的工作量计算表（表三）

通信工程建设与其他专业的工程建设一样，也是分为工程量计算和设备器材值计算两大类。本节介绍工程量计算的内容和方法。具体的计算，是按照工程定额的设置方式，将各项工程子目，转化为工程定额规定的各项内容，按照工程定额的规定，采用劳动力计算表（表三甲）与机械台班计算表（表三乙），将列出的各个工作量子目反映到两种表三中，统计得出两种工作量的工日数。如图 8.2 所示，为劳动力的工作量概预算表格（表三甲）。

2. 通信工程的分类

如前所述，通信工程分为“室内各种设备安装”和“室外通信线路敷设与配套通信管道建设工程”两大类，通信宽带业务、程控交换设备安装、通信光传输设备安装、通信节点机房综合业务设备安装等属于“室内”进行的设备安装工程，都属于此类；通信光缆沿管道敷设工程、通信管道建设工程等这些“室外道路”上建设的通信工程，通常属于室外工程类别。

企业内的通信综合业务系统工程，由于工程量通常较小，工程范围在通信机房、用户建筑物内布线，范围较小，内容的类别区分较复杂，可以总体视为 1~2 个综合通信工程，即计算机网络等综合通信系统工程和配套的通信管道工程两个子目。

建筑安装工程量概、预算表（表三）甲

单项工程名称:　　建设单位名称:　　表格编号:　　第　页

序号	定额编号	项目名称	单位	数量	单位定额值（工日）		概、预算值（工日）	
					技工	普工	技工	普工
1	TX3-001	新立水泥电杆	根	4	0.61	0.61	2.44	2.44
2	TX3-025	新立H型水泥杆	座	1	1.54	1.54	1.54	1.54
3		本页小计					3.98	3.98
4								
5		表三合计					3.98	3.98

图 8.2　工程量概预算表（表三甲）内容举例示意图

8.2.2　通信工程的概预算

1. 通信工程概预算的劳动力工作量表（表三）

通信网络工程的工作量计算，是依据工程设计图纸所“设计绘制”出来的实际工作量而进行的。参考相关的通信工程专业定额的各项内容，以及通信网络专业设计工程师的实际工程组织情况，综合设置了“项目主要工程量统计表”的基础上，按照“概预算表三（甲）”的形式，综合设置出来的，具体表格的形式，如图 8.2 所示。

由图可见，表中首先要载入“单项工程名称、建设单位名称、表格编号”等表格内容；其次，表格正文中，主要是“定额编号、工程项目名称、实际的单位数量、单位定额值、实际的工程概预算值、表三合计工作量（工日）值”六项内容，其目的，是科学地、精确地汇总计算出该单项工程的所有工程量所需的劳动力工日数量，为工程的机械台班工作量和设备器材数量值的统计，打下基础。

2. 通信工程的概预算表的统计原理与流程

在以上工作量表三的基础上，就可以开展相关的工程机械台班工作量的统计和设备器材数量的统计了，整个的工作流程，如图 8.3“工程量概预算流程原理图”所示。

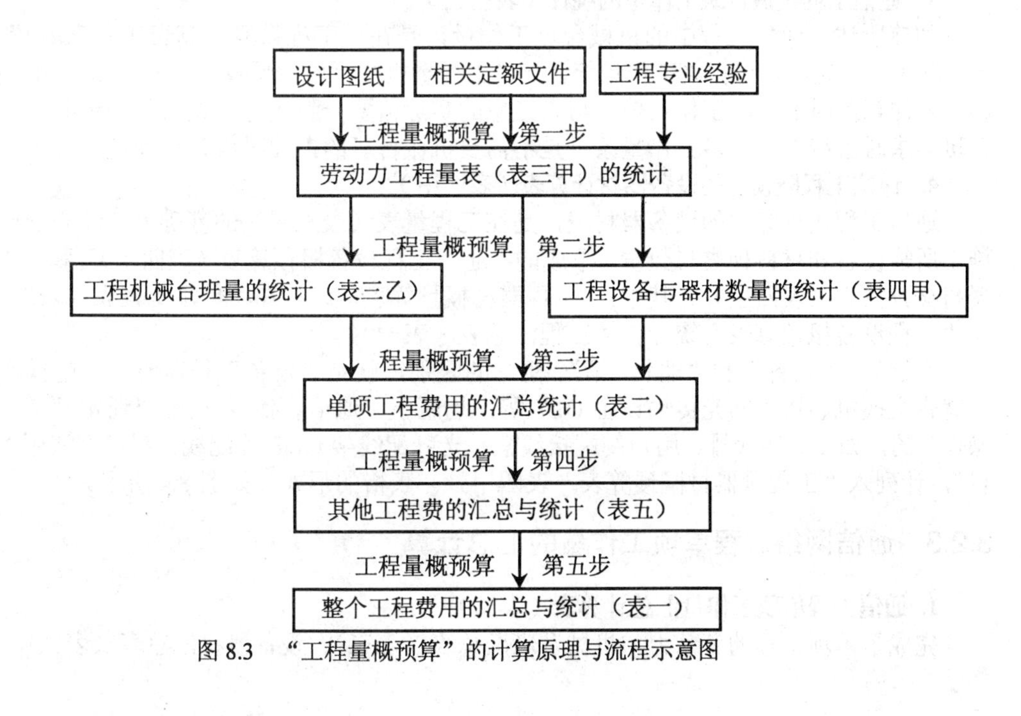

图 8.3　“工程量概预算”的计算原理与流程示意图

该图反映了整个工程概预算的工作原理与五个步骤的工作流程，第一步，是设计人员在设计图纸、相关工程定额和专业设计经验的指导与参考下，按照表三（甲）的格式，形成工作量汇总统计表（表三）的过程；第二步，是根据以上已经列出的"劳动力工程量表"，逐条查询定额内容，列出该单项工程的"工程机械台班工作量统计表（表三乙）"，同时，逐条统计工程中使用或消耗的设备数量、器材数量，并累计在工程设备概预算表（表四甲）和工程器材概预算表（表四甲）中。工程设备器材概预算表（表四甲）的使用，如图 8.4 所示，该图反映了图 8.2 的表三中的工作量概预算子目中对应的设备与器材数量的汇总统计。

建筑安装工程量概、预算表（表四）甲

（设备或器材 表）

单项工程名称:　　　　建设单位名称:　　　　表格编号:　　　　第　页

序号	名 称	规格程式	单位	数量	单价（元）	合计（元）	备 注
1	水泥电杆	8m	根	6	121	726	
2	H 杆腰梁	小号	套	1	58	58	
3	H 杆站台	（含雨篷）	套	1	136	136	
4	水泥	325#，袋装	吨	0.5	350	175	
5	小 计	1~4 项和				1095	
6	杂项费用	小计×4%				44	采保费、运输费、保险费等
7	合 计					1139	

图 8.4　工程器材概预算表（表四甲）内容举例示意图

第三步是在表三、器材表（表四甲）的基础上，汇总统计到"单项工程量表（表二）"中，该表反映了工程施工与器材价值量的总和；第四步是计算工程设计费等"工程其他费用表（表五）"，最后就是将若干个单项工程（表二）和工程其他费（表五）统计到概预算总和表（表一）中计算出该工程各个单项内容累加起来的工程价值的总和。

3. 通信工程机械台班工作量的统计（表三乙）

如前所述，通信工程中的机械台班工作量，是在"工程量概预算表（表三甲）"的基础上，逐条查询定额，将相关工作量统计到"工程量机械台班概预算表（表三乙）"中加以汇总即可。注意此时的实际工作量值，与表三甲的实际值要一致，并且逐条查询定额时，有机械台班需求时就统计，许多工作量条目是不需要机械台班的，此时就只统计定额要求的内容。

4. 通信工程概预算的设备器材计算表（表四甲）

通信工程概预算中的设备器材表，是在工程量表（表三甲）的基础上，逐条统计工程量施工所需设备和材料种类与数量，形成的"通信工程设备概预算表（表四甲）"和"通信工程器材概预算表（表四甲）"。其中，"工程器材概预算表"统计在"单项工程表（表二）"中，而"工程设备概预算表"统计在"工程汇总表（表一）"中。

在这里，"设备"和"器材"两个概念的区别，就是"设备"是需要"通电操作"的，如宽带交换机、接入网光传输设备 OLT 等，均属于"通信设备"；而器材通常都是"不带电操作"的，如 110 接线排、用户终端接线盒、光纤配线架 ODF 等配线器材，都属于"通信器材"，计列入"工程量器材概预算表（表四甲）"。表格的形式，如图 8.4 所示。

8.2.3　通信网络工程单项工作量的汇总计算

1. 通信工程单项工作量汇总计算表（表二）

完成了单项工程的劳动力与机械台班汇总表（表三）、设备器材汇总表（表四甲），接下

来，就是对该工程量的一个完整的工程价值的计算——包括其他工程量、工程所需其他费用、工程劳动保护费、施工企业管理费、计划利润等一系列工程费用的计算和汇总；这就是“单项工程费（表二）”的作用。如图 8.5“建筑安装单项工程费用预算表（表二）”所示。

建筑安装工程费用预算表（表二）

单项工程名称:计算机网络系统工程　　建设单位：网络082设计所　　表格编号:GL-02　　第全页

序号	费用名称	依据和计算方法	技工费	普工费	合 计	序号	费用名称	依据和计算方法	技工费	普工费	合 计
			(元)	(元)					(元)	(元)	
	建筑安装工程费	一至四之和			340049.49	8	工地器材搬运费	技工费×12%	2278.75		2278.75
一	直接工程费	(一)至(三)之和			320196.26	9	流动施工津贴	技工总工日×4.8	1139.38		1139.38
(一)	直接费	1+2+3			293665.62	10	人工费差价	技工总工日×8.8	2088.86		2088.86
1	人工费	技工费+普工费	18989.6	2115	21104.60			普工总工日×4.0		169.20	169.20
[1]	技工费	技工总工日×16.	18989.6		18989.60	11	工程点.交场地清理费	技工费×8%	1519.17		1519.17
[2]	普工费	普工总工日×11		2115	2115.00	12	施工生产用水电蒸气费	人工费×2%	422.09		422.09
2	材料费	主材费+辅材费	270397.84	2163.18	272561.02	(三)	现场经费				1220.91
	主要材料费	表四甲	270397.84		270397.84	1	临时设施费	技工费×20%	3797.92		3797.92
	辅助材料费	主材费×0.8%		2163.18	2163.18			普工费×4%		84.60	84.60
3	机械使用费	表三乙				2	现场管理费	技工费×40%	7595.84		7595.84
(二)	其他直接费	1-12之和			14327.73			普工费×37%		782.55	782.55
1	冬雨季施工增加费	人工费×6%	1266.28		1266.28	二	间接费	(一)至(二)之和			1253.31
2	夜间施工增加费	人工费×4%×0.2	168.84		168.84	(一)	企业管理费	技工费×66%	1253.31		1253.31
3	工程干扰费	人工费×10%×0.2	422.19		422.09	(二)	财务费	技工费×0 %		0.00	0.00
4	特殊地区施工增加费					三	计划利润	人工费×35%	7386.61		7386.61
5	新技术工程培训费					四	税金	(一+二+三)×3.41%			11213.31
6	生产工具	技工费×12%	2278.75		2278.75						
	用具使用费	普工费×2%		42.30	42.30						
7	工程车辆使用费	技工费×13%	2468.57		2468.57						
		普工费×3%		63.45	63.45						

设计负责人:陈开张　　审核:陆韬　　编制日期:20012年1月

图 8.5　建筑安装单项工程费用预算表（表二）　示意图

单项工程费（表二）的汇总，是根据当前的通信网络工程行业概预算计费办法，在全国范围内统一格式和计算方法，进行计算的。相关的项目和计费标准，都是依据以上“工业与信息化部颁布文件：通信网络工程概预算编制计算办法”所规定的系数计算形成的。

如图 8.5 所示，“单项工程费概预算表（表二）”由“一、直接工程费”、“二、间接费”、“三、计划利润”和“四、税金”共四个部分数值组成。其中，“一、直接费”中的“（一）直接费”和“（二）其他直接费”是主要的计算经费。

在“（一）直接费”中，共有 1 人工费、2 材料费、3 机械使用费三项费用，分别以该工程项目的“劳动力工作量表（表三甲）”中的 2 个工日合计值、“工程器材预算表（表四甲）”中的器材合计金额值，以及“机械台班工作量表（表三乙）”中的工日合计值带入计算，就分别得出了该三项人工费、材料费和机械台班费的实际值。

在“（二）其他直接费”中，按照以上概预算文件规定，分别以“人工费”、“普工费”、“技工费”等为依据，以文件规定的系数为计算值，分别计算出各类“其他直接工程费”的内容，然后加以合计。

其余的“（三）现场经费”、“二、间接费”、“三、计划利润”和“四、企业税金”等内容，均根据以上文件内容，分别按依据，套用参数计算即可。

2. 通信工程概预算汇总表（表一）

通信工程的各个“单项工程费”，就由表二表示出来。另外，工程勘察设计费、建设单位管理费、工程研究试验费等，计列在“其他工程费（表五）”中。下面展示的工程项目的各项费用的汇总表——工程概预算汇总表（表一）。

工程概预算汇总表（表一），如图 8.6 中的案例示意表，是该工程概预算的各单项费用的汇总表。汇集了通信线路单项、设备安装费用、配套的通信管道工程单项，以及工程建设其他费用（表五）等所有单项的工程费用总和。

工程预算总表（表一）

建设项目名称：丽水学院教学楼通信宽带业务项目
单项工程名称：丽水学院教学楼通信宽带业务项目　建设单位：网络082本设计所　表格编号：GL-01　第1页

序号	概预算表编号	工程和费用名称	概、预算价值（元）或外币							
			建筑工程	需要安装的设备	安装工程	不需要安装的设备、工器具	其他费用	预备费	总价值	
									人民币	其他外币
1	XL-02	建筑安装工程费（通信线路）			296509				296509	
2	XL-04	通信设备安装预算表（表四）		125625					125625	
3	GD-02	配套通信管道工程费	45565						45565	
4	XL-05	工程建设其他费					87568		87568	
5		合计							555267	
6		预备费（合计*4%）						22211	22211	
7		总计							577477	

设计负责人：杨显恩　审核：陆 韬　编制：杨显恩　编制日期：2012年2月

图 8.6　工程预算汇总表案例示意图

至此，通信网络工程设计的重要部分：工程概预算的五种表格，都已经编制、统计完成，接下来，就是写出概预算的编制说明。

8.3 本章小结

通信网络工程概预算，是依据工程设计图纸、工程现行定额和工程现场勘测情况，对工程规模、概预算总价值、单位工程值、工程概预算的各个单项工程值等基本的精确计算；是利用标准格式的表格，对工程量的工日和设备材料两个参数值进行准确计算的基础上，对整个工程总值的统计计算。

通信工程概预算的编制流程“三步曲”是，首先统计计算各项工作量（表三），然后统计工日和设备材料情况、最后统计计算整个工程的概预算值，要求读者认真学习其计算原理。

◎ 作业与思考题

1．在通信工程设计中，如何进行工作量的统计与概预算的制作？概预算的内容和工作原理是什么？

2．通信工程概预算的组成部分有哪些？统计表格有哪些？

3．简述通信工程定额的性质、组成分类与使用方法。上网查询：新的通信工程（接入网）投资定额情况。

4．简述工程概预算中，“总投资（总造价）”、“单位生产能力造价”的概念，下列单项工程预算中，单位生产能力造价应取什么值？

（1）新建 400 对通信电缆工程预算，用户为 200 户，总造价 20 万元。

（2）新建 6 孔通信管道工程预算，总长 1.5 公里，总造价 40 万元。

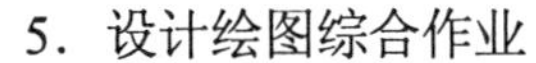

5. 设计绘图综合作业

（1）设计绘图（50 分）

某通信接入网工程设计小组对“丽水市莲花新村通信接入网规划设计”项目进行了前期工程勘测，勘测报告内容见附页，设计绘图要求如下：

①（15 分）绘制“通信接入网中继方式图”，技术为 ADSL / ADSL2+方式；要求用 A4 标准图幅绘出“机房设备配置”与“3 种用户终端配置”，并说明用户种类、接入技术和电缆的配线方式等情况　(提示：“电脑机房”的用户，可采用每 20 台 PC 机汇聚于 1 台 24 端口宽带交换机，上联 2 条 ADSL2+数据接入线的方式组网，形成“2Mbps / PC 机”的速率)。

②（15 分）绘制“通信接入网电缆配线系统图”，线缆为 HYA100-2×0.4mm，和 50/30/20/10 对通信电缆；路由采用“通信管道与沿墙钉固”方式；要求用 A4 标准图幅绘出“节点机房引出成端”、电缆路由分支（接头）长度与种类，以及“电缆分线盒终端（位置与编号等标准画法）”，并列表汇总：电缆种类、长度、电缆分支（接头）数量、分线盒数量和 ADSL 终端数量等情况。

③（20 分）绘制“通信管道平面设计图”，采用 4 孔塑管，上覆土厚 0.4m，管材为 2 层，厚 0.2m（如图所示）；E 点路面为参考零点，采用“2#手孔”（深 1M）方式；要求管道坡度统一为 5‰。；用 A4 标准图绘出“D-E-F-G-H 段”管道平-剖面标准设计二视图。

（2）工程量统计（50 分）

根据以上设计情况，统计下列表格内容，并完成全套概预算表格。

④通信管道及人手孔土方工作量统计表（22 分）

项　目		工作量	破路面（m^2）	挖土方（m^3）	回填土方（m^3）	清运余土（m^3）
敷设 4 孔塑管	单位值					
	工程量值					
敷设 2.# 手孔	单位值					
	工程量值					

⑤通信管线工程量统计表（共 28 分）

序号	项　目	单位	通信电缆单项	配套管道单项
1	施工测量线缆/管道路由	百米		
2	敷设管道电缆	百米		——
3	敷设楼内钉固电缆	百米		——
4	布放总配线架成端电缆	百对		——
5	封焊热可缩套管	个		——
6	电缆芯线接续	百对		——
7	配线电缆全程测试	百对		——
8	开挖水泥路面	平方米	——	
9	开挖土方	立方米	——	
10	回填土方	立方米	——	
11	清运余土	立方米	——	
12	敷设 4 孔塑管管道	百米	——	
13	砖砌 2# 手孔	个	——	

通信工程设计实地勘测报告

组别：　A　组长：　甲某　组员：　乙、丙、丁　勘测时间：2006-12-18

通信设计项目：丽水市莲花新村通信接入网设计　勘测项目：莲花新村 A、B、C 建筑现场勘测

勘测器具：50m 皮尺、水准仪 1 台　　　　　　　勘测精度：皮尺 0.01m；水准仪 0.01m

勘测原理与步骤：（1）莲花新村 A、B、C 建筑为新建住房，本期设计，从节点机房设计线缆接入。

（2）经现场勘察，以 ADSL 接入方式，布放通信电缆，主干沿新建管道敷设，配线以墙壁钉固方式敷设，成端于新设分线盒中；新设 4 孔通信塑管管道。

（3）通信草图绘制如下（楼层层高 3m；楼宽 40m；纵深长 20m）），勘察资料统计如下表。

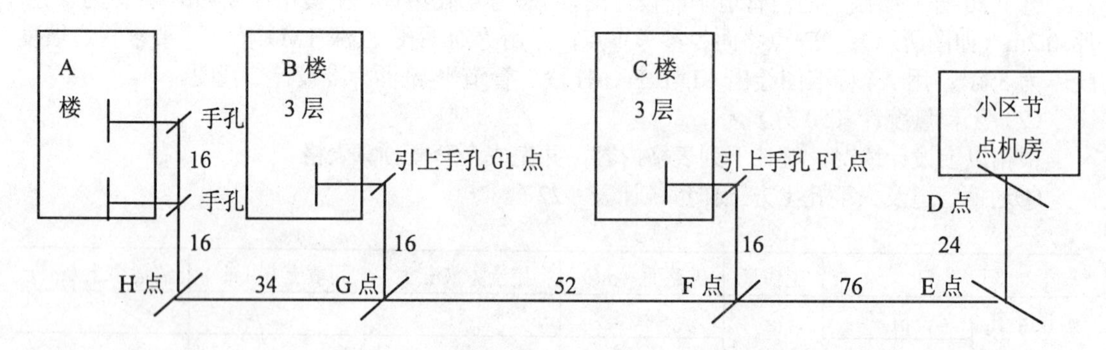

混凝土路面　小区道路（硬土土质）

（4）用户调查与接入技术设计表如下表。

用户调查					用户接入系统设计					备　注
序号	栋号	单元（楼层）	用户种类	用户数量	接入方式	线 种	线缆数量	线缆线序	终端设计	
1	A	1D	1 住宅	12	ADSL	电缆	15		分线盒	公话 2 部
2		2D	1 住宅	12	ADSL		15		分线盒	
3	B	（1 层）	2 集体宿舍	8 户×4 人/户	ADSL		10		分线盒	公话 2 部
4		（2 层）			ADSL		10		分线盒	
5		（3 层）			ADSL		10		分线盒	
6	C	（1 层）	3 多媒体教室	6	ADSL		10		分线盒	公话 2 部
7		（2 层）	4 单独办公室	8	ADSL		10		分线盒	
8		（3 层）	5 电脑机房	4 室×40 台	ADSL2+		20		分线盒	1M/PC 机
9	合计	单元数：8 个分线盒　通信电缆：100 对　用户终端种类：6 种 用户终端数量：76 个（ADSL 62 个；ADSL2+　8 个；公话 6 个）							8 个	

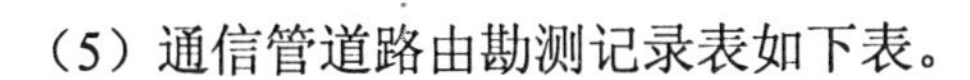
（5）通信管道路由勘测记录表如下表。

<table>
<tr><td colspan="2">项 目</td><td>D</td><td colspan="2">E</td><td colspan="2">F</td><td colspan="2">G</td><td>H</td></tr>
<tr><td rowspan="2">高程测量</td><td>读数 m</td><td>1.62</td><td>1.50</td><td>2.43</td><td>2.20</td><td>1.21</td><td>0.90</td><td>1.13</td><td>0.90</td></tr>
<tr><td>高差 m</td><td colspan="2"></td><td colspan="2"></td><td colspan="2"></td><td colspan="2"></td></tr>
<tr><td colspan="2">两点距离 m</td><td colspan="2">24</td><td colspan="2">76</td><td colspan="2">52</td><td colspan="2">34</td></tr>
<tr><td colspan="2">要求坡度（‰）</td><td colspan="8">5 ‰</td></tr>
<tr><td colspan="2">现场方位测量</td><td colspan="8">正 常 方 位（上北下南左西右东）</td></tr>
</table>

第9章 通信网络工程设计的说明与会审

本章结合案例，详细讲解了通信工程设计中的基本内容——工程设计说明的编制撰写和工程设计会审的过程这两个内容，这也是本课程的核心内容之一，另外，工程设计图的点交与工程现场指导和通信工程施工组织工序图的设计，也是工程设计与集成的重要技能之一，要求学生一定要认真掌握的内容和实施方法。

本章学习的重点内容：

1. 计算机通信接入网工程设计说明与概预算说明；
2. 工程设计会审与形成正式设计文件；
3. 工程设计图的点交与工程现场指导；
4. 通信工程施工组织工序图。

计算机通信工程设计中的“说明”部分，共分为“工程设计说明”和“工程概预算说明”这两个部分。工程设计说明，就是简要说明工程设计的相关具体事项和设计的技术方案、工程采用的施工方案及理由；工程概预算说明，如前所述，就是具体说明该工程项目的具体投资总额、单位工程量投资额和各项工程费用组成，以及工程概预算的具体取费标准等相关事宜。

工程设计会审的过程，分为“工程设计会审”和“修正设计内容-形成正式的工程设计文档”两个步骤。是在工程主管单位（建设单位）的主持下，对送审的设计文件进行现场综合审定，提出修改意见的专家会审，从而形成正式设计文件的过程。“工程设计文件”只有经历了工程设计会审会，加以修改，得到了工程各方专家的肯定之后，才能形成正式的设计文件，指导施工。

9.1 计算机网络设计的说明

如上所述，计算机网络工程设计的说明，分为“工程设计说明”和“工程概预算说明”这两个方面，以下分别进行叙述。

9.1.1 计算机网络设计的工程设计说明

计算机网络设计的说明，是在完成了设计文件的所有绘图、设计、工程概预算工作之后，对工程设计内容的一个简要介绍，就是简要说明工程设计的相关具体事项和设计的技术方案、工程采用的施工方案及理由等内容。主要由以下九个内容组成：

①工程项目的建设地点与范围、主要的通信业务内容、主要的工程项目分类和总投资额；

②工程设计与建设项目的设计委托书或是工程招标书等的文件号、文件名称和主要内容；

③工程设计的技术规范、工程规范、工程可行性报告文件名称与主要内容、以及工程勘测

纪要文件；

④工程设计的技术实施方案；

⑤工程设计的通信线路路由设计方案、工程组网结构方案和必要的说明；

⑥工程设备选型与设计方案；

⑦工程器材选型与设计方案；

⑧工程施工组织方案、主要工序的技术要求、工程的施工周期要求等；

⑨工程验收的方式、验收的主要参数、验收依据文件等。

9.1.2　计算机网络设计的工程概预算说明

如上所示，计算机网络设计的工程概预算说明，也是在完成了所有工程概预算表格之后，对工程概预算情况的一个具体说明，就是具体说明该工程项目的具体投资总额、单位工程量投资额和各项工程费用组成，以及工程概预算的具体取费标准等相关事宜。通常应包含下列五个方面的内容：

①工程项目的建设地点与范围、主要的通信业务内容、主要的工程项目分类和工程总投资额；

②工程项目的主要通信业务的总造价和单位造价：如通信管道工程的每孔公里通信管道的平均造价、通信宽带接入网的用户信息点总数与总造价，以及每个用户信息点的平均造价；

③通信工程概预算的依据定额、依据文件名称和文号等国家或行业的概预算依据文件；

④各种具体的通信概预算单价取值说明，如工程主要设备、器材的生产厂商、设备规格、价格，以及当地相关材料、劳动力单价等概预算信息；

⑤工程概预算的各类单项费用的取值及占总费用的比例情况。如单项工程费（表二）、工程设备费、工程施工费、工程材料费等。

9.1.3　计算机网络设计的工程说明实例

设　计　说　明

一、概述

1．项目情况说明

本工程为丽水学院 2012 年度“通信宽带接入网工程设计”项目，本单项为丽水学院东区学生宿舍通信宽带接入网管线单项工程设计，分为“通信宽带接入网综合项目”和配套的“通信接入网管道工程项目”两个单位工程设计，按新建一阶段设计进行；工程概况如下：

<table>
<tr><th colspan="2">项　目</th><th>类别</th><th>工　程　规　模</th><th colspan="2">投资额（元）</th></tr>
<tr><td rowspan="2">通信接入管线综合工程</td><td>电缆线路单项</td><td rowspan="2">四类</td><td>(1)管道光缆 12 芯公里；综合布线 6 线公里
(2)新建宽带用户 10Mb/s 信息点 360 户
(3)节点机房引出单模光缆 24 芯</td><td>总投资 32 万元
单位造价：
889 元/信息点</td><td rowspan="2">总投资
44 万元</td></tr>
<tr><td>配套管道单项</td><td>(1)通信管道路由长度 8 公里
(2)通信 4 孔管道长度 32 孔公里
(3)新建 3# 手孔 20 个</td><td>总投资 12 万元
单位造价：
3750 元/孔公里</td></tr>
</table>

2．设计依据

①丽水学院 2012 年度“通信宽带接入网工程设计”项目于 2012 年 9 月 9 日致电信 04 设计院“关于开展校内东校区一阶段通信工程设计的安排表”等设计要求文件；

②电信 04 设计院各项目设计组现场勘察资料，在“项目总负责”教师指导下形成的设计方案资料，以及双方人员现场会商确定的相关事宜；

③原邮电部及信息产业部颁布的相关设计、施工规范、文件。

3．设计分工及内容

设计内容：①光缆线路敷设安装、接续及成端；②配套通信管道建设。

设计范围：机房总配线架纵列（不含）以外至用户端的通信线路；配套管道工程项目设计。

4．设计分册表

分 册	项　目（编号）	分　册
第全册	丽水学院东校区通信宽带接入网管线综合工程（2012**A**）	装订共 1 册
	丽水学院东校区通信接入网配套管道工程（2012**G**）	

本单项设计是：丽水学院东校区通信宽带接入网管线工程（2012A）和管道配套工程设计（2012G）。

5．主要工作量表

序号	项目	单位	通信电缆单项	配套管道单项	备注
1	施工测量线缆路由	百米	120	——	
2	敷设管道电缆	百米	80		
3	敷设墙壁吊线电缆	百米	20		
4	敷设楼内穿管电缆	百米	20		
5	布放 1000 总配线架成端电缆	条	2		
6	封焊热可缩套管	个	8		
7	电缆芯线接续	百对	160		
8	配线电缆全程测试	百对	20		
9	施工测量管道路由	百米		80	
10	开挖水泥路面	平方米		7200	
11	挖 / 填土方	立方米		10000	
12	敷设 4 孔塑管管道	百米		80	
13	砖砌 3#手孔	个		20	

二、项目技术设计

1．通信项目技术设计

本期设计，为用户同时接入电话和宽带通信业务，用户与接入节点（机房）的距离较近（600m 以内），用户主要是学生集体宿舍用户，故采用“通信光缆到大楼 FTTB+综合布线到

用户”的宽带接入技术，以常规通信单模光缆的直接配线方式接入该区域内的用户；通信路由采用新建通信管道与沿建筑物墙壁敷设槽道路由的综合方式进行。

2．通信光缆选型设计

由于实际路由为市内管道和墙壁敷设两种，根据本期通信光缆的使用范围，本工程电缆采用 G.652 型常规单模通信光缆，其数字信号的传输最大距离为 20 公里以上，宽带数据的最大传码率为 2.5Gb/s。

3．光缆接头

本期工程，电缆接头选用相关的一次性热缩套管，本单项共 1 个分歧接头。

4．用户组网设计

本期设计中，主要是对新建的第 7 栋学生集体宿舍配置宽带接入网系统的综合布线。该大楼为新建 5 层楼学生集体宿舍，每层楼 10 间学生集体宿舍，每间住户 6 人，每个用户配置 6Mb/s 带宽。根据现场的勘测，用户网线（电缆）平均敷设长度为 30 米。具体的设计情况如下表所示：

<table>
<tr><th colspan="4">用户调查与统计</th><th colspan="4">配线组网系统设计</th></tr>
<tr><th>楼栋</th><th>楼层</th><th>用户种类</th><th>数量</th><th>配线设计</th><th>VLAN-IP 配置</th><th colspan="2">组网设计</th></tr>
<tr><td rowspan="6">7 栋</td><td>1 楼</td><td rowspan="6">集体住户每层楼 10 户
每户 6 个学生
每位学生 1 个
6M 宽带端口</td><td>10 × 6 × 6Mb/s</td><td rowspan="7">1 综合布线 25 对三类网线电缆到用户。
2 大楼 15 台用户交换机，通过 2 台汇聚交换机，上联光纤直通机房。
3 每端口设 IP 地址</td><td rowspan="7">7#大楼：
192.168.1.0-64
192.168.2.0-64
192.168.3.0-64
192.168.4.0-64
192.168.5.0-64
192.168.6.0-64</td><td>组网分层</td><td>3 层组网</td></tr>
<tr><td>2 楼</td><td>10 × 6 × 6Mb/s</td><td rowspan="4">交换机综合配置</td><td rowspan="4">用户 24 口；2 口 100m 上联，共 144Mb/s；汇聚交换机 2 台</td></tr>
<tr><td>3 楼</td><td>10 × 6 × 6Mb/s</td></tr>
<tr><td>4 楼</td><td>10 × 6 × 6Mb/s</td></tr>
<tr><td>5 楼</td><td>10 × 6 × 6Mb/s</td></tr>
<tr><td>6 楼</td><td>50 × 6 × 6Mb/s</td><td rowspan="2">大楼汇聚点</td><td rowspan="2">1 台落地式 2.0m 标准机柜</td></tr>
<tr><td>合计</td><td colspan="2">1 种用户，360 户</td><td>50 × 6 × 6Mb/s</td></tr>
</table>

设计说明：

①用户分析：用户分为 1 类。共 360 个用户，均为 6Mb/s 网速。

②组网设计：按照每栋大楼为单位，配置 1 个接入网单元：其中配置 13 台 24 口用户交换机，通过 1 台汇聚交换机，应用 2 个 1Gb/s 上联端口，上联电信机房。每位学生用户配置 1 个 VLAN，1 个 IP 局域网地址；

③在 7#楼底层中间位置，设置 1 个大楼通信设施汇聚机房：设计 2 个 2.0m 落地式标准机柜，内设置 15 台思科-2950 用户级宽带交换机、2 台 24 口汇聚式交换机和 15 条 24 口 110 接线排。采用上联口绑定技术，形成统一的上联端口光纤传输系统。

三、项目工程设计

1．通信线缆路由设计

本单项线路工程，在室外交通道路上采用新设通信管道路由的方式，进入建筑物周围、楼内则采用“沿墙槽道敷设+宿舍室内穿管敷设”的方式，将宽带用户盒和电话线盒一次性敷设到位。

2．通信管道设计

本单项工程，专设配套通信管道单位工程项目，采用4孔硬直塑管（6米，单端胀口），以及3盖板（2#）手孔，共设20个手孔，21段管道，总长8000米。

3．线缆进局方式

本期工程，电缆进局沿新设通信管道，电缆进入节点机房室内的长度，平均按10米计列。

4．通信网线电缆（三类线）技术指标要求

序号	技术指标		指标值（HYA-0.4mm 线径）
1	直流环阻（Ω/km）		≤148
2	工作电容（nF/km）		≤61
3	直流电阻不平衡率（%）		≤5
4	绝缘电阻（MΩ/km）		≥10000
5	衰减指标（dB/km）	150kHz	≤11.7
6		1024kHz	≤26
7	远端串音防卫度（dB/km）	非内屏蔽	≥58
8		内屏蔽	≥41
9	芯线断线、混线		芯线不断线、不混线

5．通信工程竣工验收标准

按照原邮电部颁《邮电通信建设工程竣工验收办法》执行。

预算编制说明

一、概述

本项为丽水学院东区学生宿舍通信宽带接入网综合工程设计预算，包括下列两个单项预算。

项　目	类别	规　模	预算投资（元）		单位造价
接入网综合单项	四类	(1)管道光缆12芯公里；综合布线6线公里 (2)新建宽带用户10Mb/s信息点360户 (3)节点机房引出单模光缆24芯	32万元	44万元	889元/信息点
配套管道单项		(1)通信管道路由长度8公里 (2)通信4孔管道长度 32 孔公里 (3)新建 3# 手孔20个	12万元		3750元/孔公里

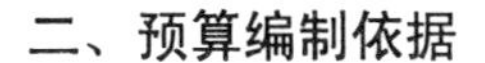

二、预算编制依据

①本单项设计图纸。

②原邮电部相关概预算编制文件、预算定额手册。

③相关设备、器材厂商提供的价格，建设单位提供的材料价格，以及设计人员现场咨询相关器材的当地价格和取费标准。

三、工程技术经济分析表

序号	项目		电缆线路		配套通信管道		合计	
			费用	百分比	费用	百分比	费用	百分比
1	工程总投资		320000	100%	120000	100%	440000	100.0 %
2	单项工程费		120000	37.5 %	100000	83.3 %	220000	50.0 %
3	其中	1.施工费	60000	18.8 %	50000	41.7 %	110000	25.0 %
4		2.材料费	50000	15.6 %	40000	33.3 %	90000	20.5 %
5		3.税金	10000	3.1 %	10000	8.3 %	20000	4.5 %
6	设备费		130000	40.1 %	0	0 %	130000	29.5 %
7	工程建设其他费		60000	18.8 %	10000	8.3 %	70000	15.9 %
8	预备费		10000	3.1 %	10000	8.3 %	20000	4.5 %

四、其他问题的说明

①通信管道的运土费，按照丽水地区单价：20元 / 立方米，计列在表二中。

②施工队伍调遣费，按照丽水本地施工队，26公里以内距离计列。

③本期设计，不列“工程建设其他费（表五）”，工程材料不分类，单价及系数按教材相关内容取定。

9.2　通信网络工程设计的会审

9.2.1　通信网络工程设计的会审

一般而言，通信网络工程的设计，必须经过主管单位（建设单位）组织的设计会审，以“设计会审纪要文件”的形式，提出设计文本的修改意见。待原设计单位，根据该会审纪要文件修改设计文件后，形成新的设计文档，才能成为正式的设计文件，用以指导工程施工。

在设计会审会上，通常的会议（流程）内容是三个：首先由设计单位的代表简述设计的基本情况、主要的设计技术和技术方案、本次工程的设计特点等；其次，各路专家和与会人员提出针对设计文件的质疑和修改意见，逐条记录在案；第三，设计单位根据所提的意见与建议，逐条进行解释，并和建设单位代表，共同商定设计文件需要修改的具体内容和修正设计文本出版的时间和册数，以便顺利指导工程的实施。设计单位的代表，介绍的设计主要内容，参考列表如下：

①设计的地点、范围；设计的主要业务种类；

②通信用户的分布情况、用户种类和接入终端的设计；

③通信组网的技术方案、网络结构、网络路由的设计和通信节点的设计情况；
④配套的通信管道设计路由、管道设计情况；
⑤工程建设与设计特点、与现行的工程规范标准的符合程度、采用的新技术情况；
⑥工程概预算总额、单位工程量的建设费用；工程设计的投资回收情况说明；
⑦其他需要说明的情况。

9.2.2 工程设计图的点交与工程现场指导

通信工程修正设计完成后，通常在工程主管单位（建设单位）的安排下，邀请设计部门的主要设计代表和施工部门的技术主管，共同到工程施工现场，由设计代表向下一个工序的负责人——施工技术主管现场交代工程施工的关键地点、工程实施技术要点和其他注意事项等。这也是保障工程按照设计文件内容顺利实施的主要步骤。另外，工程施工部门应与设计部门保持通信联系，工程中的重大方案变更，必须经过设计部门的同意，方能进行。

9.2.3 通信工程施工组织工序图

通信工程施工组织阶段，必须由工程技术主管人员，根据实际的工程任务和工程施工能力，设计出“施工组织工序安排图”，该图根据工程任务和实际到岗的工程施工人员情况，合理安排工程人员及时完成工程任务，该图一般精确到每日的具体工作量安排情况。是指导工程进展的依据。也是工程的实际工期完成的重要参考内容。下面分别讲述工序安排图的设计方法和步骤。

1. 设计每个单项工程的工序排布表

首先要根据工程的每个单项工程所具有的实际工作量，安排出每个工作量实施（施工）的先后顺序，把每个单项工程的工序图加以排布出来——该图中，只有工序（编号）的先后和每个工序所需时间的长短。特别要指出的是，“每个工序的工作时长=总工作日数量/具体施工的工人人数”。必须将每个工序的实际工期数列表计算出来，才能排列和设计工序表，如下面的实例所示。

2. 设计整个工程项目的工序排布表

认真比较各个单项工程之间的工序先后排布关系，将能够同时开展的工序，尽量安排在相同时间内开始进行，这样就形成了可同时开展的工程项目实施图（表），然后将若干个（两个以上）的排序表合并起来，整合成一个完整的工序安排设计表（图），宜精确到每日。

3. 通信接入网工程项目的工序排布表实例

通信工程的工序排布表，是依据工程主要工作量表而设计的，故应将工程主要工作量表先列出。

（1）计算机网络工程设计工作量表

序号	工程项目	单位	数量	计算每个工序的施工时间（天）
A1	工程现场复测各类通信线路路由	百米		1
A2	用户终端设备配置	个		1
A3	用户大楼内水平通信槽道设置	百米		1
A4	用户大楼内垂直通信槽道设置	百米		1

续表

序号	工程项目	单位	数量	计算每个工序的施工时间（天）
A5	用户通信线缆敷设、用户单端成端	百米条		1
A7	用户通信线缆 110 接线排成端	户		1
A6	通信机柜立架、固定	架		1
A9	通信交换机、路由器设备安装	架		1
A8	通信理线架、110 接线排安装	架		1
A11	机房地线系统安装设置	套		1
A10	光传输设备安装	架		1
A12	光传输设备加电调测	系统		1
A13	通信宽带交换机加电设置	架		1
A14	通信宽带路由器加电设置	架		1
A15	通信宽带服务器加电设置	架		1
A16	敷设通信管道光缆	百米条		1
A17	单模光缆成端与测试	芯		1

（2）配套的通信管道设计工作量表

序号	工程项目	单位	数量	计算每个工序的施工时间（天）
B1	工程现场复测各类通信管道路由	百米		1
B2	工程现场开挖各类道路路面	平方米		1
B3	工程现场挖掘土石方	立方米		1
B5	工程现场敷设各类塑料通信管道	百米		1
B4	工程现场砖砌制作各类人手孔	个		1
B6	工程现场回填土石方	立方米		1
B8	工程现场恢复路面	平方米		1
B7	工程现场制作安装引上钢管	处		1
B9	工程现场清运余土	立方米		1

（3）通信接入网工程项目的工序排布表实例之一

工日	1	2	3	4	5	6	7	8	9	10	11	12	13	14	15	16	17
A 项目	A1	A2	A3	A4	A5	A6	A7	A8	A9	A10	A11	A12	A13	A14	A15	A16	A17
B 项目	B1	B2	B3	B4	B5	B6	B7	B8	B9								

由上表可知，该项目的“关键工序”——即直接影响工程完成的工序，在于通信接入网

项目中，我们必须抓住关键工序，缩短施工工期，改进后的工序排布表，如下所示。

（4）通信接入网工程项目的工序排布表实例之二

工日	1	2	3	4	5	6	7	8	9	10	11
A 项目	A1 A6	A2 A7	A3 A8	A4 A9	A5 A10	A11	A12 A13	A14	A15	A16	A17
B 项目	B1	B2	B3	B4	B5	B6	B7	B8	B9		

上表中，对通信接入网综合工程增加了工程技术人员，故而缩短了工程周期，达到了良好的效果。

9.3 本章小结

本章是对工程设计的后期工序的介绍，包括了工程设计说明、工程概预算说明、工程设计文件的组成、设计会审的流程原理、工程设计的现场点交与现场指导等工序。并且介绍了工程集成中的重要程序——工程施工工序流程图的设计制作方法。这是完成工程设计的最后工序。也是工程集成的重要工序。要求读者了解并掌握各个工序的原理和基本方法，以便完善工程设计的整个任务的完成。

◎ 作业与思考题

1．简述通信工程设计说明的内容和作用。

2．简述通信工程概预算说明的主要内容是什么。

3．举例说明什么是概预算中的“单位工程量预算值”，它对于衡量工程概预算的平均投资额，有什么特别的意义？

4．通信工程设计的会审会，通常有哪些内容？设计单位如何简要介绍其设计内容？

5．工程设计如何才能成为真正指导施工的有效设计文件？

6．简述设计人员的现场点交工作的意义和具体内容。

7．简述“通信工程施工组织工序图”的意义和设计方法。

第10章　计算机通信接入网工程设计实践项目

10.1　工程实践项目概述

“计算机通信接入网工程设计”课程是一门实践性很强的技能型课程。为配合该课程的实践性授课内容，本章特编制了“基础实践项目”和“课程综合实践项目”两类实验项目，供有教学需求的师生选用。

第一类属于基础认知性实验系列，是针对计算机通信接入网课程内容而设置的实验项目，主要是“通信专家现场讲座”、“电信局机房参观”和“水准仪的测量实践”三项社会实践与专业技能培养型实验；此类实验着重培养学生对基本通信理论和基本通信实践技能（测量、操作、绘图）的感性认识和初步的实践能力。供各位使用者根据自己的情况，参考应用，以 6~10 课时为宜。

该类实验以“校外实践基地”开展为好。校外实践基地，是由任课教师根据课程所选的实验项目的需要，通过直接或间接的关系，与当地通信公司联系，通过签署交流协议或其他方式，创造实际的通信专业实训环境的过程。

1. 针对的通信实验项目

课程的校外实训项目，由任课教师，根据自身的专业情况，和教学内容情况，进行选择或创新的实践教学内容。本教材所列的实训内容，主要是“通信专家讲座”、“通信公司（节点）机房参观教学”、　“学生通信企业实习”等项目。有条件时，教师也可组织学生，在保证安全和教学秩序的前提下，参加通信工程公司的工程实践活动，或是假期、短学期通信工程实训项目。

2. 联系的通信公司

根据实训项目的内容，和可能的关系情况，教师可以联系当地的电信公司（原电信局）、移动通信公司、通信服务（工程）公司、通信线务站（或称为“电信长途传输局”)、各类网络公司等通信行业的各类企业，只要对方愿意提供教学环境和教学条件的单位，即可以进行相关的联系。可采取签订教学协议的方式，在对方企业，建立“××学院校外通信实训基地”等挂牌实训场所，确定长期合作的教学工程师。

3. 其他事项

对外联系时，或邀请校外工程师讲座、指导，必须要支付一定的授课报酬。该项费用由教师根据实际情况，统一规划列支，作为特殊的教学经费向学校申请开支，由教师根据实际发生的实践教学情况，分别支付给校外工程师，并做好“申请经费与实际开支明细表”，以报学校备查。每年年底，宜邀请协作单位相关人士，以座谈会等方式进行交流，联络感情，以建立长期的、固定的协作关系。

第二类实践项目则属于提高型综合实践活动，是建立在通信基本理论和实验基础之上的“知识技能综合运用型”实践项目——“通信接入网工程规划设计实训项目”。以 12~20 课时为宜。

通信工程规划设计项目，是以 2~4 人小组的形式，在校园内针对各类学生宿舍和教学大楼开展的计算机宽带接入工程设计项目综合实践。通过“开题报告”、“现场勘测”、“工程设计绘图（AutoCAD 图）”、“工程概预算与设计文件的生成”、“演讲答辩与现场交点”五个分别独立、但前后衔接的通信接入网专业设计过程，用以培养学生根据任务书的要求，一切从实际出发，对实际现场的通信专业知识综合运用能力和工程专业技能的学习与掌握能力。

实验工作与效果的好坏，取决于教师和学生两个方面的共同努力。对教师来说，做好引导、宣传和实验的组织，是做好实践（验）教学工作的关键。首先是实验内容的组织，针对教学内容选择合适的实验是首要的问题，其次，对学生的宣传和组织和实验学生的分组，也是必要的保障，要强调实验过程中的安全性，是实验教学的重中之重。第三是引导，教师要引导学生，通过实验和实践活动，加深对课程理论、内容的理解和进一步深入、发挥，以达到真正掌握课程内容的目的。

本书的实验可以作为“通信技术”类课程的实验内容，也可单独作为一门专门的实验课程。完成全部实验和实践项目，以 18~32 课时为宜。还可以作为开放性实验、学生科研实践项目等的参考指导教材。

10.2 计算机通信接入网工程设计基本型实验

实验一　通信公司专家现场讲座

（多媒体教室，互动式讲座）

一、实验目的

1．认识了解通信公司的综合通信系统结构与设备组成。

2．认识了解通信公司各类系统设备的工作原理、运营维护流程、通信用户各业务开通使用方式。

3．认识了解通信公司员工的工作方法，公司的招聘方式和要求。

4. 认识了解通信公司的实习要求和方法。

二、实验原理

本项实践项目，是授课教师邀请通信公司的专家来，为学生讲述实际的通信系统组成、通信公司情况和如何到通信公司实习、招聘应聘等学生感兴趣的各类事项的“讲座”。具体内容叙述如下：

1．通信公司的专家的邀请

通过学校的通信业务经理，邀请通信公司的交换专业、或是网络数据专业的专家，约定好时间地点，进行相关的专业知识讲座，具体内容，以上面的“实验目的”的各条内容为参考。

2．讲座的方式

可以以某次专业授课时间（2 课时）为准，教师事先与专家沟通、交流一下，请专家随意、畅所欲言式的讲演 60 分钟左右的时间。

留出 20~30 分钟时间为师生互动交流时间，由学生提问，专家现场解答学生感兴趣的各

类问题，以增强讲座的知识性、针对性和对学生的吸引力。

三、实验注意事项

1. 教师要根据实际情况，事先准备 100~500 元的“专家讲座费”，及时支付给邀请来的专家，费用视专家人数而确定，一般 1~2 名专家为好。

2. 与通信公司的“校企合作办学”，宜采用“专家讲座”、“学生电信公司机房参观”、“学生电信公司实习”、“学生电信公司就业”的“请进来、走出去、为就业铺路”的思路，一步步引导学生走向通信企业。

3．完成规范化的实验报告。

实验二　水准仪的使用与实地测量

（工程勘测设计辅助项目；授课时间：4 课时；地点：校内为宜）

实验目的：学习高程测量仪器——水准仪的使用方法和实地操作步骤。

1．水准仪型号：①DS3 型（反向成像）；②DS3-Z 正向（成像）型。

放大率：30 倍；仪器系统误差：3mm/km ；最短视距：2m；最长视距：约 4km

2．水准仪功能键（如图 10.1 所示）

①水平制动手轮：当定位目镜捕捉到刻度测量杆时，旋转固定水准仪角度用。

②水平微动手轮：当“水平制动手轮“固定后，由其微调确定最佳读数角度。

③调焦手轮：确定目镜焦距的清晰度。

④微倾手轮：最后微调确定测量目镜的水平方向。

⑤角螺旋：有三个，微调确定测量水平面的基准平面。

⑥三脚架及固定螺旋：水准仪固定支架。

3．测量准备

①温习水准仪的测量原理：如图 10.2 所示，在一个水平面上，测量 100m 以内两点间水平高度差（相对高差）。

②事先规划设计好通信管道路由，需要测量的具体段落，以及测量的具体操作程序和安全事项。

③确定人员分工：标尺定点 2 人，水准仪测量读数 2 人，两点间距离测量 2 人，现场记录 1 人，现场协调与安全员 1 人（可由水准仪读数人员兼职）；共 7~8 人组成；确定测量时间。

④确定测量设备：水准仪（含三脚架）及测量标尺（2 根）1 套；50m（或 100m）测量皮尺 1 付，测量记录纸及记录表格，指南针（或罗盘仪）1 付；其他现场测量器具若干.

4．测量步骤

①测量现场：人员仪器安全抵达测量现场，按照测量程序各自就位，安全员协助全体注意安全。

②水准仪测量步骤如下所述：

<u>第一步</u>：首先将水准仪三脚架在选定地点支架好，其高度，以符合人观测的高度为宜；调整使水准仪的固定平面为水平（人眼观察）；

<u>第二步</u>：将水准仪按照三角形的方位固定在支架中心位置，注意固定螺旋不要太紧；

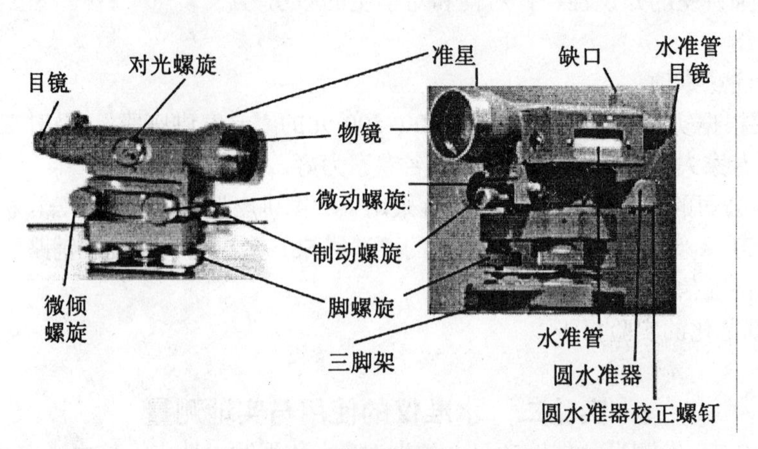

图 10.1　DS-3 型水准仪照片与结构示意图

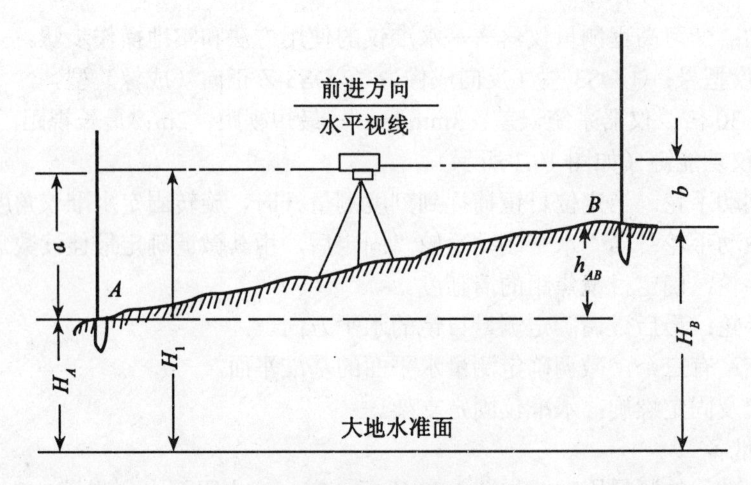

图 10.2　水准仪高程测量原理示意图

<u>第三步</u>：耐心地微调三脚架的三个支架，使水准仪的水平气泡基本居于中心圆圈中，这一步需要耐心和经验，平时可多次练习完成；

<u>第四步</u>：微调水准仪的 3 个角螺旋，使水平气泡完全处于中心位置；

<u>第五步</u>：通过水准仪的“准心装置”找到被测标尺，调整“调焦手轮”使目镜中视物最清晰，找到被测标尺后固定“水平制动手轮”使水准仪方位固定，再微调“水平微动手轮”使被测标尺位于目镜中心的十字线上，此时已可以清晰地读出被测标尺的高度值；

<u>第六步</u>：微调“微倾手轮”确定测量目镜的水平方向，在目镜旁的水平观测孔中准确确定水平位置后才可测量读数；

<u>第七步</u>：迅速、准确地读取目镜上的标尺数据，可精确（最后 1 位估读）到 5mm，每次须 2 人以上同时读数确认，防止人为偏差，并做好记录；

<u>第八步</u>：松开“水平制动手轮”，旋转水准仪目镜的测量角度，捕捉测量下一个标尺数值，注意此时必须保持水准仪的水平面不变，此时若水准仪未能处于水平状态，只能最少限度地微调三个“角螺旋”，使水准仪调整到水平状态，引起的高程误差应在 5mm 之内（想想为什么？）。

①点间距离测量：将每个高差测量段的水平距离，用皮尺量出，通信工程专业测量，精确到 0.1m 即可。

②场方位测量：用罗盘仪或指南针，将每个高差测量段的“磁子午线”北极（N）或南极（S）偏角测出。

5. 测量人员组织

首先集中讲解、现场练习几遍，然后分“测量小组”分开测量，每组测量 3~4 段（30~80m/段），能结合自己的工程设计项目测量，效果更好。

6. 测量记录表格式（AB-BC-CD-DE，共 4 段，5 个点）

<table>
<tr><th colspan="2">项 目</th><th>A</th><th colspan="2">B</th><th colspan="2">C</th><th colspan="2">D</th><th>E</th></tr>
<tr><td rowspan="2">高程测量</td><td>读数 m</td><td></td><td></td><td></td><td></td><td></td><td></td><td></td><td></td></tr>
<tr><td>高差 m</td><td colspan="2"></td><td colspan="2"></td><td colspan="2"></td><td colspan="2"></td></tr>
<tr><td colspan="2">两点距离 m</td><td colspan="2"></td><td colspan="2"></td><td colspan="2"></td><td colspan="2"></td></tr>
<tr><td colspan="2">坡度（‰）</td><td colspan="2"></td><td colspan="2"></td><td colspan="2"></td><td colspan="2"></td></tr>
<tr><td colspan="2">现场方位测量</td><td colspan="2"></td><td colspan="2"></td><td colspan="2"></td><td colspan="2"></td></tr>
</table>

水准测量实地勘测报告

组别：　　　　　组长：　　　　　组员：　　　　　　　　　　　　　　　　　　　勘测时间：

通信设计项目：　　　　　　　　　　　　　　　勘测项目：

勘测器具：　　　　　　　　　　　　　　　　　　　　　　勘测精度：

勘测原理与步骤（含实地平面方位图）：

<table>
<tr><td colspan="2">项目</td><td>A</td><td colspan="2">B</td><td colspan="2">C</td><td colspan="2">D</td><td>E</td></tr>
<tr><td rowspan="2">高程
测量</td><td>读数 m</td><td></td><td></td><td></td><td></td><td></td><td></td><td></td><td></td></tr>
<tr><td>高差 m</td><td colspan="2"></td><td colspan="2"></td><td colspan="2"></td><td colspan="2"></td></tr>
<tr><td colspan="2">两点距离 m</td><td colspan="2"></td><td colspan="2"></td><td colspan="2"></td><td colspan="2"></td></tr>
<tr><td colspan="2">坡度（‰）</td><td colspan="2"></td><td colspan="2"></td><td colspan="2"></td><td colspan="2"></td></tr>
<tr><td colspan="2">现场方位测量</td><td colspan="2"></td><td colspan="2"></td><td colspan="2"></td><td colspan="2"></td></tr>
</table>

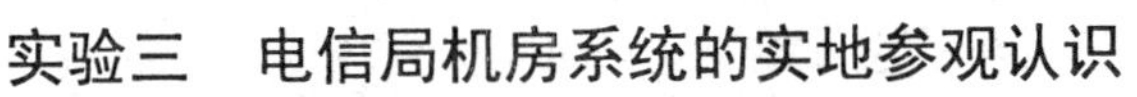

实验三　电信局机房系统的实地参观认识

（教材第 4 章内容，电信机房现场参观）

一、实验目的

1．现场参观认识电信局“通信测量室（1C）”的设备工作原理和系统组成情况。
2．现场参观认识电信局“交换接入机房（2C）”的设备组成与工作原理情况。
3．现场参观认识电信局“（单模）光传输机房（3C）”的设备组成与工作原理情况。
4．现场参观认识电信局“实时监控系统（5C）”的组成与工作原理情况。

二、实验原理

1．实验安排

在电信公司的安排下，依次参观各机房：由电信公司专家以讲座和现场指导的方式讲解各专业机房系统情况。实验地点：电信公司通信测量室（1C）、交换接入机房（2C）、光纤传输机房（3C）、系统监控机房（5C）。典型的大型有人值守电信局光电缆进线和传输、交换机房格局安排，如图 10.3 所示。

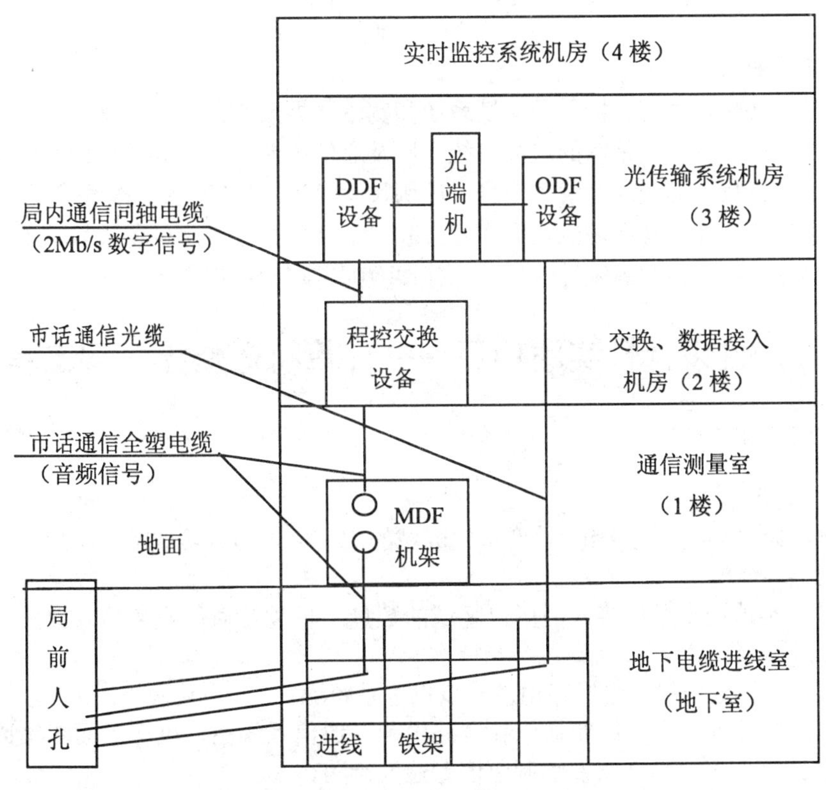

图 10.3　大型有人值守电信局机房组成示意图

2．实验预习内容

教材相关光传输、程控交换、通信接入网系统知识，具体如下：

（1）通信测量室（1C）

主要由总配线架设备（MDF）、外线电缆监控测量设备，以及电缆上线架等组成，是外线用户电话电缆的成端跳线（MDF 机架纵列上）、测量监控机房。电话程控交换设备和 ADSL

设备的局内电缆，也在该机房的总配线架（MDF）横列端子板上成端。内外线用户通过“MDF跳线”连接。

（2）交换接入机房（2C）

主要由电话交换设备（包括小灵通接入设备）、宽带设备（包括 ADSL /LAN 设备）、电源系统（直流开关电源+蓄电池等）、接入网传输设备、配线设备，以及电源系统（直流开关电源+蓄电池等）等组成，对用户提供话音和宽带信号的汇聚集中、交换和传输等功能。将模拟电话信号转换为数字 PCM 信号，经交换处理后，通过“数字中继器”转换为 2M（HDB3码）PCM 数字信号，经同轴电缆，传送到 3 楼光传输系统机房的数字配线架（DDF）成端。

（3）光传输系统机房（3C）

由光缆引入、光缆配线架成端与法兰盘固定熔接引出、光缆尾纤跳接、设备尾纤、光传输 SDH 设备、2M 数字电信号引出（同轴电缆）、DDF 数字配线架等组成。承担光缆信号引入，光电转换，电信号分配，向程控交换设备传送 2M 数字中继信道的作用。

（4）实时监控系统机房（5C）

对全局各通信系统和各通信网点（节点机房）进行 7*24 小时的实时监控，保证了通信故障在最快时间得到控制和修复，特别是“光环路传输系统”和不断开发的“智能传输系统”，能保证出现故障时，及时转换到其他通信路由上，保持通信的不中断。

三、实验要求

（1）学习各传输系统、接入网交换系统和宽带数据系统的工作原理。

（2）学习电话网、宽带网的组网系统，以及通信电源、配线架等辅助系统工作原理。

（3）绘出机房平面图（含设备型号、比例尺寸等）、设备系统工作原理图。

（4）每实验组在参观现场应认真作好实验记录：包括各机房设备型号、工作原理、系统结构和实时监控机房各种系统性能记录，任课教师签字确认后离开。

10.3 综合性设计性实践项目——计算机通信接入网工程设计项目

10.3.1 项目的组织

一、实验目的

1．分小组（3~4 人为 1 组），对指定区域的通信接入网管线或节点机房，开展专业勘测设计实践。

2．学习实地调查通信接入网用户区域的数量、种类及通信业务接入方式与路由分析；形成专业勘测报告。

3．实地勘测通信接入管线路由及节点机房系统配置。

4．实践按标准图幅，绘制通信管线路由图、通信系统图、机房平面图等通信工程图的方法；实践用 AUTO-CAD 软件绘制通信专业设计图。

二、实验安排

1．分小组（3~4 人为 1 组），按照分配的通信用户区域，进行现场勘测实验，和设计绘图实践。

2．分别写出勘测报告和设计绘图实验报告。

实验地点：教师指定的校内学生宿舍（1~2 栋）和教学大楼区域（每组 1~2 栋）。

实验环境：指定通信区域；教室与 AutoCAD 软件机房。
实验教师：任课教师 1 名；网络工程实验指导教师 1 名；AutoCAD 软件指导教师 1 名。

三、实验内容

1. 在指定区域实地调查用户分布与种类情况。
2. 实地勘察通信管线接入的路由,形成通信用户区域勘测报告。
3. 绘制通信管线路由系统图、机房平面图等通信工程图纸。
4. 在 AutoCAD 机房，用 AutoCAD 软件绘制通信专业设计图。

四、学时安排（按照 1 个班 12 组计，共 22 课时）

1. 现场勘测：（1）系统讲解：12 组×2 课时；
（2）用户调查：12 组×4 课时；
（3）通信路由现场勘测：12 组×10 课时。
2. 设计绘图：（4）工程制图绘图指导：12 组×4 课时；
（5）AutoCAD 软件绘图指导：12 组×2 课时。

五、实践步骤

1. 实验内容安排计划（表）;
2. 通信接入网现场勘测调查;
3. 通信接入网图纸设计与 AutoCAD 绘图;
4. 通信接入网概预算编制与设计文件生成;
5. 通信接入网工程设计演讲答辩。

计算机通信接入网规划设计“实验内容项目”计划安排表（范例）

项目类别	课题组别	课题设计范围	课 程 设 计 项 目（50人以内）			
校园学生宿舍项目	A	学生宿舍 1-2#	A1 组长（LAN 技术）	A2	A3	A4
	B	学生宿舍 3-4#	B1 组长（LAN 技术）	B2	B3	B4
	C	学生宿舍 5-6#	C1 组长（LAN 技术）	C2	C3	C4
	D	学生宿舍 7-8#	D1 组长（LAN 技术）	D2	D3	D4
	E	学生宿舍 9-10#	E1 组长（LAN 技术）	E2	E3	E4
	F	学生宿舍 11-12#	F1 组长（LAN 技术）	F2	F3	F4
节点机房	G	教学楼 14#	G1 组长	G2	G3	G4
校园教学大楼项目	H	教学楼 1-2#	H1 组长（LAN 技术）	H2	H3	H4
	J	教学楼 3-4#	J1 组长（LAN 技术）	J2	J3	J4
	K	教学楼 5-6#	K1 组长（LAN 技术）	K2	K3	K4
	L	教学楼 7-8#	L1 组长（LAN 技术）	L2	L3	L4
人员职责	勘测工作职责		现场协调、安全	现场绘图	现场测量	
	设计工作职责		项目组织协调、方案确定、线路设计绘图	设计绘图	管道设计绘图	设计绘图
实践项目流程	实践一项目组织 （第 1 个月内完成）		1．项目组人员落实；2.项目的范围确定和技术学习； 3．拟定初步的”用户终端”、两种布线方案（ADSL / LAN）和配套路由（管道等）方案等设计方案，做好勘测（图纸、工具）准备			
	实践二项目勘测 （第 2 个月内完成）		1．初勘：根据预定方案和图纸，①实际确认用户分布情况；②确定分线设备（分线盒、信息箱）的位置；③电缆路由走向和建设方式（管道、架空、墙壁布线）；④丈量距离；⑤现场绘制草图。 2．路由勘测：根据初勘选定的线缆路由，勘测①主干路由（管道、架空等）；②配线路由（墙壁布线）；③用户馈线（墙壁布线）			
	实践三项目设计 （第 3 个月内完成）		在坐标纸上按标准图幅绘制下列设计图： ①通信系统技术结构设计图（ADSL / LAN 两种） ②通信线缆（光、电缆）路由设计图（ADSL / LAN 两种） ③通信配线系统设计图（ADSL / LAN 两种） ④通信管道路由设计图 ⑤通信管道系统设计二视图 ⑥通信管孔断面系统示意图 ⑦用户单元系统设计图 ⑧通信主干线缆路由总体设计图 ⑨通信管道路由总体设计图 ⑩通信节点机房设计图（平面设计图、机架装置图） 在教师的指导审核下完成，并绘制成相应 AutoCAD 设计图			
	实践四项目文件生成 （选 做）		在教师的指导审核下完成下列项目： 1．在设计图上列表统计相应工作量，并加以汇总； 2．按照定额要求做成概预算表三、四； 3．完成概预算表和说明； 4．完成设计说明与设计文件。			
	实践五项目会审 （选 做）		每个组代表轮流上台演讲，并回答审核组的问题（每组 10 分钟），现场评判			

注：本表为课程设计项目的“人员分组-区域安排”示范表，教师可以根据自己学院上课班级的具体情况，安排出实际的表格，以供学生课程设计之用。

计算机通信接入网工程设计任务书

（此为模板，每组按自己具体内容，“××××”部分自己修改完成之）

<table>
<tr><td>课 题</td><td colspan="4">××××的计算机局域网综合布线系统设计</td></tr>
<tr><td>适合层次</td><td>本科 √</td><td colspan="2">专科</td><td>高职</td></tr>
<tr><td>指导教师</td><td>陆 韬</td><td>学 生</td><td colspan="2">××班××组：</td></tr>
<tr><td>预备知识</td><td colspan="4">计算机网络工程组网与规划设计技术</td></tr>
<tr><td>题目简介</td><td colspan="4">针对丽水学院××××栋学生宿舍大楼（密集用户群）的计算机通信多级组网系统设计，主要内容是：①现场勘测调查与绘图、接入网交换机二层组网技术设计；②组网三层设计、服务器路由器配置设计；③网站与网管软件配置，以及物联网等终端新技术项目设计等项目。
针对系统技术，在小组开会讨论的基础上，完成课程设计报告及论文。</td></tr>
<tr><td>具体任务要求</td><td colspan="4">实际区域的系统网络实地勘测与规划设计
1. 设计范围：以丽水学院东校区16-103电信节点机房为项目接入机房，以东区××××栋大楼（密集用户群）为实际的综合布线服务区域。
2. 现场勘测调查与计算机接入网2层系统设计：以“教16栋103室”电信局节点为接入机房，现场勘测调查设计区域的用户分布情况，分析用户接入的设计方案（图），作出宽带互联网接入的技术选型（LAN）。
（1）完成所有用户的调查工作，分析用户种类，设计用户终端接入网络类型。
（2）设计仿真交换机接入方式和组网技术，VLAN划分与IP设计等局域网组网。
以上完成“用户分析与局域网系统设计”报告——基于1~2层网络设计。形成完整的“现场勘测设计报告”：包括封面、文字说明（勘测情况、用户接入技术分析、工程组网设计方案等）；设计草图（组网系统设计图、用户网络路由设计图）。本项目由3人共同进行。
组网特征：针对××××栋大楼（密集用户群）的计算机组网设计。由组长完成。
3. 计算机3-4层组网技术设计：在以上组网的基础上，完成下列设计任务。
（1）以宽带汇聚交换机为中心，组成Intranet企业型局域网，完成对用户的分组与分级，并配置用户网络地址或账号。
（2）完成网络的DNS、FTP、Telnet、邮件服务、Web服务器等常用功能的配置。（3）完成网络的防火墙和监控软件的设置与仿真。
以上形成完整的“××××大楼计算机接入网路由组网设计”报告，由副组长完成。
4. 计算机接入网5层“网站与网络应用”组网设计：在以上用户和组网的基础上，作出：
（1）××××大楼网站设计，具有6个以上主页；将以上的组网设计内容，以用户图片（照片）、AutoCAD绘图和文字说明等形式，形成网页的内容；
（2）考虑基于实际用户需求的“物联网”终端各类应用项目，进行终端物联网的组网设计。
以上两部分，形成完整的“××××大楼计算机接入网应用层组网设计”报告，由组员完成。
5. 小组开会讨论制度：要求小组开会讨论每项内容的技术和系统组成，每个人必须针对性地发言，谈谈自己的制作思路、采用的技术，然后具体作者总结完成。其目的，使每一位参与的学生认识和掌握整个项目的操作要领，发挥小组的“互相学习”特征。
6. 课程设计报告：要求突出专业技术理论性和应用与规范性两个问题。
（1）专业技术理论性：突出计算机接入网的概念、常用的技术、组网原理；综合布线与EPON（或GPON）系统应用，或是FTTH技术应用；用户接入分析；以及系统组网的概念与技术等。
（2）技能与规范性：突出现场勘察与调查的正规化；工程绘图的规范化（内容、方法）。
（3）论文格式标准：以正规论文文档为标准。</td></tr>
<tr><td>项目特征</td><td colspan="4">1. 实际区域内，用户种类较多，数量较多。
2. ××××栋大楼，用户情况复杂，具有“密集用户综合布线”的特征。
3. 通信组网分级较多，对交换机的配置提出了要求。
4. 要求设计文档完整规范，实训论文分析、论述到位。</td></tr>
</table>

工程综合设计评分标准表
（3 人小组为例）

序号	内 容	比例	学 生
1	项目管理、任务分配、组织协调、小组间开会学习	20%	组 长
2	勘测组织与勘测报告、用户分析	30%	
3	组网设计与报告	30%	
4	学习其他 2 人内容，写出学到的步骤与心得	20%	
5	三层组网设计、路由器、防火墙设计	30%	副组长
6	服务器配置设计	30%	
7	管理软件配置设计	20%	
8	学习其他 2 人内容，写出学到的步骤与心得	20%	
9	网站设计与实现	80%	组 员
10	学习“组长的内容”，写出学到的步骤与心得	10%	
11	学习“副组长的内容”，写出学到的步骤与心得	10%	

10.3.2 项目的现场勘测调查

一、实验准备

授课时间：4 课时　　　　地点：校内通信设计区域　　　　　　　适用班级：本科、专科

二、实验目的

（1）实地调查通信设计范围内用户种类、分布情况，并设计用户接入技术系统。

（2）实地勘测确定通信外线光电缆的种类、数量、建设方式、路由走向和终端设备。

（3）实地勘测确定通信节点机房的位置、内部系统设计与配套的通信管道的建设情况。

三、实验准备

（1）每组设计项目范围地形平面图，可放大为 A4 或 A3 幅面图纸。

（2）测量器具：30 或 50m 皮尺，滚轮式测量仪，罗盘仪或指南针、便携式绘图板。

（3）绘图工具：A4 绘图纸 2~5 张，钢笔、铅笔、橡皮、绘图尺等文具，便携式绘图板。

四、人员组织与分工

组长 1 名，负责项目组织与协调、安全管理、技术协调管理、器具管理；绘图员 1 名，负责现场绘图；　测量员 2 名，负责现场距离测量、方位（罗盘）测量。

五、现场勘测

（1）调查用户情况：实地调查通信设计范围内每栋楼房的用户种类（住宅、学生公寓、办公场所或网吧等）、建筑物的分布情况，对照平面图纸的情况，加以核实；并设计用户接入技术系统方案（LAN、ADSL），将现场调查情况填入附表（用户调查与通信接入方式设计表）中。

（2）现场路由、距离与方位勘察：现场确定通信外线光电缆的种类、数量、建设方式、路由走向和终端设备等“工程设计元素”；根据设计规范要求，确定光电缆的管道引上点，丈量实地距离与高度，记录在“现场勘测草图”和相关记录表格中，并现场测量小区方位（罗盘）测量。

（3）现场通信管道路由的勘测：根据通信线路的建设情况，确定配套的通信管道建设方式、路由与距离，记录在勘测草图中。

（4）现场节点机房位置的选择：根据用户管线建设情况，现场确定通信业务集中的汇聚点——通信（节点）机房位置，并确定管道的引出情况与机房设备具体的尺寸（长宽高/mm）等情况。

六、工程绘图

所绘图纸如下表所示：

单项	图　名	内　容
通信线路单项设计	1 通信用户终端接入系统图 A4	用户网关，用户的通信终端（电话、电视、电脑等），及网络连接
	2 通信用户接入系统技术设计图 A4	局端与各种用户之间的通信接入系统设计图（LAN+FTTB 等方式）
	3 通信光电缆路由系统设计图 A4	用户分布、线缆种类、建筑方式、路由走向、“用户分布与通信接入方式设计表”等设计元素
	4 通信光电缆配线系统设计图 A4	通信光电缆配线方式、每段线缆长度、接续系统设计、通信线缆工作量统计表
通信管道设计	5 通信管道路由设计二视图 A3	通信管道路由平面设计图，对应的纵切面与工程建设设计图
	6 通信管道断面设计图 A4	通信管道断面设计图，配套的破路、挖沟土方、回填量等单位长度（米）统计表
机房设备单项设计	7 通信机房管道布局平面设计图 A4	机房位置与整个配线区域的管道路由的总体布局平面图（比例图）、
	8 通信机房设备布局平面设计图 A4	通信机房内各种设备的布局平面设计图，含通信设备数量、型号、长宽高尺寸、及生产厂商等参数统计表及设备配置
	9 通信机房电源设备设计图 A4	通信机房各类电源设备配置设计图，含电源设备线缆统计表

通信工程设计实地勘测报告

组别：　　　　　组长：　　　　组员：　　　　　　　　　勘测日期：

通信勘测项目：用户分布与设计方案调查报告（样式）

勘测器具：　50m 皮尺等　　　　　　　　　　　　　　勘测精度：米

勘测原理与步骤：

现场用户调查与对应的通信接入设计方案汇总表

用户调查					用户接入系统设计					
序号	栋号	单元（楼层）	用户种类	用户数量	接入方式	线缆种类	线缆数量	线缆线序	终端设计	备　注
1										
2										
3										
4										
5										
6										

通信工程设计实地勘测报告

组别：　　　　　　　组长：　　　　组员：　　　　　　　　　　　　勘测日期：

通信勘测项目：通信路由与路面高程设计调查报告（样式）

勘测器具：水准仪、50m 皮尺等　　　　　　　　　　　　　　　　勘测精度：m

勘测原理、步骤与现场草图：

（现场通信路由测量示意图，及勘测说明）

现场路面 ABCDE 共 5 个点的标高距离勘测统计表

<table>
<tr><td colspan="2">项 目</td><td>A</td><td colspan="2">B</td><td colspan="2">C</td><td colspan="2">D</td><td>E</td></tr>
<tr><td rowspan="2">高程测量</td><td>读数 m</td><td></td><td></td><td></td><td></td><td></td><td></td><td></td><td></td></tr>
<tr><td>高差 m</td><td colspan="2"></td><td colspan="2"></td><td colspan="2"></td><td colspan="2"></td></tr>
<tr><td colspan="2">两点距离 m</td><td colspan="2"></td><td colspan="2"></td><td colspan="2"></td><td colspan="2"></td></tr>
<tr><td colspan="2">坡度（‰）</td><td colspan="2"></td><td colspan="2"></td><td colspan="2"></td><td colspan="2"></td></tr>
<tr><td colspan="2">现场方位测量</td><td colspan="2"></td><td colspan="2"></td><td colspan="2"></td><td colspan="2"></td></tr>
</table>

10.3.3 项目的图纸设计与 AutoCAD 绘图

一、实验目的

1．学习绘制规范化的通信技术系统设计图；
2．学习绘制规范化的通信线路系统设计系列图；
3．学习绘制规范化的通信管道系统设计系列图；
4．学习绘制规范化的通信机房系统设计系列图；
5．学习规范化的通信设计图纸工作量与器材统计及表示方法。

二、实验内容

1. 通信工程设计的内容

通信工程设计的实质，就是在充分调查工程范围内的各类用户情况（种类、数量、区域分布情况等）的前提下，用最合适的专业技术，以建设通信管线和设备系统的方式，形成新的通信能力的过程；所以，通信接入网工程设计，以下四个方面的设计工作十分重要：

（1）通信技术与系统结构设计

正确认识现代通信管线和设备系统的技术组成，学会在充分调查用户性质和分布情况的前提下，用最经济合理、又面向未来技术发展方向的系统来建立通信的整体系统结构，形成“通信系统结构设计图”（又称为“中继方式图”），反映出“系统技术设计”的特征；

（2）通信用户的分布与通信路由设计

按照现场自然区域，形成“通信路由及配线设计图”，包含通信用户的分布情况、通信缆线的路由走向与敷设方式，以及通信节点的位置优选等元素，反映出“现场路由设计”的特征；

（3）通信管线的网络配置设计

根据用户分布与通信缆线路由需要，设计配套的通信管道系统，从管道的平面、纵剖面和横切面三个角度和人手孔的标准化设计，形成“配套的通信管道系统设计”的特征；

（4）通信节点的机房设备配置设计

根据以上通信节点的优选位置与实际环境情况，选定通信节点的实际位置和机房内的系统综合设计等内容，形成“通信机房设备综合配置设计”的特征。

2. 通信工程设计图纸设计内容

一张完整的设计图纸，应包括“设计图形”、“必要的统计表格”、“必要的图纸说明”，以及规范化的图例图标等内容；应采用 AutoCAD 软件绘制设计图纸。具体的图纸内容如下：

设计流程	设 计 项 目	
系统技术设计	图名 1	通信系统技术结构设计图（中继方式图）
	内 容	包括用户类别（住宅用户、校园宿舍用户、单位用户等）、通信线路种类和长度、局端（或接入机房）接入设备的系统组成框图，以及上级通信系统的组成等元素的整体网络组织情况
	图名 2	通信区域位置分布图
	内 容	表示所设计的区域在整个城市通信区块所处的位置，和上级局、周围局所的位置分布，以及上级通信线缆的路由敷设情况

续表

设计流程	设计项目	
通信线缆路由设计	图名 3	通信线缆（光、电缆）路由设计图
	内 容	根据所勘察的设计现场的具体用户分布情况，绘制“通信路由设计图”，包含通信用户（建筑物）的分布位置、通信管线的路由走向与建设方式（管道、架空或直埋、墙壁钉固等）设计，以及通信节点的位置和优选设计等元素的系统管线路由总体组网情况；特别是要做出“用户种类、数量与终端情况统计表”，反映出“现场用户与管线路由设计”的特征。该图的关键是路由的建设方式以及具体长度的标注值
	图名 4	通信配线系统设计图
	内 容	根据系统设计、用户分布与通信管线路由设计等，设计通信线缆（光、电缆）的规模（容量）、种类与配线方式（直接配线），并确定配线设备（配线架、交接箱、分线盒等）的容量和具体的成端图，特别是要做出“主要工程量与器材统计表”。反映出通信线缆的“规模和配置方式设计”的特征
配套通信管道设计	图名 5	通信管道系统设计二视图
	内 容	根据以上用户分布与通信线缆的路由设计等情况，设计配套的通信管道的路由、管孔数量、管材的选择、人手孔的具体位置与规模等诸元素，注意要保证每段管道的斜率在 3‰与 5‰之间。该图的特点就是反映管道路由的平面与纵剖面二视图的运用，以及相关设计表格的配套使用；本图反映出“配套通信管道的路由、规模和配置方式设计”的特征
	图名 6	通信管孔断面系统示意图
	内 容	根据以上“通信管道设计图”和现场勘察情况，设计所用到的管孔的建筑断面、管材的选用、基础设计、包封情况、回填土的方式等设计元素，特别要做出“单位长度（每米）工程量与器材使用统计表”，此表包括破路、挖填土的工作量；以及各类材料（水泥、砂、碎石、管材等）的单位用量
	图名 7	通信管道人（手）孔建设标准图
	内 容	根据以上“通信管道设计图”所需人手孔规格，将相关的标准人手孔建筑图复制后，列为设计图纸
设备机房系统设计	图名 8	通信机房设备系统配置设计图
	内 容	根据以上通信节点的优选位置与实际环境情况，在反复勘察比较，并与建设单位人员协商后，选定通信节点的实际位置和机房内通信设备的安排、机房进线方式、电源系统与机房空调、监控设备等环境的设计等，形成“机房系统配置设计图”
用户终端设计	图名 9	用户单元系统设计图（用户工作区单元标准设计图）
	内 容	根据用户的种类，设计“用户网关（如 ADSL-modem 模块+有线电视放大器）”、用户终端（电话、电脑、电视）及接口布线等内容

3. 设计图纸的规范化

（1）内容的专业化

按照图纸的设计内容要求，完成“设计内容”、“相应的统计表格”和“相应的说明”三部分，通信工程设计图纸的核心是反映通信设施的内容。

（2）格式的规范化

指“标准图框”、“规范化的图形符号”和“相应的图形格式”三类元素；常用的“设计图纸幅面尺寸要求表”如下：

图纸代号	图纸幅面尺寸（mm）	图框尺寸（mm）	使用情况
A0	841×1189	821×1154	
A1	594×841	574×806	
A2	420×594	400×559	常用
A3	297×420	287×390	最常用
A4	297×210	287×180	最常用
A3x3	420×891	400×856	常用
A4x4	420×841	287×811	常用
备 注	上列规格中的图框外留边尺寸为： 1. 装订边（一般为左边）宽度一律为 25mm； 2. 其余三边：A0、A1、A2、A3×3 图框为 10mm；A3、A4、A4×4 图框为 5mm		

设计图纸的“图标”如下表所示，安排在图纸正面的右下角：

主 管	（手写签字）	设计阶段		（设计单位名称）	
设计总负责	（手写签字）	校 核	（手写签字）		
审 核	（手写签字）	制 图	（手写签字）	（设计图纸名称）	
单项负责	（手写签字）	单位比例			
设 计	（手写签字）	设计日期		图号	

10.3.4 项目的概预算编制与设计文件生成

一、实验目的

1. 用专业的方法进行通信工程设计项目概预算的编制。
2. 设计说明的编写。
3. 设计文件的编制生成。

二、实验原理

1. 通信工程量的统计与工程概预算的编制

（1）通信工程量的统计

根据工程设计图纸所反映出的工程量，完成下列统计汇总表：

①通信线路单项工程量统计表（见后页“工程量统计表”）；

②通信管道单项工程量统计表（见后页“工程量统计表”）；

（2）通信工程量的概预算方法

①根据“通信工程定额”第二册（管线册），在标准概预算表三（甲）中列出各项工程量子目。

②根据各子目，统计出“机械台班汇总表（表三乙）”，并统计汇总，列出“设备材料汇总表（表四甲）”。

③根据以上表三、表四，计列“单项工程量表（表二）”。

④多个单项工程量的统计，由表一进行汇总。

（3）通信预算说明

从下列四个方面进行说明：

①预算名称、各单项投资情况、工程形成的通信业务能力的平均造价：如××元/孔公里（管道）、××元/线对公里（线路）、××元/门（程控交换）、××元/芯公里（光缆）等；以列表说明的方式为好（见说明）。

②概预算依据： 设计图纸是第一依据，其他有设计定额、价格依据、概预算文件等。

③各类取费问题说明：主要是取费参数的情况说明，见相关内容。

④工程投资分析：列出“工程投资分析表”，以及“投资回报分析”内容。

2．通信工程设计说明的编写

（1）概述

①说明工程名称、种类、设计阶段，列表简介工程规模（工程量），增加的通信业务能力、总投资、平均造价等内容。

②工程设计依据：a. 设计委托书（编号）、中标通知书（编号）；b. 设计指导文件、规范；c. 项目可行性研究报告；d. 通信现场勘察报告等。

③设计范围与设计文件分册情况。

（2）技术设计

①设计范围的确定、通信技术方式的选用与确定——反映在“中继方式图”中。

②工程技术设计：设计路由、节点机房位置的选定，设备、线缆材料种类的选定。

（3）工程设计

主要是工程方案、施工技术的说明，主要工程量表。

3．设计文件的组成

专业设计文件，由下列四个部分组成。

（1）设计图纸

由“专业设计图”与工程中使用到的“通用标准图”（如相关型号的入孔/手孔标准图）组成。

（2）设计概预算

由“预算说明”、“预算总表”、“各单项预算表”三部分组成。

（3）设计说明

由“概述”、“技术设计”、“工程设计说明”三部分组成，“主要工程量表”也包括在内。

（4）设计封面

由①封面、②封二、③设计单位资质证书（复印件）、④设计文件分发表、⑤设计目录（含“说明”、“概预算”、“设计图名”等内容）等组成，见相关内容。

三、实验步骤

1．完成通信线路、管道单项的工程量的统计；

2．完成通信线路、管道单项的工程概预算；

3．完成通信设计说明；

4．完成通信工程设计文档的编制。

附：设计文档模板

※※※※※※※※※※※※※※※※※※※※※※※
※ ※
※ **学院 年通信网建设工程** ※
※ **一 阶 段 设 计** ※
※ **第 册：** ※
※ ※
※※※※※※※※※※※※※※※※※※※※※※※

设计编号：20

建设单位： 学院计算机信息工程学院

设计单位： 通信设计研究所

通信设计研究所

二O 年 月

※※※※※※※※※※※※※※※※※※※※

※　　　　　　　　　　　　　　　　　　　　※

※　学院 20　年通信网建设工程　※

※　一 阶 段 设 计　※

※　**第　册:**　※

※　　　　　　　　　　　　　　　　　　　　※

※※※※※※※※※※※※※※※※※※※※※

设计所主管:

项目总负责: （教 师）

设计负责人:

预算审核人:

预算资格证: ZJTX-0062（模拟）

预算编制人:

预算资格证: ZJTX-0064（模拟）

通信设计研究所

二Ｏ　　年　　月

目　录

Ⅰ. 设计说明

Ⅱ. 设计预算

Ⅲ. 设计图纸

设　计　说　明

一、概述

1．项目情况说明

本工程为　　　　　年度“通信接入网工程课程设计”项目，本单项为　　　　　　　通信接入网管线单项工程设计，分为电缆缆通信线路和配套的通信管道项目两个专业，按新建一阶段设计进行；工程概况如下：

项　目		类别	工　程　规　模	投资额（元）	
通　信 接　入 管线 综合 工程	电缆线路单项	四 类	(1)管道电缆　　公里；　电缆　　公里 (2)共计电缆　　　公里； (3)节点机房引出电缆　　　对	总投资　　　元 单位造价： 　　　元/对公里	
	配套管道单项		(1)通信管道路由长度　　　公里； (2)通信管道管孔长度　　　孔公里； (3)新建　　手孔　　　　个	总投资　　　元 单位造价： 　　　元/孔公里	

2．设计依据

① __________年度“通信接入网工程课程设计”项目于 20　　年 9 月 9 日致__________设计院“关于开展校内小区一阶段课程设计的安排表”等设计要求文件。

② __________设计院各项目设计组现场勘察资料，在“项目总负责”教师指导下形成的设计方案资料，以及双方人员现场会商确定的相关事宜。

③ 原邮电部及信息产业部颁布的相关设计、施工规范、文件。

3．设计分工及内容

设计内容：光缆线路敷设安装、接续及成端；配套通信管道建设。

设计范围：机房总配线架纵列（不含）以外至用户端的通信线路；配套管道工程项目设计。

4．设计分册表

分　册	项　　目（编号）	分　　册
第一册	学院校区通信接入网管线工程（2012A 至 2012F）	共六分册
第二册	学院校区通信接入网管线工程（2012G 至 2012M）	共六分册

5．主要工作量表

序号	项　目	单　位	通信电缆单项	配套管道单项	备注
1	施工测量线缆路由	百米			
2	敷设管道电缆	百米			
3	敷设墙壁吊线电缆	百米			

续表

序号	项 目	单 位	通信电缆单项	配套管道单项	备注
4	敷设楼内穿管电缆	百米			
5	布放配线架成端电缆	条			
6	封焊热可缩套管	个			
7	电缆芯线接续	百对			
8	配线电缆全程测试	百对			
9	施工测量管道路由	百米			
10	开挖水泥路面	平方米			
11	挖 / 填土方	立方米			
12	敷设4孔塑管管道	百米			
13	砖砌3#手孔	个			

二、项目技术设计

1. 通信项目技术设计

本期设计，为用户同时接入电话和宽带通信业务，用户与接入节点（机房）的距离较近（600m以内），用户主要是____________________________；故采用“通信电缆+ADSL /ADSL2+宽带接入技术”，以常规通信电缆的直接配线方式接入该区域内的用户；通信路由采用新建通信管道与沿建筑物墙壁敷设线缆的方式进行。

2. 通信电缆选型设计

由于实际路由为市内管道和墙壁敷设两种，根据本期通信电缆的使用范围，本工程电缆采用HYA型常规市内通信电缆，其电话信号的传输最大距离为_______米，宽带数据20Mb/s的传输距离为_______米。

3. 电缆接头

本期工程，电缆接头选用相关的一次性热缩套管，本单项共____个接头；电缆芯线接续，50对及以下的采用2芯扣式接线子，100对及以上的采用25对接线模块。

三、项目工程设计

1. 通信电缆路由设计

本单项线路工程，在室外交通道路上采用新设通信管道路由的方式，进入建筑物周围、楼内则采用__________________________。

2. 通信管道设计

本单项工程，专设配套通信管道分项，采用6孔硬直塑管（6米，单端胀口），以及2盖板（2#）手孔，共设____个手孔，___段管道，总长________米。

3. 墙壁吊线设计

本期工程中，考虑到使用电缆对数较小（200对以下），墙壁吊线统一选用7/2.0mm镀锌钢绞线，悬挂光缆的最大重量为15N/m；墙壁架空路由________________________。

4．电缆进局方式

本期工程，电缆进局沿新设通信管道，电缆进入节点机房室内的长度，平均按 10 米计列。

5．通信电缆技术指标要求

序号	技术指标		指标值（HYA-0.4mm 线径）
1	直流环阻（Ω/km）		≤148
2	工作电容（nF/km）		≤61
3	直流电阻不平衡率（%）		≤5
4	绝缘电阻（MΩ/km）		≥10000
5	衰减指标（dB/km）	150KHz	≤11.7
6		1024KHz	≤26
7	远端串音防卫度（dB/km）	非内屏蔽	≥58
8		内屏蔽	≥41
9	芯线断线、混线		芯线不断线、不混线

6．通信工程竣工验收标准

按照原邮电部颁《邮电通信建设工程竣工验收办法》执行。

预　算　编　制　说　明

一、概述

本单项为____________________通信接入网管线单项工程设计预算，包括下列二个单项预算：

项　目	类别	规　模	预算投资（元）		单位造价
电缆线路单项	四类	对出局电缆 电缆公里			元/对公里
配套管道单项		孔塑管　　米			元/孔公里

二、预算编制依据

①本单项设计图纸。

②原邮电部相关概预算编制文件、预算定额手册。

③相关设备、器材厂商提供的价格，建设单位提供的材料价格，以及设计人员现场咨询相关器材的当地价格和取费标准。

三、工程技术经济分析表

序号	项目		电缆线路		配套通信管道		合计	
			费用	百分比	费用	百分比	费用	百分比
1	工程总投资			%		%		%
2	单项工程费			%		%		%
3	其中	1. 施工费		%		%		%
4		2. 材料费		%		%		%
5		3. 税 金		%		%		%
6	设备费			%		%		%
7	工程建设其他费			%		%		%
8	预备费			%		%		%

四、其他问题的说明

①通信管道的运土费，按照丽水地区单价：20 元 / 立方米，计列在表二中。

②施工队伍调遣费，按照丽水本地施工队，26 公里以内距离计列。

③本期设计，不列“工程建设其他费（表五）”，工程材料不分类，单价及系数按教材相关内容取定。

10.3.5 项目工程设计的演讲答辩

一、实验目的

1. 使学生认识“通信工程设计项目”的演讲答辩的内容、方法。

2. 通过现场上台演讲实践，加强学生的接受能力，提高学习效果。

二、实验内容

1. 教师现场讲解“设计项目”的演讲答辩的内容、方法。

2. 学生分组，每组派代表，根据老师要求，演讲项目内容，回答教师提问；教师现场讲评，打分。

三、演讲要点

1. 演讲的形式建议采用电脑投影辅助讲解的方式，限于条件，也可采用在黑板板书的方式现场进行。

2. 演讲的时间，每组一般在 8~20 分钟之间。

3. 演讲的内容一般分为：

①项目概述：讲解题目、项目性质、指导教师、项目组成员、项目的组成部分、实施时间（可板书辅助说明）；

②项目内容：设计范围、用户种类与数量、用户的线路接入方式与技术、通信管线种类、数量和路由情况、通信项目的概预算总投资情况与单位造价（可板书绘图辅助说明）。

③项目特点：A.结合“综合布线”技术原理，说明采用通信接入技术的先进性与合理性；
B.结合现场勘测情况，采用的设计规范文件，说明项目的规范性和实用价值；
C.结合工程概预算，采用的设计定额文件，说明项目的具体化和可操作性。

4．演讲的准备：事先准备以上内容演讲稿，演示文件，调整好电脑设备等，或准备好板书内容稿。上台后，不应“读讲稿”，而是在演讲提纲的指导下，在规定时间内以“现场发挥”的方式“演讲”自己的设计项目。

5．问题：①谈通信接入技术；②谈用户接入方式；③谈接入器材的选择与价格；④谈管道路由、作用、建设方式；⑤谈概预算、投资总额、单位造价及投资评价；⑥谈线路图纸（3 张）；⑦谈管道图纸（2 张）；⑧项目体会。

四、演讲评分标准

项 目 内 容	内 容 要 求	分 值
1 辅助演讲内容	①多媒体为好（Powerpoint 软件）②板书也可（要求上交演讲稿，作为实验报告的组成部分）	①6~10 分，②2~5 分（共 10 分）
2 项目概述	①题目②项目性质③指导教师④项目组成员⑤项目的组成部分⑥实施时间⑦其他	每项 2 分，共 15 分
3 项目内容	①设计范围②用户种类与数量③用户的线路接入方式与技术④通信线路种类、数量和路由情况⑤通信线路图介绍⑥通信管道情况⑦通信管道图介绍⑧通信项目的概预算⑨总投资情况、单位造价⑩设计说明、其他	每项 4 分，共 40 分
4 项目特点	①项目先进性与合理性②项目规范性和实用价值③项目具体化和可操作性④其他特点	每项 4 分，共 15 分
5 演讲技巧	①读还是演讲②语言的流畅性③上台仪表	①4 分②3 分③3 分（共 10 分）
6 回答问题	以上任意 2 个问题，抽签或教师指定	每项 5 分，共 10 分
合　计		100 分
注：时间要求：演讲 10 分钟以内，回答问题 5 分钟以内		

参考文献

[1] 陆韬. 现代通信技术与系统（第2版）武汉：武汉大学出版社，2012
及专用教学网站：http://xdtx.lsu.edu.cn
[2] 达新宇.现代通信新技术. 西安：西安电子科技大学出版社，2004
[3] 鲜继清等. 现代通信系统. 西安：西安电子科技大学出版社，2003
[4] 张孝强等.通信技术基础（全国自考教材）北京：中国人民大学出版社，2000
[5] 任得齐等. 现代通信技术（高职）. 北京：机械工业出版社，2003
[6] 高键. 现代通信系统（高职）. 北京：机械工业出版社，2001
[7] 叶敏. 程控数字交换与交换网（第二版）. 北京：北京邮电大学出版社，2003
[8] 张中荃. 程控交换与宽带交换. 北京：人民邮电出版社，2003
[9] 吕锋等. 信息理论与编码. 北京：人民邮电出版社，2004
[10] 谢希仁.计算机网络（第五版）. 大连：大连理工大学出版社，2008
[11] 吴功宜等. 计算机网络教程（第二版）. 北京：电子工业出版社，2003
[12] 王志强等. 多媒体技术及应用. 北京：清华大学出版社，2004
[13] 中国注册咨询工程师（投资）执业资格考试教材. 北京：中国计划出版社，2003
[14] 全国监理工程师培训考试教材. 北京： 知识产权出版社，2004
[15] 林 密. 土木工程监理概论. 北京：科学出版社，2004
[16] 陈昌海. 通信电缆线路（高职）. 北京：人民邮电出版社，2005
[17] 李立高. 通信工程概预算（高职）. 北京：人民邮电出版社，2004
[18] 李伟章. 现代通信网概论（第2版）. 北京：人民邮电出版社，2003
[19] 张杰等. 自动交换光网络 ASON. 北京：人民邮电出版社，2009
[20] 余少华等. 城域网多业务传送理论与技术. 北京：人民邮电出版社，2004
[21] 尹树华等. 光纤通信工程与工程管理. 北京：人民邮电出版社，2005
[22] 刘强等. 通信管道与线路工程设计. 北京：国防工业出版社，2006
[23] 陆立等. NGN 协议原理与应用. 北京：机械工业出版社，2004
[24] 华为公司. 华为 C&C08 数字程控交换系统. 北京：人民邮电出版社，1997
[25] 王鸿滨. 华为公司-光网络技术教程. 深圳华为公司内部资料，2001
[26] 杨武军等.现代通信网概论. 西安：西安电子科技大学出版社，2006
[27] 鲜继清等.现代通信系统与信息网. 北京：高等教育出版社，2005
[28] 顾春华等.Web 程序设计. 上海：华东理工大学出版社，2006
[29] 陆韬. 现代通信技术与系统. 武汉：武汉大学出版社，2008
[30] 中国通信行业现行工程技术部分标准：
1. 有线接入网设备安装工程设计规范（YD/T 5139-2005）
2. 本地通信线路工程设计规范 （YD/T 5137-2005）

3．本地通信线路工程验收规范　　　（YD/T 5138-2005）
4．通信管道与地下通道工程设计规范（YD/T 5007-2003）
5．通信管道与地下通道工程验收规范（YD/T 5103-2003）
6．通信工程概预算编制办法与费用定额；工程施工定额（第 1,2 册）；电子工程定额（2）
[31] 专业网站：信息产业部门户网站；中国电信网站；华为公司、武邮烽火网络公司网站等.
[32] 专业网络转载文章：共 18 篇（见作者个人博客： http://lt.jsj.lsxy.com/user1/lt p3）